JN242144

FLEXIBLE BARS

たわみやすいはりの大変形理論

著・R. Frisch-Fay
訳・堀辺　忠志

三恵社

本著書（訳書）は旧著作権法におけるいわゆる翻訳権の10年留保にもとづいたものです．1970年12月31日まで適用されていた旧著作権法には
「著作権者原著作物発行のときより十年内に其の翻訳物を発行せざるときは其の翻訳権は消滅す」（旧著作権法第七条）
とあり，外国語の著作物が刊行後10年以内に翻訳出版されなければその著作物の翻訳権はなくなり，自由に翻訳出版ができるようになることが規定されていました．1971年1月1日から施行された現行の著作権法にこの10年留保の規定はありませんが，附則に
「この法律の施行前に発行された著作物については，旧法第七条及び第九条の規定は，なおその効力を有する」（著作権法附則第八条）
とあり，現行法施行以前に発行された著作物については10年留保が適用されることが規定されています．

R. Frisch Fayの「FLEXIBLE BARS」の初版は1962年発行であり，また日本語訳も出版されていないので，「FLEXIBLE BARS」は10年留保の適用対象であることになります．

また，この件については「著作権情報センター」（http://www.cric.or.jp/counsel/）にも確認済みです．

FLEXIBLE BARS

by

R. Frisch-Fay
Lecturer in Civil Engineering
The University of New South Wales

はじめに

ドイツ人数学者の Clebsch は，100 年前に**「弾性体の理論」**(Theorie der Elasticität fester Körper) を著している．長い間，この本は，弾性理論一般についてとりわけ変位について理解しやすい内容の本として好評であった．1880 年に出版された Saalschütz の**「荷重を受ける棒」**(Der belastete Stab) は，線形だけではなく非線形範囲における棒の変位を詳しく扱った最初の本である．ロシア人の Popov による専門書**「細い棒の非線形力学」**(Nonlinear problems in the statics of thin rods) が 1948 年に出版されるまで，この種の書籍は出版されていなかった．

学部生を対象にした材料の力学を扱った数多くの書籍が出版されているが，エンジニア，物理学者および数学者向けのより高度な内容の本は少ない．そして，これらの高度な本についてもそのごく一部が非線形変形について簡単に述べているだけである．さらに，一般的にいえば，非線形の曲げと棒のたわみについてはこれまではほとんど扱われておらず，19 世紀に出版されたドイツ語の本を別にすればロシア語の Popov の本だけが入手可能な状態となっている．本書はこの隙間を埋めることを意図している．

本書は，大学高学年生と研究者のために書かれている．本書で扱っている問題の多くは詳しく述べられているが，ある場合（それほど多くはないが）には最終結果だけが述べられている．多くの解法については，大学卒業程度の工業数学の知識および楕円関数と積分の理解を前提としている．答えの誘導法が示されていない場合にはその導出法を詳しく述べた参考文献が与えられてる．

1 章では基礎式の導出を論じ，2 章では片持ちはりについて，3 章では両端支持はりについて，4 章では初期曲率を持つはりについて論じる．5 章では，閉じた形の解が得られていない問題を解析するための近似解法について説明する．最後に，6 章は 3 次元空間での非線形たわみについて紹介する．

著者は，この場を利用して，本書の最終稿を仕上げるに際して貴重な支援とご批評を賜った，ニューサウスウェールズ大学の専任講師の F. E. Archer 氏および土木工学科講師 I. J. Somervaille 氏に感謝の意を表する．また，著者は，メルボルンのオーストラリア連邦産業科学技術機構から許可を頂き，オーストラリア応用科学ジャーナルの図とデータを 2.5，2.8，3.1，3.3，4.7，4.10 節に使わせていただいた．このことに謝意を表したい．さらに，著者は，アメリカ機械学会（ASME）の応用力学学会誌の編集者と A. E. Seames 氏にもお世話になっている．4.12 節および 5.8 節に関連して，H. D. Conway 教授に便宜をはかってもらっている．そして，6.6 節では，広範囲にわたって日本機械学会論文集のばねの解析の論文を利用させてもらった．この論文の著者の水野 正夫教授（慶応大学）にも感謝したい.

Ryde, New South Wales　R. FRISCH-FAY

1962 年 1 月

訳者注：単位および本書のサポートページについて

1. 単位について

原著では，長さとしてインチ (in.)，力として重量ポンド (lb) の単位系を用いている．これを，通常の SI 単位系に換算するには

1 in.=25.4 mm

1 lb=4.54 N

とすればよい.

また，曲げ剛性 EI lb in.^{2} に関しては

1 lb in.^{2}=28.704×10^3 Nmm^2

となる.

なお，本書では，原著で用いられているインチポンド単位を SI 単位へ換算し，その結果をすべて括弧内に示している.

2. 本書のサポートページについて

http://ss580186.stars.ne.jp/ では, 本書の計算例についての Mathematica や Excel によるプログラム例をはじめ，本書の内容についての補足解説を掲載しています.（なお，将来は，サポートページの URL が変更される可能性もありますので，そのときには「たわみやすいはり」などでサポートページを検索して下さい.）

目次

第 1 章

基礎方程式

1.1 線形変形と非線形変形について

荷重を受けるはりのたわみを求める際，通常は**ベルヌーイ・オイラーの法則**（Bernoulli-Euler's law）が用いられる．この法則によれば，はりの任意点における曲げモーメントは，その荷重によって生じる**曲率**（curvature）の変化に比例する．たわみ曲線が式 $s = f(\varphi)$ で与えられるなら，その基礎方程式は

$$\frac{1}{r} = \frac{M}{EI} = \frac{d\varphi}{ds}$$

となる．ここで，s はたわみ曲線に沿った長さ，φ は位置 s におけるたわみ角，r は曲率半径，EI ははりの**曲げ剛性**（flexural rigidity）である．

直角座標における**曲率**は，次式（1.1）で表される．

$$\frac{1}{r} = -\frac{d^2y/dx^2}{\left[1 + (dy/dx)^2\right]^{3/2}} \tag{1.1}$$

ここで，負の符号は，下方向へのたわみを正として仮定した場合，x が増加するとたわみ角 φ が減少するということにより説明される．曲げモーメント M は x の関数なので

$$M = \frac{EI}{r} = g(x) \tag{1.2}$$

のように表すことができる．式（1.1）と式（1.2）を組み合わせると，2 階の非線形微分方程式を得る．通常の工学上の問題への適用にあたっては，たわみ角の 2 乗 $(dy/dx)^2$ は 1 に比べて小さいので無視し，曲げモーメントと曲率の関係式は線形化される．はりの長さに比べてたわみが小さければ，すなわち，はりのたわみ曲線が緩やかであればこの手法は正しい．はりの長さに比べてたわみが大きくなるような細長いはりや針金などについては，この仮定が成り立たない．したがって，たわみ角の 2 乗を省略した初等的な理論式は，**大変形** あるいは**大たわみ**（large deflection）の計算に適用することはできない．この簡単な例を以下に示す．片持ちはりの先端に荷重 P を受けるときの自由端のた

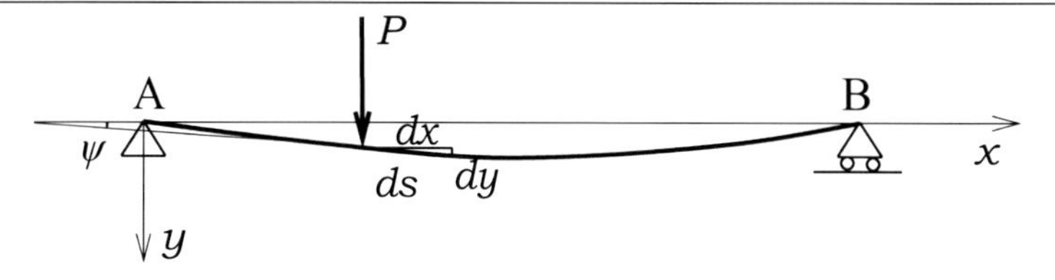

図 1.1

わみ式 $\delta = Pl^3/(3EI)$ を用いると，細長いはりではおかしな結果が生じる．つまり，はりの長さが l =100 in.（= 2540 mm），荷重が P =1 lb（= 4.45 N），そして曲げ剛性が，EI =1000 lb in.^{2}（= 2.8704×10^6 Nmm^2）なら，たわみとして $\delta = 333$ in.（= 8458 mm）を得る．これは，はりの長さの 3 倍以上にもなっている．

弾性はりのたわみ曲線は J. Bernoulli によりはじめて研究され，彼はこの問題の解を得るために，当時生まれたばかりの微積分学の手法を用いた．はりのたわみに関する最初の研究論文は，Euler により発表された [(1)]．著書**「弾性曲線について」**（*De Curvis Elasticis*）の付録において，もしもたわみが小さくなければ，曲率を表す式中の $(dy/dx)^2$ は省略できないと Euler は説明している．自由端で垂直荷重を受ける片持ちはりに対して，彼は，$Cy''/\left[1+(y')^2\right]^{3/2} = Px$ という関係式を見いだした．この式において，彼は級数展開を行って積分して $C = Pl^2/(2l-3f)/6f$ の関係を示した．ここに，f は自由端のたわみである．括弧内の $3f$ を省略すると $f = Pl^3/(3EI)$ を得る．この $3f$ は，変形中のモーメントの腕の長さの短縮を考慮したものである．

はりの変形は，Lagrange により**「バネのたわみについて」**（*Sur la Force des Ressorts Pliés*）という名の論文でも研究された [(2)]．しかし，後に Plana によって指摘されたようにその解は誤っていた [(3)]．

はりの初等理論では，不正確で時には奇妙な解が得られるが，そのほかに，はりの変形前の形状に垂直な方向以外のたわみの解が得られない．このことは，図 1.1 に示した荷重 P を受ける両端支持はりによって以下のように示される．すなわち，通常のたわみに関する理論では，$ds \approx dx$ および $\theta \approx \tan\theta$ と仮定する．したがって，$\int dx \approx \int ds$ となるから，B の転がり支点は A に向かって移動しない．たわんだ後の曲線は，もちろん直線 AB よりも長いが，そのたわみ曲線が平坦に近いなら（換言すると，dy が 1 次の微小量なら），たわんだ後の弧の長さと直線の長さの差は 2 次の微小量である．このことは，通常の解析においては重要な意味を持ってる．なぜなら，荷重 P は y 方向だけに移動し，したがってたわんでいる間は荷重間の距離が変わらないからである．この状況では，たわみはモーメントや荷重に関して比例している．このことは，**重ね合わせの原理**（principle of superposition）の基礎になっている．

たわみ角が増大するとともに，$dx = ds$ という仮定の妥当性はより根拠を失っていく．つまり，たわみ角が大きくなると，たわみはモーメントや荷重に関して比例せず，もはや

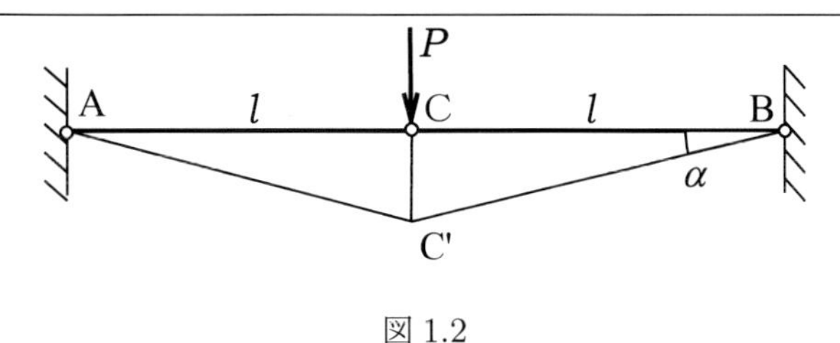

図 1.2

重ね合わせの原理が適用できないからである．したがって，大変形では最終的な変形に行き着くまでの間この影響が積み重なることになる．大変形が生じるすべての場合において，その問題ごとに解析する必要がある．というのも，最終的なたわみはすでに得られているたわみの線形結合であるという仮定（**線形性**の仮定）のもとでは，大変形問題は解析し得ないからである．

たわみと曲げモーメントの非線形関係は，自由端に荷重 P を受ける片持ちはりにより簡単に例示できる．荷重の大きさをゼロから最終荷重までに少しずつ増加させると，自由端は固定端の方向に近づく．それにより腕の長さが短くなるから，荷重が増えるのと同じ割合では曲げモーメントは増大しない．

大たわみ状態下の力学系は，重ね合わせの原理を当てはめることのできない場合に限ったものではないことに注意をすべきである．たとえば，図 1.2 に示す構造の節点 C は

$$CC' = \delta = l\left(\frac{P}{AE}\right)^{1/3}$$

に従ってたわむ．この式によれば，P と δ は非線形関係にある[*1]．

なお，この式は，$\sec\alpha = 1 + \alpha^2/2$ という近似式を用いているため微小変形の場合だけに成立する．

1.2 2 階の非線形微分方程式．楕円関数と楕円積分

2 階の線形微分方程式は，2 つの線形独立な解，すなわちそれらが比例関係ではない解を有している．したがって，y_1 が解であり，また y_2 も同じ微分方程式の解であるなら，その任意の線形結合 $y = Ay_1 + By_2$ もまた解となる．ここで，A, B は任意定数であり，境界条件から決定されるが，関数 y_1, y_2 は境界条件の影響を受けて関数形が変わること

[*1] 訳注：BC の伸びは，$l/\cos\alpha - l = l(1/\cos\alpha - 1)$ である．一方，BC$'$ 部材の軸力を Q とおくと，点 C$'$ での力のつり合いより $2Q\sin\alpha = P$ $\therefore$ $Q = P/(2\sin\alpha)$ となる．部材 BC$'$ にフックの法則を適用すると

$$\frac{Q}{A} = E\left(\frac{1}{\cos\alpha} - 1\right) \quad \therefore \frac{P}{2AE} = \tan\alpha(1 - \cos\alpha)$$

ここで，$\cos\alpha \approx 1 - \alpha^2/2$（または $\sec\alpha \approx 1 + \alpha^2/2$），$\tan\alpha = \delta/l$ を代入すると，$\delta = l(P/(AE))^{1/3}$ を得る．

はない．非線形 2 階微分方程式の場合にも定数 A, B は境界条件から決定されるが，それらの定数は単なる係数ではない．解 y は A, B の関数，すなわち，境界条件の関数である [4]．

2 階の非線形微分方程式に対する一般的な解法は存在しないが，ニュートンの方程式と呼ばれるある種の式の場合には簡単な手順で解が得られ，それは楕円積分を含んだ形になる．**ニュートンの方程式** [5]（Newton's equation）は，従属変数の 2 階の微分とその変数の非線形関数を含んでいる．その式の形は

$$\frac{d^2y}{dx^2} + a\Phi(y) = 0$$

である．

楕円積分（elliptic integral）という名は，以下の積分，すなわち

$$\int \frac{dx}{\sqrt{X}}, \quad \int \frac{x^2dx}{\sqrt{X}}, \text{および} \int \frac{dx}{(x-b)\sqrt{X}}$$

を指し示すために Legendre により用いられた．ここで，X は，x の 3 次もしくは 4 次式である．これらの式は，**第 1 種，第 2 種および第 3 種の楕円積分**と呼ばれている．**楕円積分**や**楕円関数**については，Cayley[6] や Hancock[7] らによるわかりやすい著書がある．また，簡潔にまとめられた Bowman [8] による著書もある*2．楕円関数や楕円積分の数表は，Milne-Thomson[9]， Pearson[10] および Jahnke と Emde[11] らによって示されている．

目下の議論では，6 章を例外として，**第 1 種および第 2 種の楕円積分**だけが重要である．適切な変数変換をすることにより，これらの積分は

$$\int_0^x \frac{dx}{\left[(1-x^2)(1-p^2x^2)\right]^{\frac{1}{2}}}, \quad \int_0^x \frac{(1-p^2x^2)^{\frac{1}{2}}dx}{(1-x^2)^{\frac{1}{2}}}$$

と表される．$x = \sin\phi$ とおけば，以下の**第 1 種の楕円積分**（elliptic integral of the first kind）に関する **Legendre の標準形**（Legendre's standard form）を得る．すなわち

$$F(p,\phi) = \int_0^\phi \frac{d\phi}{(1-p^2\sin^2\phi)^{\frac{1}{2}}}$$

第 2 種の楕円積分（elliptic integral of the second kind）についても

$$E(p,\phi) = \int_0^\phi (1-p^2\sin^2\phi)^{\frac{1}{2}}d\phi$$

を得る．

*2 訳注：楕円積分を扱った和書として，戸田 盛和 著，楕円関数入門，日本評論社（2001）がある．この著書は，楕円積分が必要となる物理現象と結びつけた説明があり読みやすい．

$F(p, \phi)$ は**母数**（modulus）p および積分上限 ϕ の関数である．ここで，

$$u = \int_0^\phi \frac{d\phi}{(1 - p^2 \sin^2 \phi)^{\frac{1}{2}}} = F(p, \phi)$$

とおき，p を一定とみなし，u の逆関数を ϕ=am u (u の**振幅**（amplitude））と表す．

したがって

$$\begin{aligned} x = \sin\phi &= \sin\ \mathrm{am}\ u = \mathrm{sn}\ u, \\ (1 - x^2)^{\frac{1}{2}} = \cos\phi &= \cos\ \mathrm{am}\ u = \mathrm{cn}\ u, \\ (1 - p^2 x^2)^{\frac{1}{2}} = \Delta\phi &= \Delta\ \mathrm{am}\ u = \mathrm{dn}\ u \end{aligned}$$

となる．ここで，sn u, cn u, および dn u は **Jacobi の楕円関数**（Jacobi's elliptic function）である．x と楕円関数の関係は，三角関数との対比を行えば容易に理解できる．たとえば

$$u = \int_0^x \frac{dx}{(1 - x^2)^{\frac{1}{2}}} = \sin^{-1} x$$

であり，一方で

$$u = \int_0^x \frac{dx}{\left[(1 - x^2)(1 - p^2 x^2)\right]^{\frac{1}{2}}} = \mathrm{sn}^{-1} x$$

と表される．

積分の上限に $x = 1$ を代入すると

$$u = \int_0^1 \frac{dx}{(1 - x^2)^{\frac{1}{2}}} = \sin^{-1} 1 = \pi/2$$

となる．また

$$u = \int_0^1 \frac{dx}{\left[(1 - x^2)(1 - p^2 x^2)\right]^{\frac{1}{2}}} = \int_0^{\pi/2} \frac{d\phi}{(1 - p^2 \sin^2 \phi)^{\frac{1}{2}}} = F(p, \pi/2) = K(p)$$

となる．ここで，$K(p)$ は**第 1 種の完全楕円積分**（complete elliptic integral of the first kind）であり，その値は p だけに依存する[*3]． $p = 0$ なら，$K(0) = \pi/2$ であり，以上に示した式からわかるように三角関数の sin と楕円関数の sn は等しい．同様に，$p = 0$ なら，$\cos u = \mathrm{cn}\ u$ であり，$p = 1$ なら，

$$\begin{aligned} \mathrm{sn}\ u &= \tanh\ u, \\ \mathrm{cn}\ u &= \mathrm{sech}\ u = \mathrm{dn}\ u \end{aligned}$$

となる．

[*3] 訳注：この**完全楕円積分**に対して，積分の上限が ϕ となっていて，積分値が p だけではなく ϕ にも依存している場合を**不完全楕円積分**と呼ぶ．

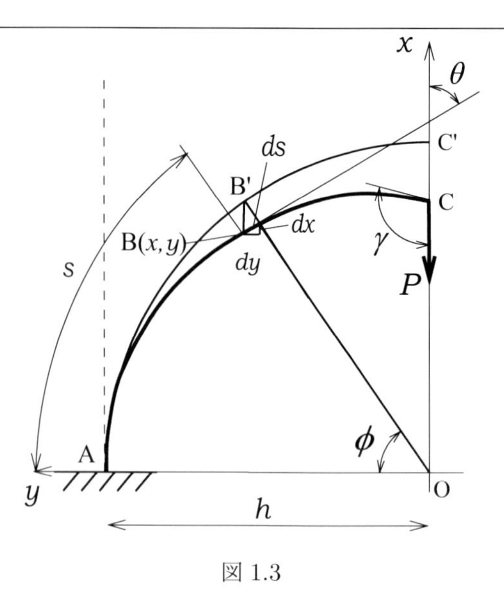

図 1.3

第 2 種の完全楕円積分（complete elliptic integral of the second kind）は，

$$E(p, \pi/2) = \int_0^{\pi/2} (1 - p^2 \sin^2 \phi)^{\frac{1}{2}} d\phi = E(p)$$

により定義される．楕円積分 E, F は，$p = 0$, $p = 1$ のときだけ閉じた解を持っている．そのほかの場合には，級数展開などにより積分が評価される (12)．

1.3 垂直方向の荷重を受ける柱

下端が固定され，先端で荷重 P を受ける柱を考えよう．その柱が十分に「しなやか」ならば図 1.3 のような変形をするだろう．**曲げ剛性** EI は一定とし，以下での議論ではこの仮定が成り立つものとする．

点 $\mathrm{B}(x, y)$ における荷重 P による曲げモーメントは，$M = -Py = EI/r$ と表されるので

$$y = -\frac{EI}{Pr} = -\frac{1}{k^2 r} \tag{1.3}$$

となる．ここで，$k = (P/EI)^{\frac{1}{2}}$ であり，r は**曲率半径**である．**曲率** $1/r$ に関する厳密な式を用いると，

$$y = -\frac{d^2y/dx^2}{k^2 \left[1 + (dy/dx)^2\right]^{3/2}} \tag{1.4}$$

を得る．この式の両辺に dy/dx を乗じて x に関して積分すると，式（1.4）は

$$y^2 = \frac{2}{k^2 \left[1 + (dy/dx)^2\right]^{\frac{1}{2}}} + C \tag{1.5}$$

となる．図 1.3 より $dx/ds = \cos\theta$ であり，したがって $\left[1 + (dy/dx)^2\right]^{\frac{1}{2}} = 1/\cos\theta$ となるから，式（1.5）は

$$y^2 = \frac{2}{k^2}\cos\theta + C = \frac{2}{k^2}\left[1 - 2\sin^2(\theta/2)\right] + C \tag{1.6}$$

と簡単になる．さらに，境界条件 $\theta = 0$ で $y = h$（=AO）より

$$h^2 = \frac{2}{k^2} + C \tag{1.7}$$

となる．これより

$$y^2 = h^2 - \frac{4}{k^2}\sin^2(\theta/2) \tag{1.8}$$

を得る．

なお，y^2 は正であるため，式（1.8）の解は h と k の相対的な大きさに依存する．

はじめに，$h^2 < 4/k^2$ と仮定する．そこで

$$h^2 = 4p^2/k^2 \tag{1.9}$$

を導入する．ここで，$p < 1$ であり，ϕ を

$$\sin(\theta/2) = p\sin\phi \tag{1.10}$$

を満たすように選ぶ．すると，式（1.8）は

$$y = h\cos\phi \tag{1.11}$$

と変形される．

$dy/d\phi = -h\sin\phi$, $dy/ds = \sin\theta$ に注意して微小長さ ds を求めると

$$ds = -\frac{hd\phi}{2p(1 - p^2\sin^2\phi)^{\frac{1}{2}}} = -\frac{d\phi}{k(1 - p^2\sin^2\phi)^{\frac{1}{2}}} \tag{1.12}$$

を得る．ここで，図 1.3 に示すように θ は負であり，したがって ϕ も負となる．式（1.12）の負号は，s が増えると ϕ が減少することを意味している．ds に関して 0 から s まで積分し，負号を無視すると

$$s = \frac{1}{k}\int_0^{\phi}\frac{d\phi}{(1 - p^2\sin^2\phi)^{\frac{1}{2}}} = \frac{1}{k}F(p, \phi) \tag{1.13}$$

となる．この式には未知量である p および ϕ が含まれている．この式中の**母数** p は，曲げ変形を生じても柱の長さが変わらないという仮定から計算される．これより

$$L = \frac{1}{k}\int_0^{\pi/2}\frac{d\phi}{(1 - p^2\sin^2\phi)^{\frac{1}{2}}} = \frac{1}{k}K(p) \tag{1.14}$$

を得る．ここで，積分範囲は図 1.3 の第 1 象限において，ϕ が AO から C′O まで掃き出すように選ばれる．また，式（1.10）より

$$p = \frac{\sin(\theta/2)}{\sin\phi}$$

であるから，点 C における傾きは

$$\sin(\gamma/2) = p \tag{1.15}$$

と求められる．

この式は，柱のたわみを決定する母数 p と端部のたわみ角 γ との基本的な関係を示している．式（1.14）から p が決まり，点 B におけるたわみ角が s の関数として決定される．式（1.13）を ϕ について解いたのち，式（1.10）から θ が得られる．**楕円関数**を用いると，点 B における接線の角と AB の弧長の関係は

$$\sin(\theta/2) = p \ \mathrm{sn}\ ks \tag{1.16}$$

と求められる．ここで，sn の係数は p である．柱の水平方向のたわみは

$$AO = h = 2p/k$$

であり，点 B の y 座標は

$$y = \frac{2p\cos\phi}{k} = \frac{2p}{k}\mathrm{cn}\ ks \tag{1.17}$$

であり，点 B における曲げモーメントは

$$M = -yP = -2pkEI\mathrm{cn}\ ks \tag{1.18}$$

となる．

次に点 B の垂直座標を考える．

$$dx = ds\cos\theta = ds(1 - 2p^2\sin^2\phi) \tag{1.19}$$

に注意し，式（1.12）から得られる ds を式（1.19）に代入すると

$$dx = \frac{(1 - 2p^2\sin^2\phi)\ d\phi}{k(1 - p^2\sin^2\phi)^{\frac{1}{2}}}$$

となり，これを積分して

$$x = \frac{1}{k}\int_0^\phi \frac{d\phi}{(1 - p^2\sin^2\phi)^{\frac{1}{2}}} - \frac{2p^2}{k}\int_0^\phi \frac{\sin^2\phi\ d\phi}{(1 - p^2\sin^2\phi)^{\frac{1}{2}}}$$

を得る．上式の右辺の 2 番目の積分項は

$$\big[F(p,\phi) - E(p,\phi)\big]/p^2$$

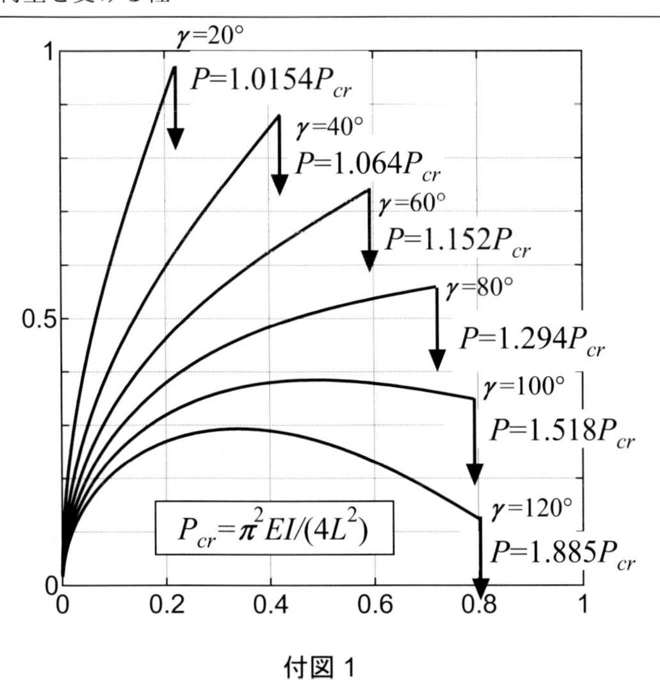

付図 1

に等しい．そこで，点 B の垂直変位は

$$x = 2E(p, \phi)/k - F(p, \phi)/k \tag{1.20}$$

と求められる．

式（1.20）の積分項の上限に $\pi/2$ を代入すれば，たわみ CO に関して

$$v = 2E(p)/k - L \tag{1.21}$$

と得られる．

ここまで説明したように，柱の変形の解析の第一歩は p を計算することである．そして変形後の任意点の位置は，式（1.13），（1.11）および（1.20）を解くことによって求められる[*4]．

図 1.3 に示すような変形を引き起こすのに必要な力は

$$P = EIK^2(p)/L^2 = 4P_{cr}K^2(p)/\pi^2$$

となる．ここで，$P_{cr} = \pi^2 EI/(4L^2)$ であり，**Euler の座屈荷重**（Euler's critical load）である．

[*4] 訳注：実際には，1) 式（1.15）の γ に任意の値を与えて p を求める，2) この p を用いて式（1.14）より無次元荷重 kL を求める，3) 以上で得られた p, kL を用いて，式（1.17）および式（1.20）をもとに，ϕ を $0 \sim \pi/2$ まで変化させて無次元座標 x/L, y/L を求める，という計算手順が簡単である．すなわち，柱の先端のたわみ角 γ に任意の値を与え，その後に無次元荷重 kL を求めて変形座標を計算するという手順である．この方法によって求めた柱の変形図を付図 1 に示す．

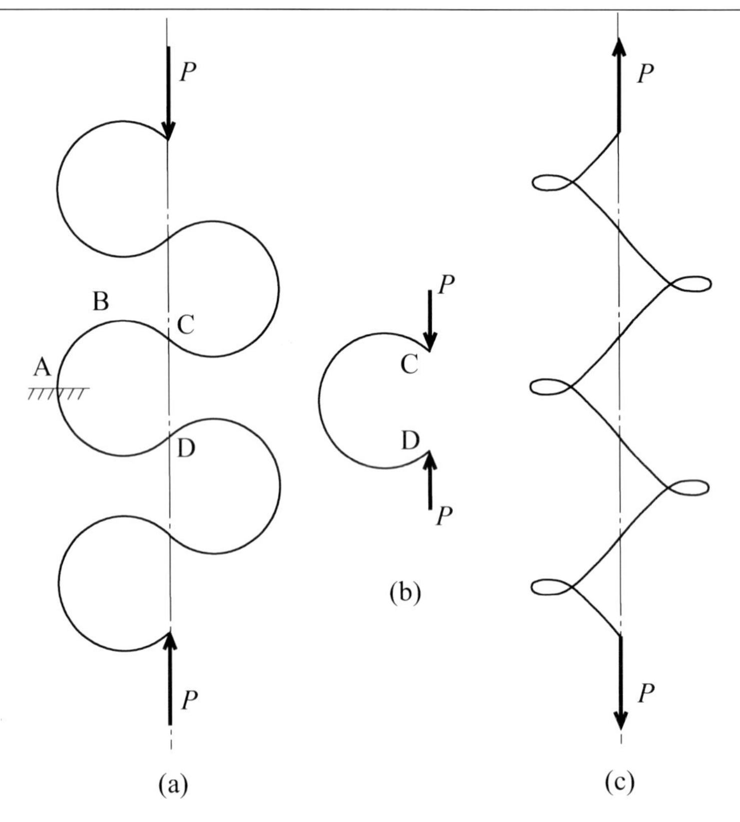

図 1.4

もしも，図 1.4(a) に示すような A に関して上下対称な柱 ABC の変形を考えるとすれば，図 1.4(b) のような両端に荷重 P を受ける長さ $2L$ の棒 CD の変形形状を得る．また**変曲点**（point of contraflexure）C，D で同様の棒をつなぎ合わせるとするなら，図 1.4(a)，(c) に示す**波状エラスティカ**（undulating elastica）と呼ばれる一連の弾性曲線を得る．しかしその 2 つのなかで，図 1.4(c) だけが安定である．

図 1.3 において荷重 P を次第に増加すると，垂直変位や水平変位が増大する．しかし，点 C の水平変位の最大点をとる荷重 P が存在するに違いない．荷重をこの値以上に増やすと点 C は引き込まれるようになる．

この荷重 P を求めるために，図 1.5 に示すように h/L は最大値をとらねばならない．そこで

$$h/L = 2p/K(p) \equiv \zeta(p),\ d[\zeta(p)]/dp = \left[2K(p) - 2pK'(p)\right]/K^2(p)$$

となるので，h/L が最大値となるには

$$K(p) = pK'(p) = B(p)p^2/(1-p^2)$$

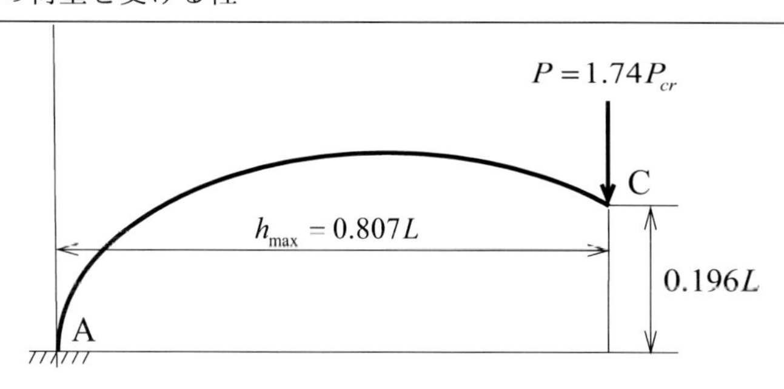

図 1.5

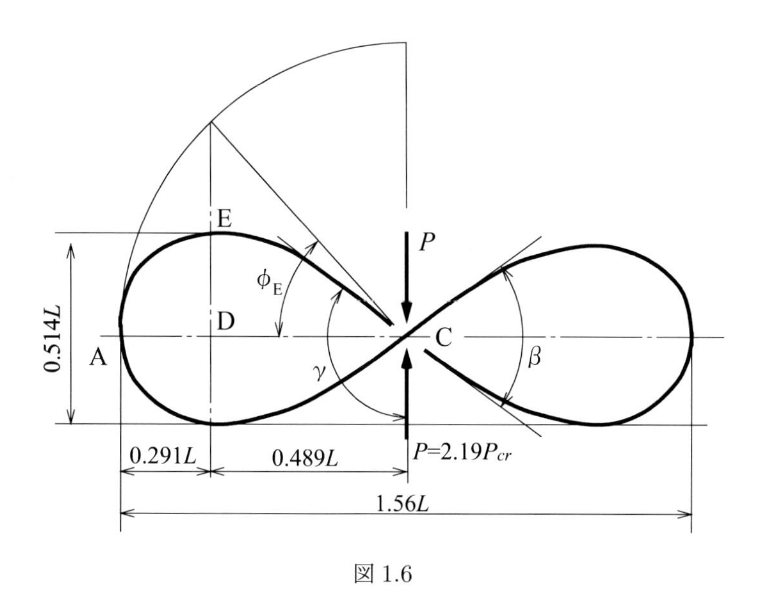

図 1.6

という関係が必要である．ここで，

$$B(p) = \int_0^{\pi/2} \frac{\cos^2\phi\, d\phi}{(1 - p^2 \sin^2\phi)^{\frac{1}{2}}}$$

である．この条件式は，$p = 0.837$ のときに満たされ，したがって $h_{\max} = 0.807L$ であり，$P = 1.74P_{cr}$ のときに最大値を得る．

続いて，長さ $4L$ の針金が図 1.6 のような弾性変形形状のように曲げらる場合を考える．その針金のつり合い状態を保っているときの形状や力を求めるためには，

$$v = 2E(p)/k - L = 0$$

と考えればよい．この方程式を解けば $p = 0.908$ となり，したがって $h = 0.78L$，および $P = 2.19P_{cr}$ を得る．長さ DE を求めるには，点 E で $\theta = \pi/2$ に注意すればよく

$$\sin\phi_E = \frac{\sin(\pi/4)}{p} = 0.779$$

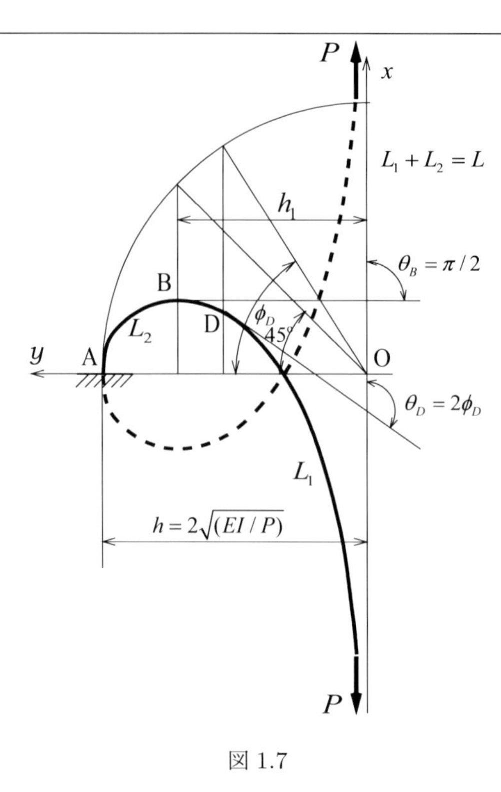

図 1.7

を得る．また，この結果を式（1.11）および式（1.20）に当てはめると CD=0.489L, ED=0.257L となる．

1.4 無限長の棒

前節では，$h^2 < 4/k^2$ の仮定のもとで弾性棒の変形を調べた．もしも，$h^2 = 4/k^2$，すなわち $p = 1$ が成立するとすれば，式（1.14）より

$$
\begin{aligned}
L &= \frac{1}{k}\int_0^{\pi/2} \frac{d\phi}{(1-\sin^2\phi)^{\frac{1}{2}}} = \frac{1}{k}\int_0^{\pi/2} \sec\phi\ d\phi \\
&= \frac{1}{k}\big[\ln\tan(\pi/2) - \ln\tan(\pi/4)\big] = \infty
\end{aligned}
\tag{1.22}
$$

また，式（1.9）から

$$
h = 2/k = 2\sqrt{EI/P} \quad (\text{有限値}) \tag{1.23}
$$

となり，また，$v = 2E(p)/k - L = -\infty$ を得る．同様な考察をすると

$$
s = \frac{1}{k}\int_0^{\phi} \frac{d\phi}{\cos\phi} = \frac{1}{k}\ln\tan(\phi/2 + \pi/4) = \frac{1}{k}(\lambda\phi)
$$

したがって，たわみ角と弾性棒の長さの関係は，$\phi = \theta/2 = \mathrm{gd}\ ks$ となる．

ここで，$\lambda(\phi)$ は**ラムダ関数**（Lambda function）であり，その逆関数である gd ks は ks を引数とする**グーデルマン関数**（Gudermann function）である．この 2 つの関数については，読者は応用解析学の教科書，たとえば Hancock の教科書を参照されたい[(13)] [*5]．

$\phi = \theta/2$ で表された点の垂直座標を求めるために，波形エラスティカについて誘導した式において，$p = 1$ とおくと，

$$
\begin{aligned}
x &= \frac{1}{k}\int_0^{\phi}\frac{d\phi}{\cos\phi} - \frac{2}{k}\int_0^{\phi}\frac{\sin^2\phi\,d\phi}{\cos\phi} \\
&= \frac{2\sin\phi}{k} - \frac{\ln\tan(\phi/2+\pi/4)}{k}
\end{aligned}
$$

を得る．

ϕ が $\pi/2$ に近づくと θ は π になり，それゆえ v は ∞ に近づく．このことは，図 1.7 の輪から 2 つの分岐が垂直軸に漸近することを示している．この場合に物理的に重要なことは，棒が無限に長いにもかかわらず有限な水平変位が生じていることである．

1.5 ノーダルエラスティカ

もしも，式 (1.8) において $h \leq 2/k$ なら，x のある値で y はゼロになるだろう（$h = 2/k$ のときに $x = \pm\infty$ で y がゼロになっているため）．$y = -1/(k^2 r)$ という関係式（1.3）から曲率は y の増加とともにゼロになることがわかるから，変形曲線が x 軸を横切るときはいつも変曲点が生じることは明らかである．一方で，$h > 2/k$ のときには，y と曲率はゼロになることはない．別な言い方をすれば変曲点は生じないともいえる．

まず，

$$4/k^2 = h^2p^2, \quad (p^2 < 1)$$

とおく．したがって，式（1.8）より

$$y = h\big[1 - p^2\sin^2(\theta/2)\big]^{\frac{1}{2}} \tag{1.24}$$

$p^2 < 1$ なので，θ の任意の実数値に対して，y はある一定値を持つ．次の関係，すなわち

$$\sin\phi = p\sin(\theta/2) \tag{1.25}$$

を満たすパラメータ ϕ を導入すると，式（1.24）は

$$y = h\cos\phi \tag{1.26}$$

[*5] 訳注：グーデルマン関数は gd $x = \displaystyle\int_0^x \frac{dt}{\cosh t} = \arcsin(\tanh x)$ で定義される．また，グーデルマン関数の逆関数（一般には**逆グーデルマン関数**又は**ランベルト関数**と呼ばれる．ここでは，このグーデルマン関数の逆関数をラムダ関数と称している）は，区間 $(-\pi/2 < x < \pi/2)$ において、次のように与えられる．$\lambda(x) = \displaystyle\int_0^x \frac{dt}{\cos t} = \ln\tan(\pi/4 + x/2)$.

となる．

また，

$$\frac{dy}{d\theta} = -\frac{hp^2 \sin\theta}{4\left[1 - p^2 \sin^2(\theta/2)\right]^{\frac{1}{2}}}$$

および

$$\sin\theta = \frac{dy}{d\theta} \cdot \frac{d\theta}{ds}$$

の関係を用いて，

$$ds = -\frac{hp^2 d(\theta/2)}{2\left[1 - p^2 \sin^2(\theta/2)\right]^{\frac{1}{2}}}$$

を得る．したがって，弧長は

$$s = -\frac{hp^2}{2}\int_0^{\theta/2} \frac{d(\theta/2)}{\left[1 - p^2 \sin^2(\theta/2)\right]^{\frac{1}{2}}} = -hp^2 F(p, \theta/2)/2 \tag{1.27}$$

となる．ここで，負号は，固定端から自由端に進むにつれて θ は減少することによる．したがって以下の議論では，s は正をとる．

x を求めるために，以下の関係式に着目する．

$$\begin{aligned} dx &= \cos\theta ds = \left[1 - 2\sin^2(\theta/2)\right] ds \\ &= \frac{hp^2 d(\theta/2)}{2\left[1 - p^2 \sin^2(\theta/2)\right]^{\frac{1}{2}}} - \frac{hp^2 \sin^2(\theta/2) d(\theta/2)}{\left[1 - p^2 \sin^2(\theta/2)\right]^{\frac{1}{2}}} \end{aligned}$$

（ここで，ds の負の符号は省略している．）この式を積分すると

$$\begin{aligned} x &= hp^2 F(p, \theta/2)/2 - hp^2 \int_0^{\theta/2} \frac{\sin^2(\theta/2) d(\theta/2)}{\left[1 - p^2 \sin^2(\theta/2)\right]^{\frac{1}{2}}} \\ &= hE(p, \theta/2) - h(1 - p^2/2) F(p, \theta/2) \end{aligned} \tag{1.28}$$

を得る．

式（1.24）から，$y_{\max} = h$, $y_{\min} = (1 - p^2)^{\frac{1}{2}}$ となること，そして，$y_{\min}$ は $\theta = \pi$ で生じることがわかる．また，$y_{\max}$, $y_{\min}$ ともに同符号だから y がゼロになることはない．したがって，荷重 P は直接はりに作用させることはできない．なぜなら，そのような P が作用すれば，$y = 0$ となるからである．そこで，このような荷重状態は，モーメント $Ph\cos\phi$ と荷重 P が作用する剛体レバーを通じてのみ実現できる．この様子を図 1.8 に示す．

このときの弾性変形形状を**ノーダルエラスティカ**（nodal elastica）（または**結節エラスティカ**）と呼ぶ．図 1.8 は ϕ が $\pi/2$ に達しないことを示している．したがって**完全楕円積分**を用いることはない．はりの長さ s および M, P が与えられたなら，式（1.24）より

$$e = y = 2\left[1 - p^2 \sin^2(\theta/2)\right]^{\frac{1}{2}}/(pk)$$

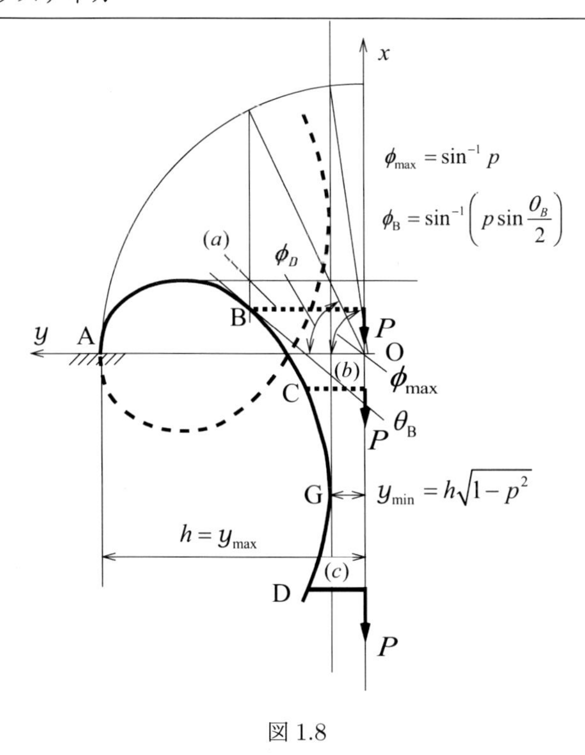

図 1.8

となる．ここで，$e = M/P$ である．この式と式（1.27）とを組み合わせると，p と θ を未知数とする方程式を得ることになる．しかし，まだ曖昧な場合が残っている．図 1.8 において，剛体レバーが (b)，(c) の位置にあるときの曲げモーメントが同じならば，点 C および点 D におけるたわみ角は，それぞれ $\pi - \alpha$, $\pi + \alpha$ である．これらの値を式（1.24）に代入すると，両方の場合ともに $\sin^2(\theta/2)$ は同じ値を持つ．図 1.8 の長さ ABCG は，**ノーダルエラスティカ**の 1 周期の半分の長さであること，そしてその長さは，$L_\pi = hp^2F(p, \pi/2)/2 = pK(p)/k$ であることに留意しよう．式（1.27）は，棒の長さが ABCG より短い場合のみに適用可能である．もしも，つり合い状態が変形形状 ABCGD を必要とするなら，**ノーダルエラスティカ**を最大限に回転させたところまで追跡し，この長さから失っている部分を差し引く必要がある．したがって，点 A から測った**ノーダルエラスティカ**の長さが $L_{2\pi} = 2pK(p)/k$ であるから

$$L = ABCGD = L_{2\pi} - hp^2F(p, \theta_{D/2})/2 \tag{1.29}$$

となる．

図 1.8 に示した 3 通りの荷重位置のどれもが，はりを AB，ABC および ACBCD の重なる位置に保つことができることに留意すべきである．さらに，はりが (a) の位置（図 1.8 参照）でつり合いを保つかどうかを前もって誰も予測することができない．したがって，力および曲げモーメントを受けるはりの解の正しい式を求めるには，試行錯誤法によ

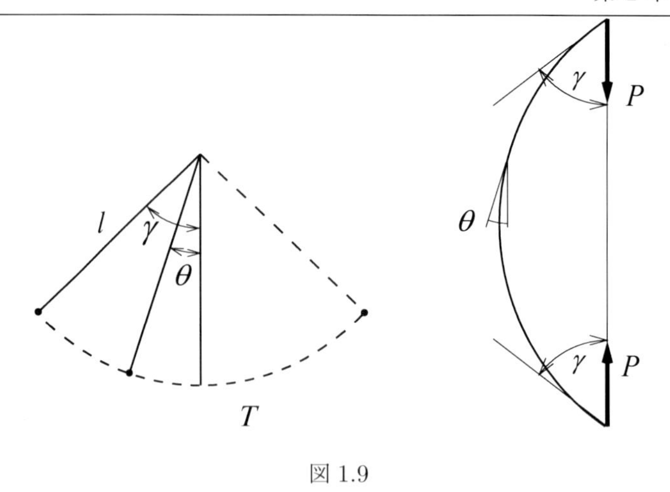

図 1.9

るしかない．また，正しい解は，p が実数の場合のみである．

曲げモーメントについては

$$\theta/2 = \mathrm{am}(ks/p),$$
$$\sin(\theta/2) = \mathrm{sn}(ks/p),$$
$$\cos(\phi) = \left[1 - p^2 \sin^2(\theta/2)\right]^{\frac{1}{2}} = \mathrm{dn}(ks/p)$$

より

$$\frac{M}{EI} = \frac{Ph\cos\phi}{EI} = \frac{2k}{p}\mathrm{dn}(ks/p)$$

を得る．

1.6 キルヒホッフの運動的類似．振り子

図 1.3 に示した柱の任意点 (x, y) における曲げモーメントについては，

$$EI\frac{d\theta}{ds} + Py = 0$$

あるいは，$k = \sqrt{P/EI}$ として

$$\frac{d^2\theta}{ds^2} + k^2 \sin\theta = 0 \tag{1.30}$$

という微分方程式を得た．

さて，図 1.9 に示した**単振り子**（simple pendulum）を考えると，その運動は

$$\frac{d^2\theta}{dt^2} + \frac{g}{l}\sin\theta = 0 \tag{1.31}$$

により表される．式（1.30）と式（1.31）は形式的に同一である．このことは最初にKirchhoffによって指摘され，**キルヒホッフの運動的類似**（Kirchhoff's kinetic analogy）と呼ばれている[14]．この理論に従えば，エラスティカのたわみ角は，重力の作用のもとで振り子が左右に振動するときの振れ角に相当する．

単振り子と細長い弾性棒の変形とを比較するために，長さが l で重さを無視できる棒を考えよう．この棒は一端からつり下げられ，他端には重りが取り付けられているものとする．この振り子は重力を受けて自由に動く．時刻 t における速度を v とし，θ を垂線と棒のなす角とする（図 1.9 参照）．重りを静止状態から速度 v_0 で押し出すものとすると

$$(v)_{t=0} = v_0, \quad (\theta)_{t=0} = 0$$

となる．

運動エネルギーと位置エネルギーとは等しいから

$$(v_0^2 - v^2)/2 = gl(1 - \cos\theta)$$

すなわち

$$v^2 = v_0^2 - 4gl\sin^2(\theta/2) \tag{1.32}$$

$v = ld\theta/dt$ に留意し，$\omega^2 = g/l$ とおくと，式（1.32）は

$$\left(\frac{d\theta}{dt}\right)^2 = 4\omega^2\left(\frac{v_0^2}{4gl} - \sin^2(\theta/2)\right) \tag{1.33}$$

となる．この非線形方程式の解は，v_0^2 と $4gl$ の大きさの比に依存している．

重りの質量を m とすると，位置エネルギーの最大値は $2mgl$ である．もしも

$$mv_0^2/2 < 2mgl$$

すなわち

$$v_0^2 < 4gl$$

ならば，重りは高さ $2l$ には届かずに振動する．また，$p^2 = v_0^2/(4gl)$ とおけば $p^2 < 1$ となり，振り子の振幅を γ とおけば，境界条件は $(v)_{\theta=\gamma} = 0$ と表される．式（2.32）の θ や v にこれらの式を用いると

$$p^2 = v_0^2/(4gl) = \sin^2(\gamma/2)$$

と表される．

$d\theta/dt$ は $\theta = \pm\gamma$ の位置で符号を変えるから，式（1.33）より

$$\omega dt = \pm\frac{d\theta}{2\left[p^2 - \sin^2(\theta/2)\right]^{\frac{1}{2}}} \tag{1.34}$$

となる．次に，$\sin(\theta/2) = p\sin\phi = \sin(\gamma/2)\sin\phi$ とおく．そうすると，θ が $+\gamma$ から $-\gamma$ に変化するとき，ϕ は $+\pi/$ から $-\pi/2$ の間を振動する．t を ϕ の関数として表して式（1.34）を整理すると

$$\omega dt = \pm\frac{p\cos\phi\, d\phi}{\cos(\theta/2)(p^2 - p^2\sin^2\phi)^{\frac{1}{2}}} = \pm\frac{d\phi}{(1 - p^2\sin^2\phi)^{\frac{1}{2}}} \tag{1.35}$$

を得る．また，**ヤコビの楕円関数**を用いると

$$\left.\begin{aligned} \sin\phi &= \text{sn}\ \omega t, \\ \sin(\theta/2) &= p\ \text{sn}\ \omega t, \\ d\theta/dt &= \pm 2p\omega\ \text{cn}\ \omega t \end{aligned}\right\} \tag{1.36}$$

と表される．ここで，楕円関数の母数は p である．

振幅が $\theta = 0$ から $\theta = \gamma$ に，そしてその後 $-\gamma$ まで振れ $\theta = 0$ までに戻るのに要する時間が**周期** T となる．これより

$$\omega T = 4\omega\int dt = 4\int_0^{\pi/2}\frac{d\phi}{(1 - p^2\sin^2\phi)^{\frac{1}{2}}}$$

すなわち

$$T = 4K(p)/\omega \tag{1.37}$$

となる．γ が小さければ ($\gamma = 0° \sim 5°$) $K \approx \pi/2$ となり，振幅の小さい場合の周期は

$$T = 2\pi/\omega = 2\pi\sqrt{\frac{l}{g}} \tag{1.38}$$

となる．

式（1.36）および式（1.37）を式（1.16）および（1.14）と比較すると，$L = T/4,\ k = \omega$ と置くとそれらは同一の式となる．また，振り子に対する t は，**波状エラスティカ**の s と同じ意味を持っている．さらに，図 1.9 における 2 つの γ が等しければ，振り子と柱の係数が同一になることがわかる．式（1.14）および式（1.37）の相似性を図 1.10 に示す．L を図 1.10(b) の柱 AB の長さとし，$T = 2\pi(l/g)^{\frac{1}{2}}$ を図 1.10(a) の振り子が微小振幅で振れるときの周期とすると

$$L : L_1 : L_2 : L_3 : \cdots = T : T_1 : T_2 : T_3 : \cdots$$

が成り立つことがわかる．ここで，$L_1, L_2, \cdots$ は点 A および点 B で支持され，端点における傾斜角 $\gamma_1, \gamma_2, \cdots$ を持つ細長い棒の長さである．また，$T_1, T_2, \cdots$ は振幅 $\gamma_1, \gamma_2, \cdots$ を持つ振り子の周期である．

さらに初速 v_0 を増やすと，重りの運動エネルギーが位置エネルギー $2mgl$ に等しい段階に達する．これは

$$v_0^2 = 4gl \quad \text{あるいは，} p^2 = v_0^2/(4gl) = 1$$

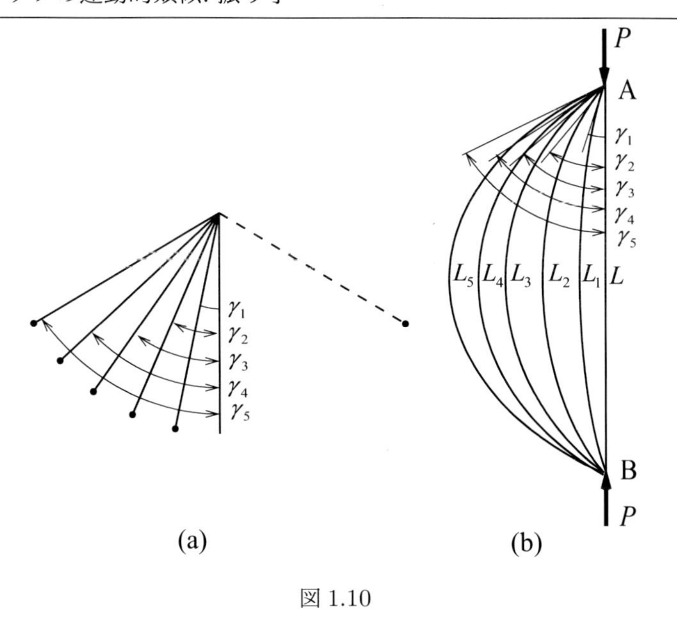

図 1.10

のときに生じる．式（1.37）で $p=1$ を代入すると

$$T = 4\left[\ln\tan(\pi/2) - \ln\tan(\pi/4)\right]/\omega = \infty \tag{1.39}$$

このため，棒は決して垂直位置に到達することはない．このときの角速度は，$\omega = d\theta/dt = 2\omega \text{ sech } \omega t = 2\omega(1/\sinh\omega t)$ となる．関数 $y = \text{sech } \omega t$ は時間 t の増加とともに減少して，最終的には t 軸に漸近する．換言すれば，無限時間経過すると角速度はゼロになるとも言える．

さらに v_0 を大きくすると振り子は回転するようになる．この場合には，

$$\left.\begin{aligned} T &= 2pK(p)/\omega, \\ \theta/2 &= \text{am}(\omega t/p), \\ \omega = d\theta/dt &= +2\omega \text{ dn}(\omega t/p)/p \end{aligned}\right\} \tag{1.40}$$

となる．これらの結果は

$$p^2 = 4gl/v_0^2 < 1$$

のときに得られる．

この式から v_0^2 が無限に大きくなると p はゼロになることがわかる．$p=0$ のとき dn は 1 となるから，振り子は $2\omega/p$ の速さで無限大に近づく．しかし，p が小さな値の場合には dn はほぼ 1 となるから，振り子は一定の速さで振れ，その周期は

$$T = \pi p(l/g)^{\frac{1}{2}} \tag{1.41}$$

となる．

表 1.1　エラスティカと振り子の比較

エラスティカ		振り子	
波状	$\phi = \mathrm{am}\ ks$ $\sin(\theta/2) = p\ \mathrm{sn}\ ks$ $M/EI = 2pk\ \mathrm{cn}\ ks$ $L = K(p)/k$	振動	$\phi = \mathrm{am}\ \omega t$ $\sin(\theta/2) = p\ \mathrm{sn}\ \omega t$ $\omega = d\theta/dt = \pm 2p\omega\ \mathrm{cn}\ \omega t$ $T = 4K(p)/\omega$
無限長棒	$\phi = \mathrm{gd}\ ks$ $\sin(\theta/2) = \tanh ks$ $M/EI = 2k\ \mathrm{sech}\ ks$ $L = \infty$	$v_0^2 = 4gl$	$\phi = \mathrm{gd}\ \omega t$ $\sin(\theta/2) = \tanh\ \omega t$ $\omega = d\theta/dt = 2\omega\ \mathrm{sech}\ \omega t$ $T = \infty$
ノーダル	$\theta/2 = \mathrm{am}(ks/p)$ $\sin(\theta/2) = \mathrm{sn}(ks/p)$ $M/EI = (2k/p)\ \mathrm{dn}(ks/p)$ $L_{2\pi} = (2p/k)K(p)$	回転	$\theta/2 = \mathrm{am}(\omega t/p)$ $\sin(\theta/2) = \mathrm{sn}(\omega t/p)$ $\omega = d\theta/dt = (2\omega/p)\ \mathrm{dn}(\omega t/p)$ $T_{2\pi} = (2p/\omega)K(p)$

弾性棒と振り子についての3種類の類似性を表1.1に示す．**ノーダルエラスティカ**の長さ $L_{2\pi}$ は棒の1周期分の長さを表す．同じく周期 $T_{2\pi}$ は回転する振り子の周期を表す．無限長棒に対応する振り子は，振動も回転もしない．重りは最も低い位置から動き出し，無限大の時間を要して頂点の位置に達する．

1.7 圧縮力を受ける棒のたわみ [15]

座屈に関する線形理論によれば，図1.11に示す柱は，$P < P_{cr}$ なら真直ぐなままであり，$P > P_{cr}$ のときには，小さなたわみ δ が生じるがその大きさは未知である．$P > P_{cr}$ の場合には線形理論では解が求められない．

しかしながら，実験結果は，荷重が**臨界荷重**（critical load, $P_{cr} = \pi^2 EI/l^2$），または**座屈荷重**を超えても細長い柱には横方向にある一定の大きさのたわみが生じていることを示している．以下，変位 δ を荷重 P によって表す式を求めよう．任意位置 s におけるたわみ y を s の関数，すなわち $y = f(s)$ と表わす．この式を s で2階微分すると

$$\frac{d^2y}{ds^2} = -k^2 y \cos\phi \tag{1.42}$$

ここで，ϕ は弾性曲線のたわみ角，$k^2 = P/(EI)$ である．ここで以下の近似式

$$\cos\phi \approx 1 - \phi^2/2, \quad \phi \approx \sin\phi = dy/ds = y'$$

を代入すると

$$y'' + k^2 y = k^2 (y')^2 y/2 \tag{1.43}$$

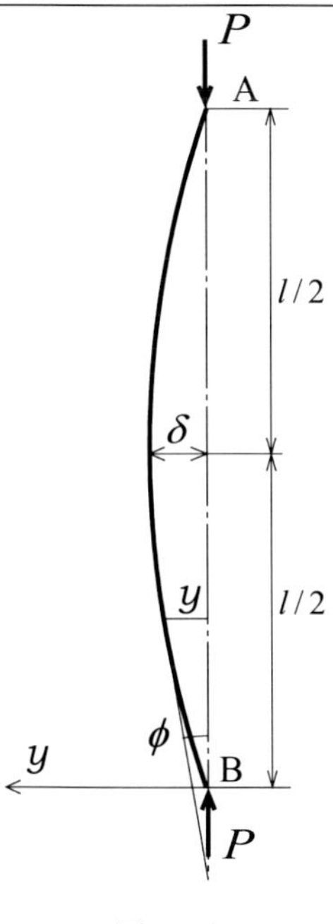

図 1.11

を得る．式（1.43）の右辺は y の 3 次式となっているので，y の近似式としては十分である．ここで，我々は線形理論を手がかりとし，

$$y = c\sin(\pi s/l) \tag{1.44}$$

をたわみを表す式と仮定する．境界条件を満たすためには，$(y)_{s=0} = 0$, $(y)_{s=l} = 0$, $\pi/l = k$ すなわち $P = P_{cr}$ でなければならない．しかしながら座屈後の形状では，P と P_{cr} にはわずかな相違があり，また π/l と k にも同様にわずかな相違がある．この違いを考慮して $\pi/l = k_0$ とおくと，式（1.43）の右辺は

$$(c^3k_0^4\cos^2 k_0 s \times \sin k_0 s)/2 = c^3k_0^4(\sin k_0 s + \sin 3k_0 s)/8$$

となる．したがって，式（1.43）は

$$y'' + k^2 y = c^3k_0^4(\sin k_0 s + \sin 3k_0 s)/8 \tag{1.45}$$

となる．これを解くと

$$y = c\sin k_0 s + c_1 \sin 3k_0 s \tag{1.46}$$

ここで，

$$c^2 = \frac{8(k^2 - k_0^2)}{k_0^4} = \frac{8l^2}{\pi^2}\Big(\frac{P}{P_{cr}} - 1\Big), \quad c_1 = -\frac{k_0^2}{64}c^3$$

であり，c_1 は $k^2 \approx k_0^2$ と近似して得られる．

式（1.46）から，δ は

$$\delta = (y)_{s=l/2} = c - c_1$$

と得られる．c を1次の微小量と仮定すれば c_1 は3次の微小量となるから，十分な精度を持って

$$\delta = c = 0.900l\left(\frac{P}{P_{cr}} - 1\right)^{\frac{1}{2}} \tag{1.47}$$

とすることができる．したがって，もしも，$P = 1.01P_{cr}$ なら $\delta = 0.09l$, $P = 1.05P_{cr}$ なら $\delta = 0.20l$ となる．

式（1.46）は，座屈後の柱の変位が正弦曲線からどのようにそれるかを示している．柱の両端に向かうにつれて，たわみはより小さくなる一方で，柱の中央ではたわみは式（1.44）で仮定したものよりも幾分大きくなる．

$P > P_{cr}$ のときの柱の横方向変位の解析については，**楕円積分**を用いることもできる．たとえば，図1.3を考える．図1.3に示されたたわみを引き起こすのに必要な力は

$$P = EIK^2(p)/L^2 = 4P_{cr}K^2(p)/\pi^2 \tag{1.48}$$

となる．$K(p)$ は $\pi/2$ 以下の値はとり得ないので，式（1.48）は，点Aで固定され垂線とは異なるたわみ曲線を得るには $P > P_{cr}$ でなければならないことを示している[16]．

$K(p)$ は以下のように p のべき乗で展開される．

$$K(p) = \frac{\pi}{2}\left[1 + \left(\frac{1}{2}\right)^2 p^2 + \left(\frac{1\cdot 3}{2\cdot 4}\right)^2 p^4 + \left(\frac{1\cdot 3\cdot 5}{2\cdot 4\cdot 6}\right)^2 p^6 + \cdots\right]$$

水平方向のたわみが小さいときには，γ と p ともに小さな値をとる．$K(p)$ の級数の最初の2項をとり，p を求めると

$$p = 2\big[2K(p)/\pi - 1\big]^{\frac{1}{2}}$$

となる．また，柱の水平変位が $h = 2p/k$ であることを考慮すると，式（1.9）より

$$h = \frac{8L}{\pi}\big[\sqrt{(1/n)} - (1/n)\big]^{\frac{1}{2}} \tag{1.49}$$

を得る．ここで，$n = P/P_{cr}$ である．もしも，P が P_{cr} よりわずかに大きい値であるとすると，$\Delta = n - 1$ として

$$h = \frac{8L}{\pi}\sqrt{(\Delta/2)} \tag{1.50}$$

となる．

式（1.49）より，$(dn/dh)_{n=1} = 0$ であることがわかる．したがって，n と h の関係を示すたわみ曲線の接線は，$n = 1$ のときに h 軸に平行である．この関係を図1.12に示す．

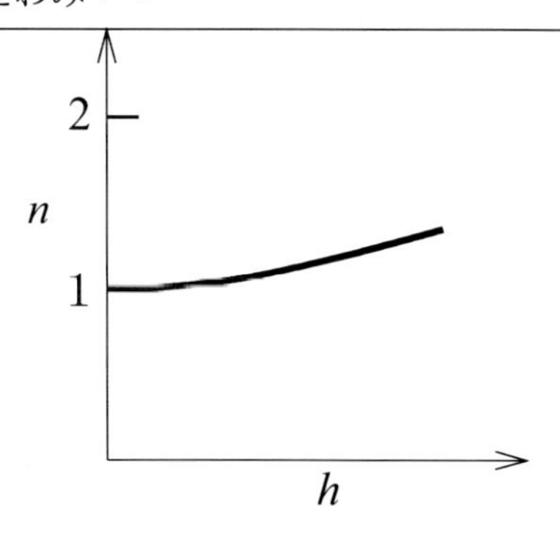

図 1.12

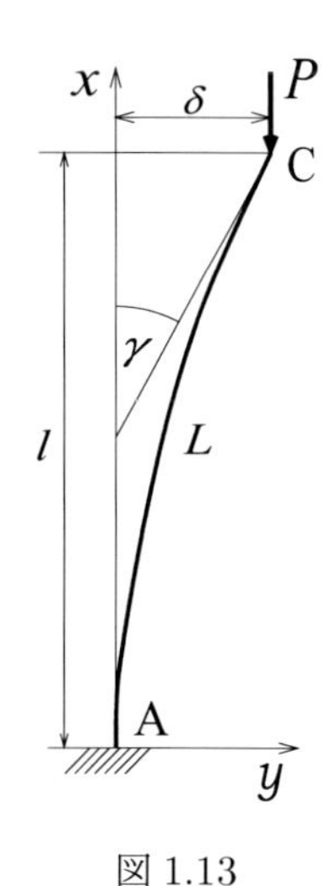

図 1.13

式（1.50）を用いると，

$$\Delta = 0.001 \text{ に対して } h/L = 0.055$$
$$\Delta = 0.01 \text{ に対して } h/L = 0.17$$

となる．これらの結果は，$K(p) \approx \pi/2 + \pi p^2/8$ という近似式に基づいている．Δ がより大きくなると，この結果はもはや十分に正確とはならなくなる．なお，先端のたわみ角は

$$\gamma = \left(\frac{dy}{dx}\right)_{x=l} = \delta\frac{\pi}{2l} \tag{1.51}$$

となる．

図 1.13 に示すように，はりの座屈理論ではたわみは $y = \delta[1 - \cos(\pi x/(2l))]$ により求められる．ここで，δ ははりの先端における**不静定**（statically indeterminate）たわみである．正確な水平たわみは

$$h = \frac{2p}{k} = 4L\frac{\sin(\gamma/2)}{\pi} = \gamma\frac{2L}{\pi} \tag{1.52}$$

である．ここで，γ が小さければ，$P = P_{cr}$，$l \approx L$ である．

座屈の近似理論では，$y'' = 1/r$ を仮定し，P_{cr} は柱をわずかに座屈した形状（これは不静定量である）を保つものと定義している．この横方向のたわみに対して確たる解を与えられないこの理論の欠点は，$1/r$ に対して厳密な表現をすることにより克服できる．座屈の近似理論の結果とは逆に，これまで荷重とたわみの間に一意の関係があることを示してきた．それゆえ，臨界荷重を得る判断基準について以下に述べる．

図 1.13 に示すように，曲がってもその形状を支えられる垂直な柱に荷重 P が負荷された場合を考える．P をゆっくりと減少させると，柱はまっすぐに戻っていくだろう．その柱が元のまっすぐな形に戻ったとき，荷重 P は臨界荷重に等しい．換言すれば，P_{cr} は，通常の定義である「下から」ではなく，「上から」得られる．「下から」である場合には，P_{cr} では無限の数のつり合い位置（まっすぐな場合も含むが）が存在する．一方で，厳密な理論によれば，まっすぐな柱は，P_{cr} に対する唯一の形であることになっている．もしも，荷重が臨界荷重よりも大きい（$P > P_{cr}$）場合には，座屈の近似理論では，まっすぐな形が唯一のつり合いであると示すことができるが，そのつり合いは不安定である．しかし，厳密な理論では，P のそれぞれの大きさに対して，一意な横方向のたわみを持つ安定なつり合い位置を得ることができる．

$P > P_{cr}$ なる荷重を負荷した際の柱の変形については，図 1.3 に示した．しかし，この変形形状は，変形する柱に対する唯一のたわみ形状ではない．Saalschütz[17] によれば，図 1.14 に示した柱のたわみ形状を支配する式は

$$\left.\begin{aligned} v &= \bigl[2E(p) - 2E(p,\phi_0) - K(p) + F(p,\phi_0)\bigr]/k, \\ h &= \frac{2p}{k}\cos\phi_0 \end{aligned}\right\} \tag{1.53}$$

である．ここで，p と ϕ_0 は

$$\left.\begin{aligned} p\sin\phi_0 = 0, \\ K(p) - F(p,\phi_0) = kL \end{aligned}\right\} \tag{1.54}$$

を満たす必要がある．

式（1.54）によれば，$p = 0$ か $\sin\phi_0$ のどちらかの解を得る．もしも，$p = 0$ なら柱は変形しない．また，$\sin\phi_0$ の解を考えれば，$\phi_0 = 0$ か $\phi_0 = -n\pi$ $(n = 0, 1, 2, 3, \cdots)$ を得る．したがって，式（1.53）および（1.54）は

$$\left.\begin{aligned} v &= \bigl[2(2n+1)E(p) - (2n+1)K(p)\bigr]/k, \\ h &= 2p/k, \\ kL &= (2n+1)K(p) \end{aligned}\right\} \tag{1.55}$$

となる．$K(p)$ の最小値は $p = 0$ のときに生じ，その大きさは $\pi/2$ である．もしも $p \neq 0$ の場合すなわち柱が変形する場合を考えると，式（1.55）の第 3 式において，$n = 1, 2, 3,$ などと置いて p を求めることができる．図 1.14 に示したとおり，長さ L と曲げ剛性 EI

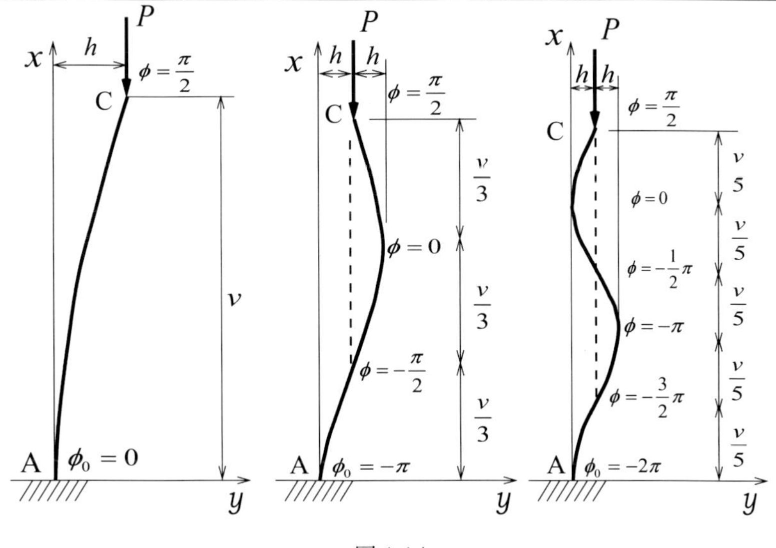

図 1.14

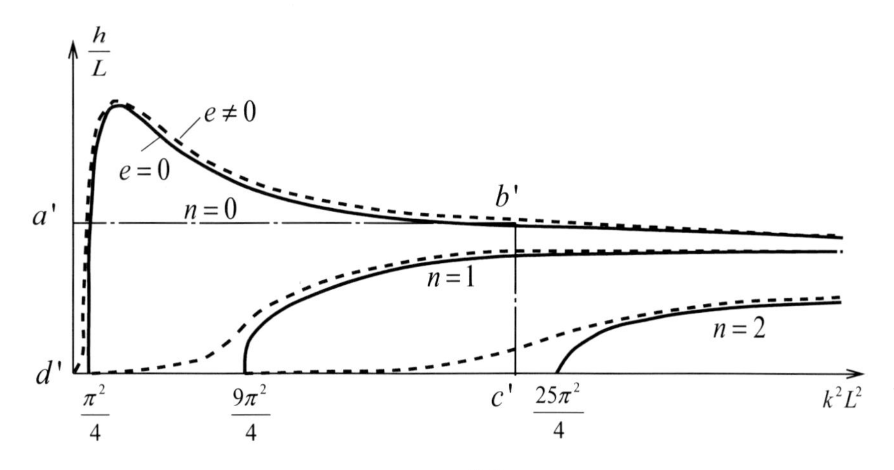

図 1.15 Malkin[18] に基づく

を与えた柱は，その変形形状に応じて異なる荷重 P を支えることができる．柱の変形形状は

$$\left.\begin{aligned} x &= \left\{2E(p,\phi) - F(p,\phi) + 2n[2E(p) - K(p)]\right\}/k, \\ y &= \frac{2}{k}\left|p[(-1)^n - \cos\phi]\right| \end{aligned}\right\} \tag{1.56}$$

によって求められる．ここで，ϕ は $-n\pi$ から $+\pi/2$ まで変化する．

横方向の変位 h/L は，$n = 1, 2, 3, \cdots$ に対する $PL^2/(EI)$ の関数として表される [18]．この関数を，図 1.15 のグラフ（実線）に示す．

図からわかるように，$n = 0, 1, 2, \cdots$ のすべての値に対して分岐が存在している．$K(p)$ の性質から，異なる n に属する分岐は決して交わらない．というのも，k や h(したがっ

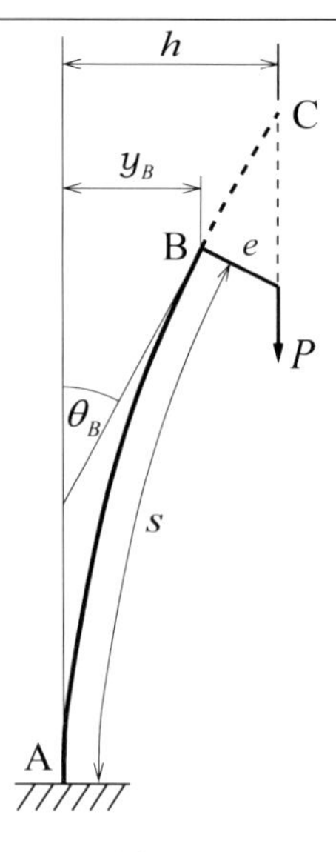

図 1.16

て p) が与えられると，関数 $K(p)$ は 2 つ以上の異なった値をとるからである．図に書き込まれた長方形 $a'b'c'd'$ の面積は，棒に生じる最大曲げモーメントの値に比例する．

1.8 柱への偏心負荷

荷重に偏心量を与えると，これまでに示した結果にどのようなそしてどれほどの影響を及ぼすかという問題を考えよう．荷重が柱に直接作用するのではなく，剛体レバーを介して作用するとしても，柱の変形形状は変わらないことにまず留意しよう．この様子を図 1.16 に示す．この柱の解は

$$\left.\begin{aligned} ke &= \frac{2p\cos\phi_B}{1-2p^2\sin^2\phi_B}, \\ s &= F(p,\phi_B)/k \end{aligned}\right\} \tag{1.57}$$

に依存する．e, s および P を与えると，式（1.57）より p と ϕ_B が求められる．この柱の先端の横方向の変位は

$$y_B = 2p(1-\cos\phi_B)/k$$

より求められる．通常は，偏心量が小さい場合に関心がある．もしも，e が微小な量であれば，式（1.57）から，p や $\cos\phi_B$ のどちらかあるいは両方が微小量であることがわかる [(19)]．

もしも，$p=\varepsilon$（ここで，ε は微小な正の数）なら，柱の先端変位は

$$y_B = e(1/\cos ks - 1)$$

である．このたわみ y_B と偏心量 e は同じオーダーの大きさである．

もしも，$\phi_B = 2\delta$（ここで 2δ は微小量）なら

$$
\begin{aligned}
e &= \left[4\delta p/(1-2p^2)\right]/k, \\
s &= \left[K(p) - 2\delta(1-p^2)^{-\frac{1}{2}}\right]/k, \\
y_B &= 2p(1-2\delta)/k
\end{aligned}
$$

となる．

最後に，もしも，p と $\cos\phi_B$ ともに微小量（ε, 2δ）であれば，2 次の微小項および高次項を省略して

$$
e = 4\delta a/k, \quad s = (\pi/2 - 2\delta)/k, \quad y_B = 2\varepsilon(1-2\delta)/k
$$

を得る．この場合には，ϕ_B はほぼ $\pi/2$ となり，y_B は ε のオーダーだが，e に比べてまだ大きい．

図 1.15 の破線は，偏心量が小さい場合を示している．$e = 0$ と $e \neq 0$ の差の最大値は臨界点近傍で生じることがはっきりと読み取れる．P_{cr} を超えるとそれぞれの線はほとんど重なる．

1.9 曲げに基づく柱のひずみエネルギー

もともと真っ直ぐであった棒を半径 r の円形状に曲げたときにする仕事は

$$
U = \frac{EI}{2r^2}L
$$

である．直線から円弧へと曲げられた棒に蓄えられる**ひずみエネルギー**を表すこの式は，剛体棒や弾性棒の両者に適用できる．というのも，両者ともに，曲げられている間は一定の曲げモーメントによって変形が生じているからである．しかし，曲げモーメントの代わりに力によって生み出されるひずみエネルギーの場合は話が変わってくる．この理由は，通常の解析では，曲げに基づくひずみエネルギーは

$$
U = \int_0^l \frac{EI}{2}\left(\frac{d^2y}{dx^2}\right)^2 dx
$$

であり，これは $y'' = 1/r$ に基づいているからである．

微小要素 ds が，直線状態から図 1.13 のように曲がった状態に変わる間に曲げモーメントによってなされる仕事は

$$
dU = \frac{EI}{2r^2}ds
$$

である．ここで，$1/r$ は曲率を表す．式 (1.3) より，$1/r = -yk^2$ であるから，$dU = (y^2Pk^2/2)ds$ となる．

波状エラスティカ（$p<1$）に対しては

$$dU = 2P\frac{p^2\cos^2\phi\, d\phi}{k(1-p^2\sin^2\phi)^{\frac{1}{2}}} \tag{1.58}$$

であり，図 1.3 に示した区間 AB に蓄えられるひずみエネルギーは

$$U = \frac{2Pp^2}{k}\int_0^{\phi}\frac{\cos^2\phi\, d\phi}{(1-p^2\sin^2\phi)^{\frac{1}{2}}} = \frac{2P}{k}\left[E(p,\phi)-(1-p^2)F(p,\phi)\right] \tag{1.59}$$

となる．

$s = F(p,\phi)/k$ であり，かつ，式（1.20）より $x = 2E(p,\phi)/k - s$ でもあるので式（1.59）は

$$U = P\bigl[x + (2p^2-1)s\bigr] \tag{1.60}$$

と表される．

無限長棒の場合には，$p=1$ となることに留意してひずみエネルギーを考える．したがって式（1.38）より

$$dU = \frac{2P}{k}\cos\phi\, d\phi$$

これより

$$U = \frac{2P}{k}\sin\phi = \frac{2P}{k}\tanh ks = P(x+s) \tag{1.61}$$

を得る．この式は，図 1.7 に示した無限長棒について，点 A から測って s の長さを有する部分に蓄えられるひずみエネルギーである．

ノーダルエラスティカに蓄えられるひずみエネルギーは，以下のように計算される．

すなわち，微小長さ ds に蓄えられるひずみエネルギーは

$$dU = (Py^2k^2/2)ds$$

である．また，微小長さは

$$ds = \frac{hp^2 d(\theta/2)}{2\bigl[1-p^2\sin^2(\theta/2)\bigr]^{\frac{1}{2}}}$$

と表されるから

$$dU = Ph\bigl[1-p^2\sin^2(\theta/2)\bigr]^{\frac{1}{2}}d(\theta/2)$$

したがって

$$U = PhE(p,\theta/2) = P\bigl[x + (2/p^2-1)s\bigr] \tag{1.62}$$

となる．なお，この結果の導出には，式（1.27）および式（1.28）を利用している．

一例として，長さ $4L$ の真直ぐな棒を考え，図 1.17 に示すように，3 つの異なる変形形状に曲げられた場合を考えよう．大きな円では，曲げモーメント，せん断力そして軸力を伝達しうる（トルクは伝達し得ない）1 つの節点で結びつけられている．この円を直径の

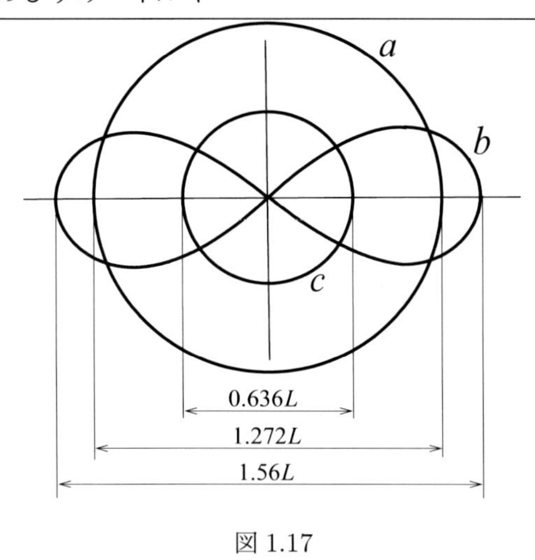

図 1.17

回りにねじると，図 1.17 に示す形状 (b) が得られる．端点が合致するまで (b) の形状を折り曲げるとすると，棒は形状 (c) のような二重円になるだろう（曲げに対する抵抗に比べてねじりへの抵抗は非常に小さいものと仮定する）．以上の 3 つの異なった変形形状に対するひずみエネルギーは，以下のように計算される．

大円のひずみエネルギーは

$$U_a = 2LP_{cr}$$

であり，小さな二重円のひずみエネルギーは

$$U_c = 8LP_{cr},\quad \text{ここで，} P_{cr} = \pi^2 EI/(4L^2)$$

となる．

(b) については，このような特別な曲げ状態では，$p = 0.908$，$P = 2.19P_{cr}$ と，すでに 1.3 節で計算している．この値を**波状エラスティカ**のひずみエネルギー式に代入して，

$$U_b = 5.65P_{cr}L$$

を得る．

したがって，変形形状 (a)，(b) および (c) のひずみエネルギーの比は $1 : 2\sqrt{2} : 4$ となる．なお，U_b を計算するときには，式（1.59）の**不完全楕円積分**を $K(p)$ と $E(p)$ に置き換えて計算している．

1 章の参考文献

(1) Euler, *Methodus Inveniendi Lineas Curvas*(1744).

(2) Lagrange, *Sur la Force des Ressorts Pliès*, Mèm. Acad. Berlin(1770).

(3) Plana, *Equation de la courbe fermèe par une lame èlastique*, Mem. R. Soc. Turin(1809).
(4) McLachlan, N. W., *Ordinary Nonlinear Differential Equations in Engineering*, Clarendon Press, Oxford(1950).
(5) Salvadori, M. G., and Schwarz, R. J., *Differential Equations in Engineering Problems*, p.324, Prentice-Hall, New York(1954).
(6) Cayley, A., *Elliptic Functions*, G. Bell and Sons, London(1895).
(7) Hancock, H., *Elliptic Integrals*, Wiley, New York(1917).
(8) Bowman, F., *Introduction to Elliptic Functions*, English University Press, London(1953).
(9) Milne-Thomson, L. M., *Jacobian Elliptic Functions*, Dover Publications.
(10) Pearson, K., *Tables of the Complete and Incomplete Elliptic Integrals*, Cambridge University Press, London(1934).
(11) Jahnke, E., and Emde, F., *Tables of Functions*, Dover Publications, New York(1945).
(12) Jahnke, E., and Emde, F., *ibid.*
(13) Hancock, H., *ibid.* p. 28.
(14) Kirchhoff, G. R., On the equilibrium and the movements of an infinitely thin bar, *Crelles Journal*, 56(1859).
(15) Mises, R., Ausbiegung eines auf Knicken beanspruchten Stabes, *Z. Angew. Math. Mech.*, 4, 5 (1924), p.435.
(16) Frisch-Fay, R., On large deflections, *Aust. J. Appl. Sci.*, 10, 4 (1959), p.418.
(17) Saalschütz, *Der belastete Stab*, Teubner, Leipzig, 1880.
(18) Malkin, I., Foumänderung eines axial gedrueckten dünnen Stabes, *Z. Angew. Math Meth.*, 6(1926), p.73.
(19) Malkin, I., *ibid.*

1章の追加参考文献

(20) Shoup, T. E., and McLarnan, C. W., On the use of the undulating elastica for the analysis of flexible link mechanisms, *ASME J. Eng. Ind.*, 93(1971), pp.263-267.
(21) Shoup, T. E., On the use of the nodal elastica for the analysis of flexible link devices, *ASME J. Eng. Ind.*, 94(3)(1972), pp.871-875.
(22) Levien, R., The elastica: a mathematical history, Technical Report No. UCB/EECS-2008-103, http://www.eecs.berkeley.edu/Pubs/TechRpts/2008/EECS-2008-103.html (2008), pp.1-27.

第2章

片持ちはり

2.1 曲線状のはりのつり合い方程式

T,S, および M を点 P における引張り力，せん断力および曲げモーメントとし（図 2.1 参照），同様に $T+dT$, $S+dS$, および $M+dM$ を点 Q における引張り力，せん断力および曲げモーメントとする[*1]．なお，点 Q は点 P から ds 離れた点である．また，点 P の接線と x 軸との角度を ψ とし，PQ は変形前は真直であった細長い棒の一部とする．長さ ds の増加分があるため，点 P から点 Q までの角度の変化は $d\psi$ である．したがって，点 Q における角度は $\psi+d\psi$ となる．さらに，q を単位長さあたりの外力とすると，ここで考えている微小要素 ds には外力 qds が作用する．

q の法線方向成分と接線方向成分をそれぞれ q_n，q_t とする．点 P に作用する力を接線方向と法線方向に分け，さらに P 点まわりのモーメントを考えると，つり合い方程式は

$$\left.\begin{aligned} &-T+(T+dT)\cos d\psi-(S+dS)\sin d\psi+q_t ds &&=0, \\ &-S+(S+dS)\cos d\psi+(T+dT)\sin d\psi+q_n ds &&=0, \\ &-M+(M+dM)+(S+dS)ds &&=0 \end{aligned}\right\} \tag{2.1}$$

と表される．

上式を ds で割って極限をとり，また $d\psi/ds=1/r$ の関係を考慮すると，式（2.1）は以下のようになる．

$$\left.\begin{aligned} &\frac{dT}{ds}-\frac{S}{r}+q_t=0, \\ &\frac{dS}{ds}+\frac{T}{r}+q_n=0, \\ &\frac{dM}{ds}+S=0 \end{aligned}\right\} \tag{2.2}$$

式（2.2）の 3 番目の方程式から，次の関係が導かれる．

$$S=-dM/ds \quad \text{したがって} \quad dS/ds=-d^2M/ds^2$$

[*1] 訳注：図 2.1 のせん断力 S の向きは，通常の材料力学の符号規約と逆に定義されている．したがって，通常の向きとする場合には $S\to -S$ とすればよい．

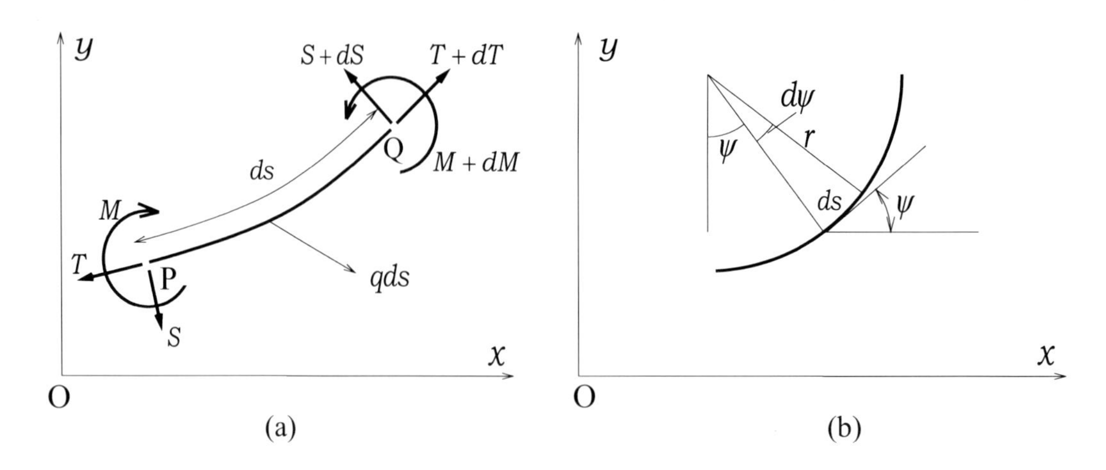

図 2.1

これらの式を式（2.2）に代入すると

$$\left.\begin{aligned} \frac{dT}{ds} + \frac{1}{r}\frac{dM}{ds} + q_t = 0, \\ -\frac{d^2M}{ds^2} + \frac{T}{r} + q_n = 0 \end{aligned}\right\} \tag{2.3}$$

を得る．

1 番目の式に $\cos\psi$ を乗じ，さらに 2 番目の式に $-\sin\psi$ を乗じてそれらを加えると次式のようになる．

$$\frac{d}{ds}\left[\left(T - \frac{M}{r}\right)\cos\psi\right] + \frac{d^2}{ds^2}(M\sin\psi) + q_x = 0$$

ここで，q_x は q の x 方向成分である．

同様に，1 番目の式に $\sin\psi$ を乗じ，2 番目の式に $\cos\psi$ を乗じてそれらを加えると

$$\frac{d}{ds}\left[\left(T - \frac{M}{r}\right)\sin\psi\right] - \frac{d^2}{ds^2}(M\cos\psi) + q_y = 0$$

が得られる．ここで，q_y は q の y 方向成分である．

以上の 2 つの式を積分すると

$$\left.\begin{aligned} \left(T - \frac{M}{r}\right)\cos\psi + \frac{d}{ds}(M\sin\psi) = -\int q_x ds = Q_x, \\ \left(T - \frac{M}{r}\right)\sin\psi - \frac{d}{ds}(M\cos\psi) = -\int q_y ds = Q_y \end{aligned}\right\} \tag{2.4}$$

のようになる．

再び，式 (2.4) の第 1 式に $\sin\psi$ を，第 2 式に $-\cos\psi$ を乗じて加えると T が消去され，

$$\frac{dM}{ds} = Q_x \sin\psi - Q_y \cos\psi,$$

$$\text{すなわち}\quad M = \int Q_x dy - \int Q_y dx = EI\frac{d^2y/dx^2}{\left[1+(dy/dx)^2\right]^{3/2}} \tag{2.5}$$

を得る．

この微分方程式は，一般的な負荷条件下での細長いはりのつり合いを表す．この方程式の解としては，限られた場合でしか閉じた解は得られず，このために数値解析手法に頼らざるを得ないことが後の議論でわかるだろう．

もしも，力を微小要素の接線方向と法線方向の成分に分ける代わりに x 方向と y 方向に分けるとすれば（図 2.1 参照），

$$\left.\begin{aligned} d\,(T\cos\psi) - d\,(S\sin\psi) &= -q_x ds, \\ d\,(T\sin\psi) + d\,(S\cos\psi) &= q_y ds \end{aligned}\right\} \tag{2.6}$$

となる．これらの式を積分すると次式が得られる．

$$\left.\begin{aligned} T\cos\psi - S\sin\psi &= T_0 - q_x s, \\ T\sin\psi + S\cos\psi &= S_0 + q_y s \end{aligned}\right\} \tag{2.7}$$

ここで，T_0 と S_0 は s の原点における引張り力とせん断力である．点 P におけるモーメントつり合いを考えると，$S = -dM/ds$ が求められる．また，式 (2.7) より T を消去すると

$$-S = \frac{dM}{ds} = (T_0 - q_x s)\sin\psi - (S_0 + q_y s)\cos\psi$$

を得る．さらに，$M = EId\psi/ds$ なので，上式は次のようになる．

$$EI\frac{d^2\psi}{ds^2} - (T_0 - q_x s)\sin\psi + (S_0 + q_y s)\cos\psi = 0 \tag{2.8}$$

ある特定の場合の問題の解を得るには，まず初期値 T_0 と S_0 を求める必要がある．式 (2.8) は，分布荷重を受ける片持ちはりの問題を解くために後に用いられる．

2.2 自由端で垂直方向に集中荷重を受ける水平な片持ちはり

図 2.2 に示すように，点 B で固定され，長さが L，**曲げ剛性**が EI の片持ちはりを考える． また，x 軸と y 軸の原点を点 B にとり，点 Q の座標を x, y とする．この点 Q における曲げモーメントは次式で表される．

$$M = EI\frac{d\psi}{ds} = P(L - x - \Delta) \tag{2.9}$$

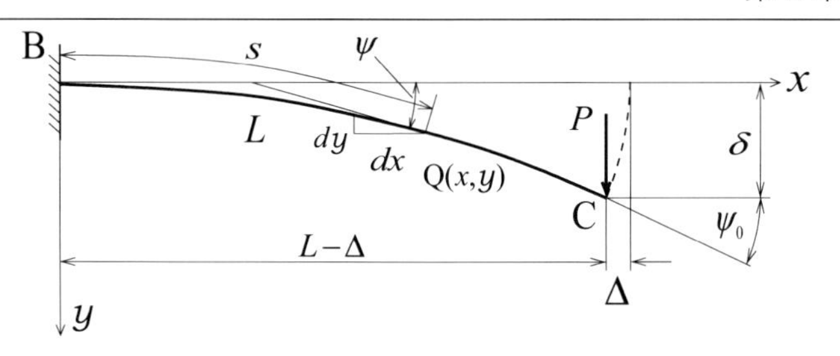

図 2.2

式（2.9）を s に関して微分すると

$$\frac{d^2\psi}{ds^2} = -\frac{P}{EI}\frac{dx}{ds} = -\frac{P}{EI}\cos\psi \tag{2.10}$$

となる．さらに，この式の両辺に $d\psi/ds$ を乗じて積分すると

$$\frac{1}{2}\left(\frac{d\psi}{ds}\right)^2 = -\frac{P}{EI}\sin\psi + C \tag{2.11}$$

以上では，式（2.9）を微分しその結果を積分しているが，それは 1 つの従属変数 ψ のみを持つ微分方程式を得たいためである．式（2.9）の左辺は元々の座標系 (n, t) により示されている一方で，右辺は直交座標 (x, y) によって表現されている．

式（2.10）は定数係数の 2 階の非線形微分方程式である．式（2.11）の積分定数 C は，荷重点における曲率がゼロという境界条件から決定される．端点におけるたわみ角を ψ_0 とおけば

$$\left(\frac{d\psi}{ds}\right)_{\psi=\psi_0} = 0, \quad \therefore \quad C = \frac{P}{EI}\sin\psi_0$$

であり，この C を式（2.11）に代入して整理すると

$$\frac{d\psi}{ds} = \sqrt{\frac{2P}{EI}}(\sin\psi_0 - \sin\psi)^{\frac{1}{2}} \tag{2.12}$$

を得る．ここで，はりは伸びないものと仮定する（**不伸長の仮定**）．すなわち，曲げ変形中はその長さを変えないものとする．したがって，

$$\int_0^{\psi_0} ds = L \tag{2.13}$$

となる．無次元荷重 $PL^2/(EI) = q^2$ を導入し，式 (2.12) と式 (2.13) を組み合わせると，

$$\int_0^{\psi_0} ds = L = \frac{L}{q}\int_0^{\psi_0} \frac{d\psi}{\left[2(\sin\psi_0 - \sin\psi)\right]^{\frac{1}{2}}}$$

すなわち

$$\sqrt{2}q = \int_0^{\psi_0} \frac{d\psi}{(\sin\psi_0 - \sin\psi)^{\frac{1}{2}}} \tag{2.14}$$

を得る．

式（2.14）の右辺を通常の**楕円積分**の形式に合わせるために，以下の関係を満足する新しい変数 ϕ を導入する．

$$1 + \sin\psi = (1 + \sin\psi_0)\sin^2\phi \tag{2.15}$$

また，

$$p^2 = (1 + \sin\psi_0)/2$$

とおく [(1)]．式（2.15）の両辺を ϕ に関して微分すると

$$\cos\psi \frac{d\psi}{d\phi} = 4p^2 \sin\phi\cos\phi$$

を得る．一方で，

$$\cos\psi = (1 - \sin^2\psi)^{\frac{1}{2}} = (4p^2\sin^2\phi - 4p^4\sin^4\phi)^{\frac{1}{2}} = 2p\sin\phi\big(1 - p^2\sin^2\phi\big)^{\frac{1}{2}}$$

であり，かつ

$$\sin\psi = 2p^2\sin^2\phi - 1, \quad \sin\psi_0 = 2p^2 - 1$$

でもある．これらの関係式から得られる $d\psi$, $\sin\psi$, $\sin\psi_0$ を式（2.14）に代入すると

$$\begin{aligned}\sqrt{2}q &= \int_0^{\psi_0} \frac{4p^2\sin\phi\cos\phi\, d\phi}{2p\sin\phi\left[\big(1 - p^2\sin^2\phi\big)\left(2p^2 - 2p^2\sin^2\phi\right)\right]^{\frac{1}{2}}} \\ &= \int_0^{\psi_0} \frac{\sqrt{2}\, d\phi}{(1 - p^2\sin^2\phi)^{\frac{1}{2}}}\end{aligned}$$

と変形される．積分変数の変換後の積分範囲については，$\sin\psi = 2p^2\sin^2\phi - 1$ の関係から，$\psi = 0$ のときは $\sin\phi = 1/(\sqrt{2}p)$ であることがわかる．したがって，積分の下限は

$$\phi_1 = \sin^{-1}\left(\frac{1}{\sqrt{2}p}\right)$$

となる．また，$\psi = \psi_0$ なら $1 + \sin\psi = (1 + \sin\psi_0)\sin^2\phi$ であるから，$\sin^2\phi = 1$ となる．これゆえ，積分の上限は $\pi/2$ と得られる．したがって，

$$q = \int_{\phi_1}^{\pi/2} \frac{d\phi}{\big(1 - p^2\sin^2\phi\big)^{\frac{1}{2}}} = K(p) - F\left[p, \sin^{-1}\left(\frac{1}{\sqrt{2}p}\right)\right] \tag{2.16}$$

となる [(2)]．この式は，母数 p だけを未知数としている．そこで，楕円積分表を用いながら**試行錯誤的な方法**（trial and error method）により p を決定することができる [*2]．

[*2] 訳注：実際には，$p = \sqrt{\frac{1+\sin\psi_0}{2}}$ の関係があるので，初めに ψ_0（はり先端のたわみ角）を与えて p を求め，その後この p を用いて式（2.16）の右辺を評価して荷重 q を求めるのが簡単である．すなわち，荷重 q を与えて先端のたわみ角 ψ_0 を求めるのではなく，はじめに先端のたわみ角 ψ_0 を与え，その後に荷重 q を求めるという方法である．

$dy = ds \sin\psi$ の関係があるから，垂直方向の微小変位は，式（2.12）から

$$dy = \frac{\sqrt{EI}\sin\psi\ d\psi}{\left[2P(\sin\psi_0 - \sin\psi)\right]^{\frac{1}{2}}}$$

と表される．これを積分すると，はりの先端のたわみ δ は

$$\delta = \int_0^{\psi_0} \frac{\sqrt{EI}\sin\psi\ d\psi}{\left[2P(\sin\psi_0 - \sin\psi)\right]^{\frac{1}{2}}}$$

と得られる．先に示した $\sin\psi$, $\sin\psi_0$, および $d\psi$ の積分変数の変換式を上式に適用すると

$$\delta = \left(\frac{EI}{P}\right)^{\frac{1}{2}} \int_{\phi_1}^{\pi/2} \frac{(2p^2\sin^2\phi - 1)d\phi}{(1 - p^2\sin^2\phi)^{\frac{1}{2}}} \tag{2.17}$$

を得るが，式（2.17）の積分項は

$$\int_{\phi_1}^{\pi/2} \frac{d\phi}{(1 - p^2\sin^2\phi)^{\frac{1}{2}}} - 2\int_{\phi_1}^{\pi/2} (1 - p^2\sin^2\phi)^{\frac{1}{2}} d\phi$$

となるので，結局

$$\delta = \left(\frac{EI}{P}\right)^{\frac{1}{2}} \left[K(p) - F(p,\phi_1) - 2E(p) + 2E(p,\phi_1)\right] \tag{2.18}$$

となる．ここで，$\phi = \sin^{-1}(1/(\sqrt{2}p))$ である．点 C の水平変位を求めるのは簡単である．$(\psi)_{x=0} = 0$ に注意すると，式（2.12）を用いて

$$P(L - \Delta) = M_0 = EI\left(\frac{d\psi}{ds}\right)_{\psi=0} = EI\left(\frac{2P\sin\psi_0}{EI}\right)^{\frac{1}{2}} \tag{2.19}$$

と与えられる．

しかしながら，式（2.15）で示した関係 $\sin\psi_0 = 2p^2 - 1$ を代入して少し変形すると

$$\Delta = L - \left[\frac{2EI(2p^2 - 1)}{P}\right]^{\frac{1}{2}} \tag{2.20}$$

が得られる．

点 B から距離 s だけ離れている点 Q におけるたわみ角 ψ_Q は

$$\int_0^{\psi_Q} ds = s = \frac{1}{k}\int_0^{\psi_Q} \frac{d\psi}{\left[2(\sin\psi_0 - \sin\psi)\right]^{\frac{1}{2}}} \tag{2.21}$$

より計算される．ここで，$k = (P/EI)^{\frac{1}{2}}$ である．

これまでのような ϕ を用いた積分変数の変換を行うと，式（2.21）は

$$s = \frac{1}{k}\int_{\phi_1}^{\phi_Q} \frac{d\phi}{(1 - p^2\sin^2\phi)^{\frac{1}{2}}}, \quad ここで\ \ \phi_Q = \sin^{-1}\left[\frac{1}{p}\left(\frac{1 + \sin\psi_Q}{2}\right)^{\frac{1}{2}}\right]$$

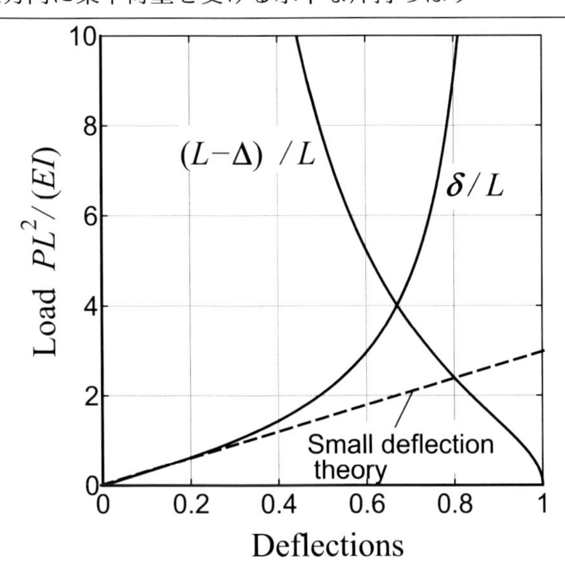

図 2.3　Bisshopp および Drucker(1) による

となる．さらに，**第 1 種の楕円積分**を用いてこの式を表すと

$$s = \frac{1}{k}\left[F(p, \phi_Q) - F(p, \phi_1)\right] \tag{2.22}$$

となる．この式 (2.22) においては ϕ_Q だけが未知数であるが，ϕ_Q は ψ_Q の関数なので，任意点のたわみ角 ψ_Q は式（2.22）の s に応じて決定できる．点 Q の水平および垂直座標 (x, y) については，次節で述べる．

垂直変位の計算例として，2 ページで述べた片持ちはり（長さ $L = 100$ in.（$= 2540$ mm），先端荷重 $P = 1$ lb（$= 4.45$ N），曲げ剛性 $EI = 1000$ lb in.^{2}（$= 2.8704 \times 10^6$ Nmm^2)）を考えよう．すでに述べたように，初等理論では 333 in.（= 8458 mm）の垂直たわみが計算される．本節で誘導した式を用いると，式（2.16）から，$p = \sin 86° = 0.99756$ さらに $\phi = 45°8'$ を得る．式（2.18）にこれらの値を代入すると

$$\delta = 81.23 \text{ in.} \ (= 2063\text{mm})$$

を得る．この片持ちはりの自由端の水平変位 Δ は，式（2.20）より

$$\Delta = 55.50 \text{ in.} \ (= 1388\text{mm})$$

となる．この片持ちはりの先端はほとんど垂直である．というのも，式（2.15）より $\sin \psi_0 = 2p^2 - 1 = 0.99024$，したがって $\psi_0 = 82°$ となるからである．

δ/L および $(L - \Delta)/L$ を無次元荷重 $PL^2/(EI) = k^2L^2$ の関数として表した図 2.3 の助けを借りれば，はり先端のたわみの数値結果を直ちに得ることができる．

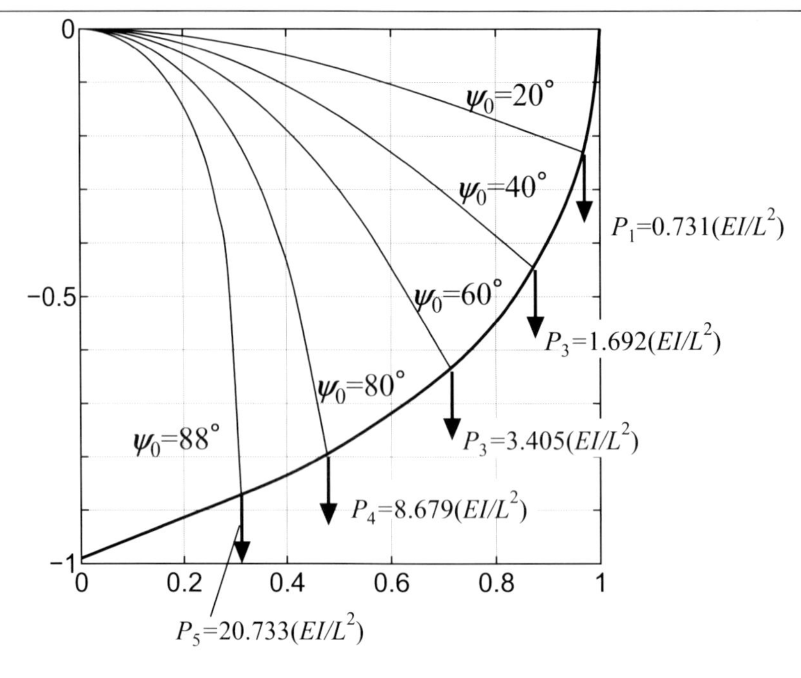

図 2.4

荷重の大きさが増えるにつれて，自由端の動きは，図 2.4 に示すようになる．図 2.4 のはりの自由端のたわみ角は，$\psi_0 = 20°, \cdots, 80°$ である[*3]．その自由端の軌跡より，無限大の荷重に対応した，最下点における水平角は有限な大きさであることがわかる [(3)]．また，この角の大きさは $\pi/8$ であることが以下の議論から理解できる．すなわち，p と ψ の関係より

$$p^2 = \frac{1}{2}(1 + \sin\psi_0),\quad \text{これより } p = \sin(\pi/4 + \psi_0/2)$$

したがって，たわみ角 ψ_0 が $\pi/2$ に近づくと，p は 1 にまた ϕ は $\pi/4$ に近づく．しかしながら，$p = 1$ のときには，**第 1 種の楕円積分** $E(p, \phi)$ は，$E(1, \phi) = \sin\phi$ となる．以上より

$$\lim_{\psi_0 \to \pi/2} \frac{L - \delta}{L - \Delta} = \lim_{p \to 1} \frac{2E(p) - 2E(p, \pi/4)}{\left[2(2p^2 - 1)\right]^{\frac{1}{2}}} = \sqrt{2} - 1 = \tan(\pi/8)$$

となる．

[*3] 訳注：原著では，$\psi_0 = 80°$ までであるが，ここでは，参考のために $\psi_0 = 88°$ まで計算した．

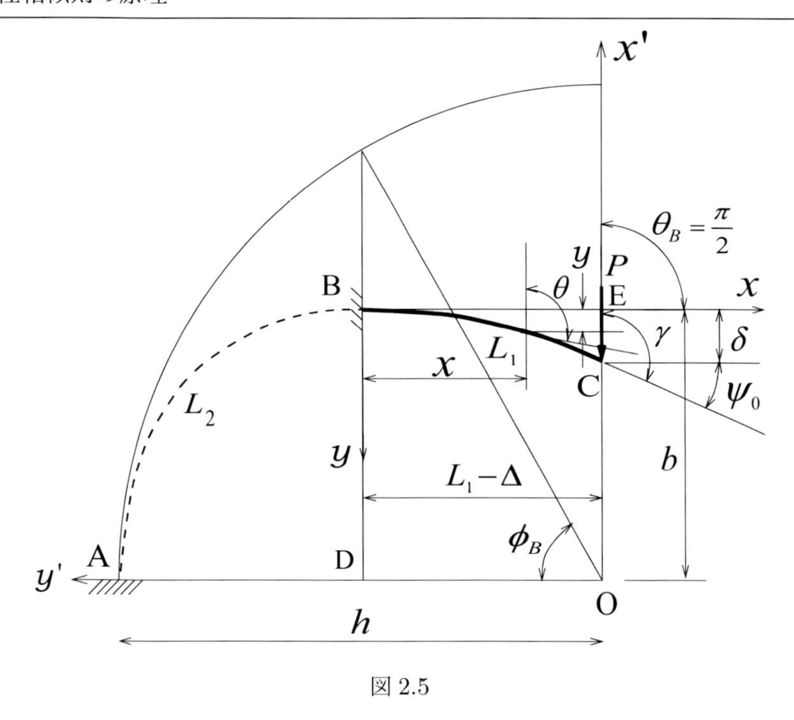

図 2.5

2.3 弾性相似則の原理

ここでは**弾性相似則の原理** [(4)]（principle of elastic similarity）とその応用について，自由端に垂直荷重を受ける片持ちはりの例を通じて，以下に示す．

図 2.5 に示す片持ちはりを考える．はりを点 B の左方に延長すると，破線はついには垂直になるだろう．この点を A とし，そこではりは固定されているものと考える．さらに，点 B での拘束をはずしたとしても，この仮想的な AB の延長部とともにこの片持ちはりは形を変えない．しかしながら，この片持ちはり BC と仮想延長部の AB は，最下点 A で固定され垂直荷重 P を受ける垂直な柱を形成しているとも考えられる．この柱は，（今後，場合によっては便宜的に**基本はり**（basic strut）と呼ぶことにする）1.3 節で取り上げられている．この柱の変形の形状は母数 p によって決まり，また，この片持ちはりは柱の一部ともみなせるから片持ちはりの母数も p となる．

L_1 を片持ちはりの長さ，L_2 を仮想的に延長して考えたはりの長さとする．したがって，式（1.14）より

$$L = L_1 + L_2 = K(p)/k \tag{2.23}$$

となる．ここで $k = \sqrt{P/(EI)}$ である．長さ L_1 は，B 点ではたわみ角が $\theta_B = \pi/2$ となることから決定される（なお，この柱の場合にはたわみ角は垂線からの角度として定義さ

れる）．柱の場合に，たわみ角とパラメータ ϕ の関係は，式（1.10）から

$$\sin\frac{\theta_B}{2} = p\sin\phi_B$$

の関係があり，これより $\phi_B = \sin^{-1}(1/(\sqrt{2}p))$ を得る．ここで，さし当たっては p は未知数と考える．

L_2 は，1/4 円弧をゼロから ϕ_B までに回転させて作られていることがわかるから，残りの長さ L_1 は

$$\begin{aligned} L_1 = L - L_2 &= \frac{1}{k}K(p) - \frac{1}{k}\int_0^{\phi_B}\frac{d\phi}{(1-p^2\sin^2\phi)^{\frac{1}{2}}} \\ &= \frac{1}{k}\Bigl\{K(p) - F\Bigl[p, \sin^{-1}\Bigl(\frac{1}{\sqrt{2}p}\Bigr)\Bigr]\Bigr\} \end{aligned} \tag{2.24}$$

となり，この式（2.24）では，p だけが未知数である．式（2.24）は，式（2.16）と同一であることがわかる．$p = \sin(\gamma/2)$ であることに気がつけば（ここで，γ は x' 軸からのはり先端部のたわみ角である），この同一性は明らかなことである．また，ψ_0（水平な x 軸からの角度）を用いて γ を表せば，$\gamma = \pi/2 + \psi_0$ であるから

$$\begin{aligned} p = \sin(\gamma/2) = \sin(\pi/4 + \psi_0/2) &= \frac{1}{\sqrt{2}}\bigl[\cos(\psi_0/2) + \sin(\psi_0/2)\bigr] \\ &= \bigl[(1+\sin\psi_0)/2\bigr]^{\frac{1}{2}} \end{aligned} \tag{2.25}$$

となる．この結果は，式（2.15）と等しい．

補助円の半径 h は，式（1.9）より

$$h = 2p/k \tag{2.26}$$

であり，点 C の水平変位は

$$\begin{aligned} \Delta = L_1 - h\cos\phi_B &= L_1 - \frac{2p}{k}(1-\sin^2\phi_B)^{\frac{1}{2}} \\ &= L_1 - \bigl[2(2p^2-1)\bigr]^{\frac{1}{2}}/k \end{aligned} \tag{2.27}$$

と表される．この式の変形を行うと式（2.20）と同一であることがわかる．また，点 C の垂直変位は

$$\delta = BD - OC$$

である．ここで，右辺の BD, OC の長さは，点 B におけるパラメータが ϕ_B である一方で点 C では $\phi_B = \pi/2$ であることに気づけば，簡単に求められる．したがって式（1.20）の関係を当てはめて

$$\delta = \bigl[2E(p,\phi_B) - F(p,\phi_B) - 2E(p) + K(p)\bigr]/k \tag{2.28}$$

となる．

次に，(x, y) 座標で表した変位を考える．ここで考えている柱は，(x', y') 座標系で解かれている（図 2.5 参照）．しかし，(x, y) 座標は原点が片持ちはりの固定端にあるので，この (x, y) 座標がより便利である．

パラメータ ϕ を用いて水平座標を表すと

$$x = h\cos\phi_B - y' = h(\cos\phi_B - \cos\phi) \tag{2.29}$$

となる．さらに，垂直座標は

$$y = b - x' = \big[2E(p, \phi_B) - F(p, \phi_B) + F(p, \phi) - 2E(p, \phi)\big]/k \tag{2.30}$$

である．

式（2.29）および式（2.30）では，ϕ がここで問題としている点 (x, y) のパラメータとなっている．点 B から任意の距離 s が与えられている場合を考える．式（2.22）に基づけば，s は

$$s = \big[F(p, \phi) - F(p, \phi_B)\big]/k \tag{2.31}$$

となるが，この式から ϕ が求められ，さらに $p\sin\phi = \sin(\theta/2)$ の関係より θ が得られる．ここで，θ は垂線から測った角度なので，その大きさは $\pi/2$ から $\pi/2 + \psi_0$ まで変化することになる．

我々は以前に，たわみやすい片持ちはりを線形理論の枠組みで解析したときには，現実的ではない答えがでてしまうということを示した．ここでは，**微小変形理論**で解いても，見かけ上は納得のいく答え（正確さには欠けるが）が得られる片持ちはりを考えよう．片持ちはりの断面は，幅 $2\frac{1}{2}$ in.（$= 63.5$ mm），高さ $\frac{1}{4}$ in.（$= 6.35$ mm）の長方形断面とし，長さは 150 in.（$= 3810$ mm），先端の荷重の大きさは $P = 5$ lb （$= 22.25$ N）とする．すると，$1/k = \sqrt{\frac{EI}{P}}$ は $1/k = 139.6$ ($E = 30 \times 10^6$ lb/in.^{2}（$= 206$ GPa）として）を得る．この k の値を式（2.24）に代入すると

$$150 = 139.6\big\{K(p) - F(p, \sin^{-1}(0.707/p)]\big\}$$

を得る．この方程式を p について解くと $p = 0.866$ を得る．したがって，$L = 300$ in.（$= 7620$ mm）, $h = 242$ in.（$= 6147$ mm）となる．固定端 B におけるパラメータ ϕ は，$\phi_B = \sin^{-1}(0.707/0.866) = 55°$ となる．はり先端の水平移動量は

$$\Delta = L_1 - h\cos\phi_B = 11.5 \text{ in.}(= 292.1 \text{ mm})$$

となる．はり先端の垂直変位については，

$$\delta = 139.6\big[2E(0.866, 55°) - F(0.866, 55°) - E(0.866) + K(0.866)\big] = 50.2 \text{ in.}(= 1275.1 \text{ mm})$$

を得る．一方，**微小変形**理論に従えば，$\delta = 56.7$ in.（$= 1440.2$ mm）である．

この初等理論（微小変形理論）を用いたときに，たわみがより大きな値を持つ理由は次の通りである．すなわち，負荷中に片持ちはりの先端が固定端に向かって近づくので，荷

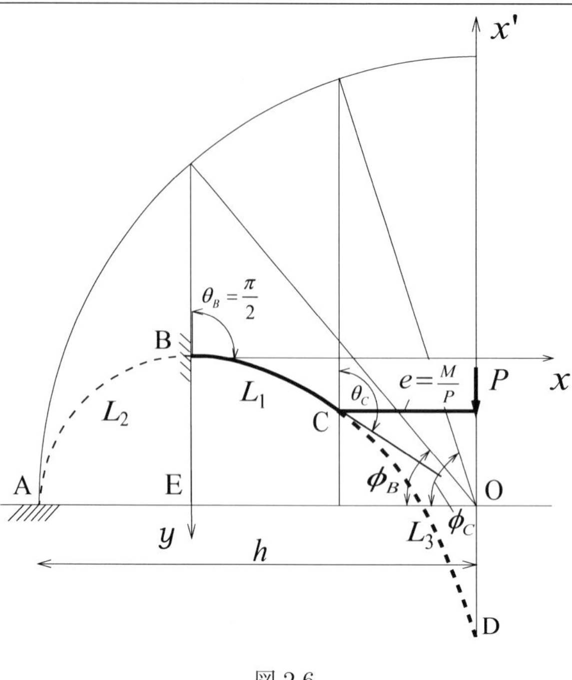

図 2.6

重がゼロから 5 lb（= 22.25 N）に増加したときに，曲げモーメントがそれと同じ割合では増えない．この増分の減少分が微小変形理論では無視されているためである．

無限に長い片持ちはりでは，$p = 1$ である．しかし固定端における曲げモーメントは有限値を持つ．というのも，このはりは有限な腕の長さがこのはりの変形抵抗とつり合うことができるまで変形するからである．**弾性相似則の原理**を適用すると，図 1.7 から $\phi_B = 45°$ であり

$$h_1 = h\cos 45° = \frac{\sqrt{2}}{k}\quad (\text{有限値}) \tag{2.32}$$

となる．さらに，この片持ちはりの長さは，

$$L_1 = \frac{1}{k}\big[\ln\tan(\pi/2) - \ln\tan(3\pi/8)\big] = \infty$$

である．これと同様に，垂直変位も無限大である．

2.4 自由端に荷重と曲げモーメントを受ける片持ちはり

図 2.6 に示すように，点 C に力と時計回りの曲げモーメントが作用する場合には，その力と曲げモーメントを，長さが $e = M/P$ の剛体レバーに作用する力を用いて表現できる．

この問題を解くために，点 B から垂線に接する点 A まではりを延長した**基本はり**に変換することを考える．さらに，はりを点 C から荷重 P が作用している線上まで延長する

ことも考えよう．この点を D とすると，はりの全長は

$$L = L_1 + L_2 + L_3$$

となる．しかし，さし当たっては L_1 だけが既知である．その一方で，

$$\frac{e}{h} = \cos\phi_C = \frac{ek}{2p} \tag{2.33}$$

であり，さらに

$$\sin\phi_B = \frac{\sin(\pi/2)}{p} = \frac{1}{\sqrt{2}p}$$

と表される．この角度 ϕ_B, ϕ_C を用いれば，長さ L_1 は次のように表される．

$$L_1 = \frac{1}{k}\left\{F\left[p, \cos^{-1}\left(\frac{ek}{2p}\right)\right] - F\left[p, \sin^{-1}\left(\frac{1}{\sqrt{2}p}\right)\right]\right\} \tag{2.34}$$

この式より，未知量 p を求めることができる．ひとたび p がわかれば，ほかのすべての量が以下のように得られる．すなわち

$$\cos\phi_C = \frac{ek}{2p}$$

より，

$$\sin(\theta_C/2) = p\sin\phi_C$$

を得る．

点 B から任意位置までの弧長 s と角度 θ の関係は，$\pi/2 \leq \theta \leq \theta_C$ の範囲で

$$s = \left[F(p,\phi) - F(p,\phi_B)\right]/k \tag{2.35}$$

であり，ここで，

$$\phi = \sin^{-1}\left(\frac{\sin(\theta/2)}{p}\right)$$

である．

変数 ϕ を用いれば，はりの任意点の座標 (x, y) は

$$x = 2p(\cos\phi_B - \cos\phi)/k \tag{2.36}$$

$$y = \left[2E(p,\phi_B) - F(p,\phi_B) + F(p,\phi) - 2E(p,\phi)\right]/k \tag{2.37}$$

により得られる．

はりの先端 C におけるたわみは，式（2.36）および式（2.37）において $\phi = \phi_C$ とおくことにより求められる．はりの延長部 CD（図 2.6 参照）は，たわみ曲線が荷重 P の作用線と交わるところまで必ず延長できるとは限らないということに注意すべきである．たとえば，はりに小さい力と大きな曲げモーメントが作用する場合を考える．この場合には，e は大きな値をとり，荷重 P は固定端から非常に離れた位置で作用するため，P の作用線

は変形曲線とは交わらない．片持ちはりの長さが無限であっても，このはりの水平方向のたわみは有限である（式（2.32）参照）ことを思い出すとよい．このため，この種の問題では，変形形状は**波状エラスティカ**かまたは**ノーダルエラスティカ**となる．ただ，残念なことに，そのどちらが生じるかは前もって予測できない．また，そのどちらの曲線かを決めるのにもいくつかの数値計算が必要である．

次式

$$\frac{ek}{2p} \leq 1 \text{ および } \quad \frac{1}{\sqrt{2}p} \leq 1$$

は，ϕ が実数となるために満たすべき不等式であることが，式（2.34）よりわかる．このことは，もしも，$M^2/P > 2EI$ なら変形曲線は**波状エラスティカ**とはならないことを示している．はりの長さは上に述べた条件には含まれないことに注意しよう．したがって，その逆，つまり $M^2/P < 2EI$ の場合は，必ずしも**波状エラスティカ**とはならない．というのも，p が実数でなくても式（2.34）を満たすことが可能だからである．

一例として，長さ 100 in.（$= 2540$ mm），曲げ剛性 10000 lb in.^{2}（$= 59.22\times10^6$ Nmm^2），先端に $P = 1$ lb（$= 4.45$ N），$M = 50$ lb in.（$= 5650$ Nmm）を受ける片持ちはりを考えよう．$M^2/P < 2EI$ なので，変形曲線は**波状エラスティカ**となり得る．この数値を式（2.34）に代入すると

$$100 = 100\left\{F\left[p, \cos^{-1}\left(\frac{1}{4p}\right)\right] - F\left[p, \sin^{-1}\left(\frac{0.707}{p}\right)\right]\right\}$$

を得る．この式を p について解くと，$p = 0.974 = \sin 77^\circ$ を得る．したがって**波状エラスティカ**の式が適用でき，先端のたわみは，$x_c = 83.9$ in.（$= 2131$ mm），$y_c = 47.3$ in.（$= 1201$ mm），また先端のたわみ角は $\theta_c = 139^\circ 30'$ となる．

次に，$P = 1$ lb（$= 4.45$ N），$M = 100$ lb in.（$= 11301$ Nmm）を受ける片持ちはりを考えよう．この場合も $M^2/P < 2EI$ であるが，式（2.34）は

$$100 = 100\left\{F\left[p, \cos^{-1}\left(\frac{1}{2p}\right)\right] - F\left[p, \sin^{-1}\left(\frac{0.707}{p}\right)\right]\right\}$$

となり，$0 < p < 1$ の範囲内の p を得ることができない．したがってこの場合の片持ちはりは**ノーダルエラスティカ**の状態になり，以下にこのタイプのたわみ曲線を解析しよう．

L_1 と e が与えられたとき，**ノーダルエラスティカ**は BC に似た形，すなわち，$\theta_C < \pi$ で終わる形状，あるいは BCLD の形状と同じを仮定できることがすぐわかる（図 2.7 参照）．その形は，それぞれ $BC + nL_{2\pi}$ あるいは $BCLD + nL_{2\pi}$ の形状と考えられる．項 $nL_{2\pi}$ は，このエラスティカが，その特長的な形状のほかに任意の回転を持ちうることを示している．もしも，そのはりが BC に似た形に落ち着くようになるとすると，その長さ AC は

$$AC = pF(p, \theta_C/2)/k \tag{2.38}$$

となる．なお，この式は式（1.27）をもとに得られる．このはりは点 B から始まるから，

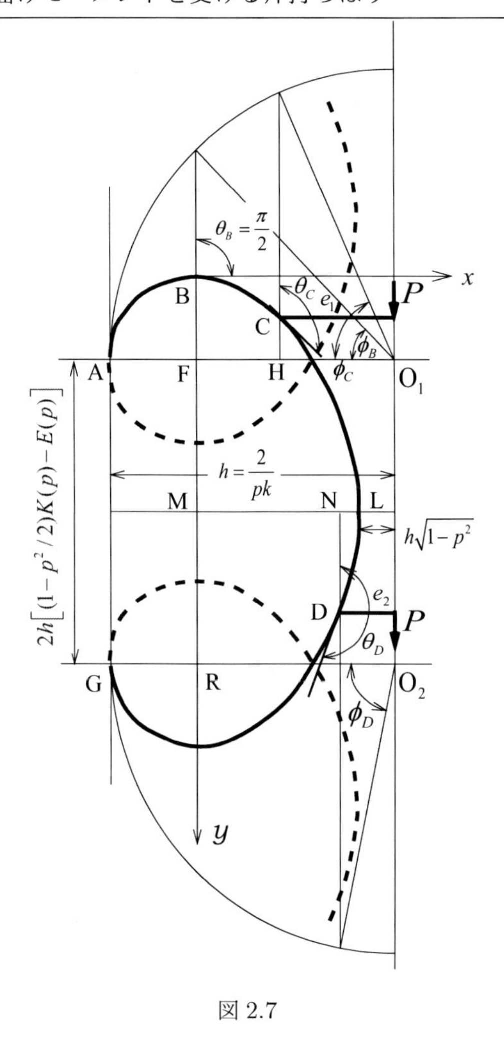

図 2.7

長さ BC は

$$L = p\big[F(p, \theta_C/2) - F(p, \pi/4)\big]/k \tag{2.39}$$

となる．ここで，$\theta_C/2$ は，以下のようにして得られる．すなわち，

$$e_1 = h\cos\phi_C, \quad \sin\phi_C = p\sin(\theta_C/2)$$

の関係より

$$e_1 = \frac{2\big[1 - p^2\sin^2(\theta_C/2)\big]^{\frac{1}{2}}}{pk}$$

これより

$$\sin(\theta_C/2) = \left(\frac{1}{p^2} - \frac{e_1 k^2}{4}\right)^{\frac{1}{2}}$$

と求められる．この式を式（2.39）に代入すると，p だけに関係する方程式を得ることができる．

もしも，先端のたわみ角が π よりも大きくはりは1回転では済まないならば，剛体レバーは e_2 の位置に移動する（図2.7参照）．その結果

$$e_2 = h\cos\phi_D,\quad \text{および}\quad \sin\phi_D = p\sin(\pi - \theta_D/2) = p\sin(\theta_D/2)$$

したがって

$$\sin(\theta_D/2) = \left(\frac{1}{p^2} - \frac{e_2k^2}{4}\right)^{\frac{1}{2}}$$

となる．また，はりの長さBCLDは

$$L = \frac{p}{k}\left\{2K(p) - F\left[p, \sin^{-1}\left(\frac{1}{p^2} - \frac{e_2k^2}{4}\right)^{\frac{1}{2}}\right] - F(p, \pi/4)\right\} \tag{2.40}$$

により与えられる．

力が e_1 の位置に作用するならば，弧長 s とたわみ角 θ の関係は

$$s = p\bigl[F(p, \theta/2) - F(p, \pi/4)\bigr]/k$$

となる．また，はりの任意点の座標は

$$\left.\begin{aligned} x &= \frac{2}{kp}(\cos\phi_B - \cos\phi), \\ y &= h\bigl[E(p, \pi/4) - (1 - p^2/2)F(p, \pi/4) - E(p, \theta/2) + (1 - p^2/2)F(p, \theta/2)\bigr] \end{aligned}\right\} \tag{2.41}$$

と求められる．ここで，

$$\cos\phi = \bigl[1 - p^2\sin^2(\theta/2)\bigr]^{\frac{1}{2}},\quad \text{および}\quad \pi/2 < \theta < \theta_C$$

である．

もしも，はりの先端のたわみ角が $2\pi > \theta_D > \pi$ なら，母数 p は式（2.40）から得られる．s, x, y に関する方程式は，$\pi/2 < \theta < \pi$ の場合には式（2.41）である．$\theta > \pi$ の範囲では

$$\left.\begin{aligned} s &= p\bigl[2K(p) - F(p, \pi/4) - F(p, \theta/2)\bigr]/k, \\ x &= 2(\cos\phi_B - \cos\phi)/(kp), \\ y &= h\bigl[E(p, \pi/4) - 2E(p) + E[p, (\pi - \theta/2)] \\ &\quad + (1 - p^2/2)\{2K(p) - F(p, \pi/4) - F[p, (\pi - \theta/2)]\}\bigr] \end{aligned}\right\} \tag{2.42}$$

である．

長さBCやBCLDに加えて1回転やそれ以上から生じるノーダルエラスティカに対しては，未知数を p としたときの方程式は

$$\left.\begin{aligned} &L = p\bigl[2nK(p) + F(p, \theta_C/2) - F(p, \pi/4)\bigr]/k, \\ \text{および}\quad &L = p\Bigl\{(2n + 2)K(p) - F\bigl[p, (\pi - \theta_D/2)\bigr] - F(p, \pi/4)\Bigr\}/k \end{aligned}\right\} \tag{2.43}$$

である．ここで，n は回転数である．

水平座標は変わらないが，y については，式（2.41）あるいは式（2.42）によって計算した値に，$AG = 2h[(1-p^2/2)K(p) - E(p)]$ を回転数ごとに加える必要がある．

以前に，式（2.34）を適用し，$0 < p < 1$ の場合には解析できなかった片持ちはりは，**ノーダルエラスティカ**の方程式を用いることにより今度は解けることになる．式（2.39）は，$p = 0.903$ のときに満足される．したがって，その片持ちはりは，図 2.7 中の BC に似た形状を仮定できることがわかる．また，

$$\sin(\theta_C/2) = (1/p^2 - 1/4)^{\frac{1}{2}}; \quad \theta_C = 162°19'$$

の関係より $\phi_B = \sin^{-1}[p\sin(\pi/4)] = 39°41'$, $\phi_C = \sin^{-1}(p\sin 81.06') = 63°06'$ を得る．点 C におけるたわみは，式（2.41）より得られ，$x_C = 71.68$ in.（$= 1820.7$ mm），$y_C = 80.79$ in.（$= 2052$ mm）で与えられる．

2.5 一定の曲げモーメントを受ける片持ちはり

有限な長さの片持ちはりがその先端に徐々に増加する垂直荷重を受けるとすると，そのはりの自由端は固定端に向かって移動する．もしも，モーメントの腕の長さを一定（すなわち一定の曲げモーメント）に保ちたいとすれば，荷重の増加に応じて片持ちはりの長さが大きくならなければならない．図 2.8 は，点 A からの距離が一定の l で作用する荷重が $P, P_1, P_2, \cdots$ と増大していくと，同じ片持ちはりが異なる形状になることを示している．本問題は，荷重の大きさとそのときどきの荷重を受ける片持ちはりの長さの関係を見いだすことに帰着する．

点 $B(x,y)$ における曲げモーメントは以下の通りに表される．

$$EI\frac{d\psi}{ds} = P(l-x) \tag{2.44}$$

式（2.44）を s について微分すると

$$\frac{d^2\psi}{ds^2} = -P\frac{\cos\psi}{EI} \tag{2.45}$$

が得られる．さらにこの式を積分すると

$$\frac{1}{2}\left(\frac{d\psi}{ds}\right)^2 = \frac{P}{EI}(\sin\psi_0 - \sin\psi) \tag{2.46}$$

を得る．ここで，積分定数は以下の境界条件より求めている．

$$\left(\frac{d\psi}{ds}\right)_{\psi=\psi_0} = 0$$

さて，次式

$$\cos\psi = \frac{dx}{ds}$$

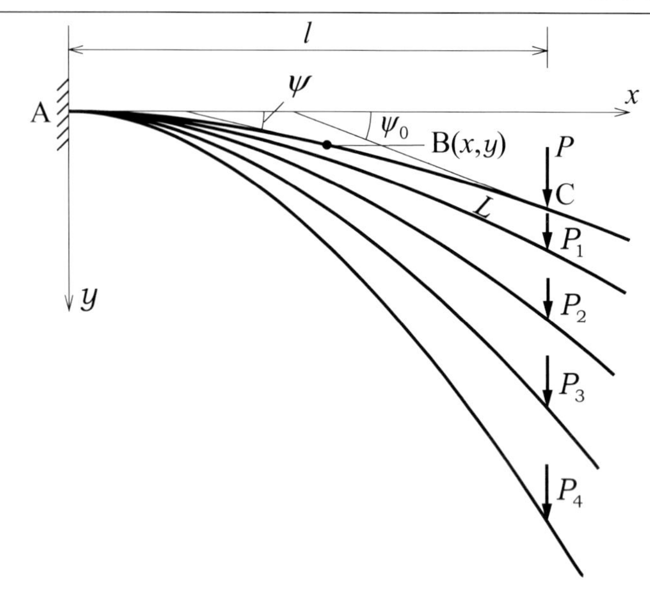

図 2.8

より，式（2.46）は次のようになる．

$$dx = \frac{\cos\psi\ d\psi}{\left[\dfrac{2P}{EI}(\sin\psi_0 - \sin\psi)\right]^{\frac{1}{2}}} \tag{2.47}$$

この式（2.47）において，左辺では 0 から l，右辺では 0 から ψ_0 まで積分すると

$$\int_0^{\psi_0} \frac{\cos\psi\ d\psi}{(\sin\psi_0 - \sin\psi)^{\frac{1}{2}}} = \left(\frac{2Pl^2}{EI}\right)^{\frac{1}{2}} \tag{2.48}$$

となる．

次に，次式を満たす独立変数 ϕ を導入し，変数を ψ から ϕ に変換する．

$$1 + \sin\psi = 2p^2 \sin^2\phi = (1 + \sin\psi_0)\sin^2\phi$$

新しい変数 ϕ を用いて式（2.48）を変形すると

$$l = \frac{2p}{k}\int_{\phi_1}^{\pi/2} \sin\phi\ d\phi \tag{2.49}$$

を得る．ここで，$\phi_1 = \sin^{-1}(1/(\sqrt{2}p))$ である．式（2.49）より l と p の関係は次のようになる．

$$l = \frac{2p}{k}\cos\phi_1 \tag{2.50}$$

p が得られる，異なる各々の荷重 P に対するはりの長さ L が次式より直ちに求められる．

$$L = \big[K(p) - F(p, \phi_1)\big]/k \tag{2.51}$$

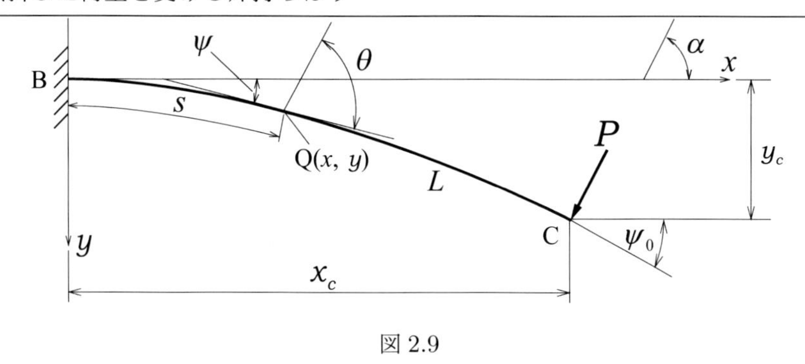

図 2.9

この式は，式（2.24）からも導出される．

弾性相似則の原理は本問題にも有効に用いることができる．すなわち，図 2.5 より，

$$l = h\cos\phi_B = \frac{2p}{k}\cos\phi_B \tag{2.52}$$

ここで，$\sin\phi_B = 1/(\sqrt{2}p)$ である．式（2.50）と式（2.52）は同一である．

2.6 傾斜した荷重を受ける片持ちはり

α を荷重と x 軸とのなす角とすると，点 $Q(x, y)$ における曲げモーメントは，図 2.9 を参照して

$$M = EI\frac{d\psi}{ds} = P_1(x_C - x) + P_2(y_C - y) \tag{2.53}$$

と表される．ここで，$P_1 = P\sin\alpha$，$P_2 = P\cos\alpha$ である．式（2.53）を s に関して微分すると次式を得る．

$$EI\frac{d^2\psi}{ds^2} = -P_1\cos\psi - P_2\sin\psi \tag{2.54}$$

式（2.54）を解くために，以下のような変数を導入しよう．

$$u = s/L,\quad \theta = \psi + \alpha \tag{2.55}$$

式（2.55）から

$$\frac{d^2\psi}{ds^2} = \frac{1}{L^2}\,\frac{d^2\theta}{du^2}$$

となる．これは，

$$\frac{d\theta}{du} = L\frac{d\psi}{ds}$$

および

$$\frac{d}{du}\left[\frac{d\psi}{ds}\right]L = \frac{d}{ds}\left[\frac{d\psi}{ds}\right]L\frac{ds}{du} = \frac{d^2\psi}{ds^2}L^2$$

の関係からも導かれる．また，式（2.54）の右辺については，

$$P\left(\frac{P_1}{P}\cos\psi+\frac{P_2}{P}\sin\psi\right)=P\sin(\psi+\alpha)=P\sin\theta$$

と変形できる．以上より，式（2.54）は

$$\frac{d^2\theta}{du^2}+c\sin\theta=0 \tag{2.56}$$

と表される．ここで，

$$c=\frac{PL^2}{EI}=k^2L^2$$

本問題の境界条件は

$$\begin{gathered}(\psi)_{s=0}=0,\text{すなわち}\ (\theta)_{u=0}=\alpha,\\ \left(\frac{d\psi}{ds}\right)_{s=L}=0,\text{すなわち}\ \left(\frac{d\theta}{du}\right)_{\theta=\psi_0+\alpha}=0\end{gathered} \tag{2.57}$$

である．

式（2.56）の両辺に $2\dfrac{d\theta}{du}d\theta$ を乗じて積分し，上の境界条件を代入すると

$$\left(\frac{d\theta}{du}\right)^2=2c\big[\cos\theta-\cos(\psi_0+\alpha)\big]$$

を得る．

したがって

$$du=\frac{ds}{L}=\frac{d\theta}{\big\{2c[\cos\theta-\cos(\psi_0+\alpha)]\big\}^{\frac{1}{2}}}$$

となる．

上式の両辺に L を乗じて積分すると

$$L=\int_\alpha^{\psi_0+\alpha}ds=\frac{L}{\sqrt{2c}}\int_\alpha^{\psi_0+\alpha}\frac{d\theta}{[\cos\theta-\cos(\psi_0+\alpha)]^{\frac{1}{2}}}$$

すなわち

$$1=\frac{1}{\sqrt{2c}}\left\{-\int_0^\alpha\frac{d\theta}{[\cos\theta-\cos(\psi_0+\alpha)]^{\frac{1}{2}}}+\int_0^{\psi_0+\alpha}\frac{d\theta}{[\cos\theta-\cos(\psi_0+\alpha)]^{\frac{1}{2}}}\right\}$$

あるいは

$$\begin{aligned}1=\frac{1}{2\sqrt{c}}\Bigg\{&-\int_0^\alpha\frac{d\theta}{\big\{\sin^2[(\psi_0+\alpha)/2]-\sin^2(\theta/2)\big\}^{\frac{1}{2}}}\\&+\int_0^{\psi_0+\alpha}\frac{d\theta}{\big\{\sin^2[(\psi_0+\alpha)/2]-\sin^2(\theta/2)\big\}^{\frac{1}{2}}}\Bigg\}\end{aligned} \tag{2.58}$$

と表される．

さらに，$p = \sin[(\psi_0 + \alpha)/2]$ とおき，以下を満たす ϕ を導入する．

$$p \sin\phi = \sin(\theta/2) \tag{2.59}$$

式（2.59）の両辺を微分すると

$$d\theta = \frac{2p\cos\phi \, d\phi}{(1 - p^2 \sin^2\phi)^{\frac{1}{2}}} \tag{2.60}$$

となる．この式（2.60）を式（2.58）に代入すると

$$1 = \frac{1}{\sqrt{c}} \left\{ \int_0^{\pi/2} \frac{d\phi}{(1 - p^2\sin^2\phi)^{\frac{1}{2}}} - \int_0^{m} \frac{d\phi}{(1 - p^2\sin^2\phi)^{\frac{1}{2}}} \right\} \tag{2.61}$$

を得る．ここで，

$$m = \sin^{-1}\Bigl(\frac{\sin(\alpha/2)}{p}\Bigr)$$

である．また，$\sqrt{c} = Lk$ であるから，式（2.61）は**楕円関数**を用いて

$$L = \bigl[K(p) - F(p, m)\bigr]/k \tag{2.62}$$

と表される．

式（2.62）から，k が与えられれば変形形状を表す楕円関数の母数 p が求められ，さらにこの p を用いて ψ_0 が得られる[*4]．弧長 s とたわみ角 ψ の関係も同じように誘導できる．$s = \int ds$ であり積分は，$\psi = 0$ から $\psi = \psi_0$(すなわち，$\theta = \alpha$ から $\theta = \psi + \alpha$) となるので

$$s = \bigl[F(p, n) - F(p, m)\bigr]/k, \tag{2.63}$$

ここで，

$$n = \sin^{-1}\Bigl[\frac{\sin[(\psi + \alpha)/2]}{p}\Bigr]$$

である．さて，

$$ds = \frac{L d\theta}{2\sqrt{c}\bigl\{\sin^2[(\psi_0 + \alpha)/2] - \sin^2(\theta/2)\bigr\}^{\frac{1}{2}}} = \frac{d\phi}{k(1 - p^2\sin^2\phi)^{\frac{1}{2}}}$$

に注意し

$$\frac{dx}{ds} = \cos\psi$$

を考慮すると

$$dx = \frac{\cos(\theta - \alpha) d\phi}{k(1 - p^2\sin^2\phi)^{\frac{1}{2}}} \tag{2.64}$$

---

*4 訳注：2.2 節でも述べたように，実際には ψ_0（と角度 α）を与え，$p = \sin[(\psi_0 + \alpha)/2]$ から p を求め，その後に式（2.62）から c（無次元荷重）を決定する方がはるかに簡単である．

を得る．

さらに，$\cos(\theta-\alpha)$ を展開し

$$\cos\theta = 1 - 2\sin^2(\theta/2) = 1 - 2p^2\sin^2\phi$$

に注意すると，以下のような dx についての式を得る．

$$dx = \frac{\cos\alpha}{k}\left\{\frac{d\phi}{(1-p^2\sin^2\phi)^{\frac{1}{2}}} - \frac{2p^2\sin^2\phi\ d\phi}{(1-p^2\sin^2\phi)^{\frac{1}{2}}}\right\} + \frac{\sin\alpha}{k}2p\sin\phi\ d\phi$$

再び，積分変数を θ から ϕ に変えると，積分の下限と上限は m，n となる．したがって

$$x = \frac{1}{k}\Big\{\cos\alpha\big[F(p,m) - F(p,n) + 2E(p,n) - 2E(p,m)\big] + 2p\sin\alpha(\cos m - \cos n)\Big\} \tag{2.65}$$

となる．片持ちはりの先端の x 座標は，$\psi = \psi_0$ と代入することにより得られる．このとき，積分の上限は $n = \pi/2$ となる．したがって，

$$x_C = \frac{1}{k}\Big\{\cos\alpha\big[F(p,m) - K(p) + 2E(p) - 2E(p,m)\big] + 2p\sin\alpha\cos m\Big\} \tag{2.66}$$

となる．y 方向の座標の導出についても同様な手順が適用できる．すなわち

$$dy = ds\sin\psi = ds\sin(\theta-\alpha)$$

であり，この式の $\sin(\theta-\alpha)$ を展開し，$\sin\theta, \cos\theta$ を ϕ を用いて表すと

$$dy = \frac{\cos\alpha}{k}2p\sin\phi\ d\phi - \frac{\sin\alpha}{k}\left[\frac{d\phi}{(1-p^2\sin^2\ \phi)^{\frac{1}{2}}} - \frac{2p^2\sin^2\phi\ d\phi}{(1-p^2\sin^2\phi)^{\frac{1}{2}}}\right]$$

を得る．水平方向のたわみの積分の上限，下限を用いて，dy についても積分すると

$$y = \frac{1}{k}\Big\{2p\cos\alpha(\cos m - \cos n) - \sin\alpha\big[F(p,m) - F(p,n) + 2E(p,n) - 2E(p,m)\big]\Big\} \tag{2.67}$$

となる．また，先端の垂直変位は

$$y_C = \frac{1}{k}\Big\{2p\cos\alpha\cos m - \sin\alpha\big[F(p,m) - K(p) + 2E(p) - 2E(p,m)\big]\Big\} \tag{2.68}$$

と表される．

以上の問題は，片持ちはりを**波状エラスティカ**の一部と見なして解くこともできる．この片持ちはりは，点 B を通って弾性曲線の接線が荷重 P に平行になるような点まで延長することにより，**基本はり**に変換できる（図 2.10 参照）．たわみ角 θ と ϕ の関係は

$$\sin\phi_B = \frac{\sin(\theta_B/2)}{p}$$

である．

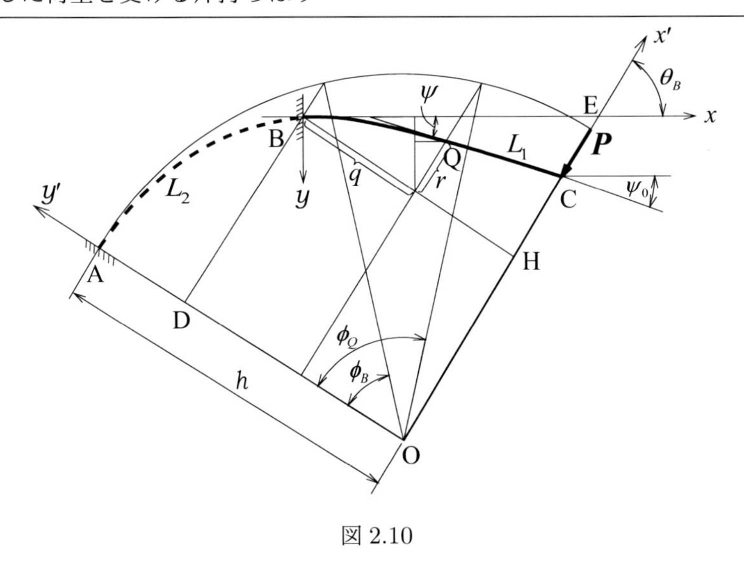

図 2.10

また，

$$L_1 + L_2 = K(p)/k, \quad L_2 = F(p, \phi_B)/k$$

であるから

$$L_1 = \left\{ K(p) - F\left[p, \sin^{-1}\left(\frac{\sin(\theta_B/2)}{p} \right) \right] \right\} \Big/ k \tag{2.69}$$

となる．この式（2.69）は式（2.62）と同一である．

弧長については $BQ = s = ABQ - AB$ の関係がある．積分区間 ϕ_B と ϕ_Q における**不完全楕円積分**を用いると

$$s = \frac{1}{k}\left\{ F\left[p, \sin^{-1}\left(\frac{\sin[(\psi + \theta_B)/2]}{p} \right) \right] - F\left[p, \sin^{-1}\left(\frac{\sin(\theta_B/2)}{p} \right) \right] \right\} \tag{2.70}$$

となる．$\sin\phi_Q = \dfrac{\sin[(\psi + \theta_B)/2]}{p}$ の関係があるので，式（2.70）は式（2.63）と等しい．

点 Q のたわみの水平および垂直成分は (x, y) 座標系のもとで得られる．すなわち，図 2.10 より

$$r = \bigl[F(p, m) - F(p, n) + 2E(p, n) - 2E(p, m) \bigr]/k,$$
$$q = 2p(\cos m - \cos n)/k$$

したがって

$$\left. \begin{aligned} x &= r\cos\theta_B + q\sin\theta_B, \\ y &= q\cos\theta_B - r\sin\theta_B \end{aligned} \right\} \tag{2.71}$$

となる．この式（2.71）において $\theta_B = \alpha$ とおけば，それぞれ式（2.65）および式（2.67）に等しくなる．

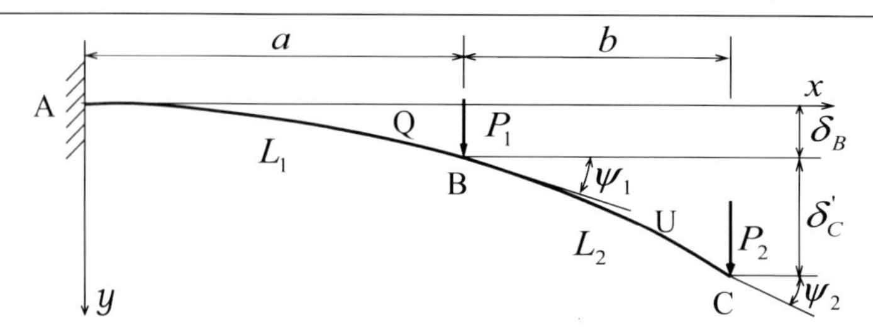

図 2.11

以上に述べた問題の一例として，はり先端に $\theta_B = 45°$ の角度で，荷重 $P = 5$ lb（$= 22.2$ N）を受ける水平な片持ちはりを考えよう．この片持ちはりの長さは $L = 260$ in.（$= 6604$ mm），断面は $2\frac{1}{2} \times \frac{1}{4}$ in.（$= 63.5$ mm×6.35 mm）の長方形断面とする．式（2.69）より

$$260 = 139.6\left\{K(p) - F\left[p, \sin^{-1}\left(\frac{0.385}{p}\right)\right]\right\}$$

となる．これより，$p = 0.906$ を得る．また，$\phi_B = 25°$ となるから自由端のたわみは，$x_C = 124$ in.（$= 3150$ mm），$y_C = 199$ in.（$= 5055$ mm）となる．

2.7 2個の垂直荷重を受ける片持ちはり

図 2.11 に示すように，片持ちはりの長さを $L = L_1 + L_2$ とする．BC 間の任意点 U の位置における曲げモーメントは

$$M = EI\frac{d\psi}{ds} = P_2(a + b - x) \tag{2.72}$$

である [5]．ここで，a, b は L_1, L_2 の水平成分である．この式の両辺を s で微分すると

$$\frac{d^2\psi}{ds^2} = -\frac{P_2}{EI}\frac{dx}{ds} = -\frac{P_2}{EI}\cos\psi \tag{2.73}$$

したがって

$$\frac{1}{2}\left(\frac{d\psi}{ds}\right)^2 = -\frac{P_2}{EI}\sin\psi + C_1 \tag{2.74}$$

さらに，境界条件 $\left(\dfrac{d\psi}{ds}\right)_{\psi=\psi_2} = 0$（はり先端における曲げモーメントがゼロ）より

$$\frac{d\psi}{ds} = k_2[2(\sin\psi_2 - \sin\psi)]^{\frac{1}{2}}$$

ここで，$k_2 = (P_2/EI)^{\frac{1}{2}}$，$\psi_2$ ははり先端のたわみ角である．はりの変形中は長さが不変であるから（**不伸長の仮定**）

$$L_2 = \int_{\psi_1}^{\psi_2} ds = \frac{1}{\sqrt{2}k_2}\int_{\psi_1}^{\psi_2}\frac{d\psi}{(\sin\psi_2 - \sin\psi)^{\frac{1}{2}}} \tag{2.75}$$

を得る．この式(2.75)の積分には，未知数 ψ_1, ψ_2 が含まれている．式(2.75)を **Legendre の標準形** に変形するために，変数変換

$$1 + \sin\psi = 2p_2^2 \sin^2\phi = (1 + \sin\psi_2)\sin^2\phi, \quad \left(p_2 = \sqrt{\frac{1 + \sin\psi_2}{2}}\right) \tag{2.76}$$

を考える．この新しい変数 ϕ を用いて式（2.75）を書き換えると

$$L_2 = \frac{1}{k_2}\int_{\phi_1}^{\pi/2} \frac{d\phi}{(1 - p_2^2 \sin\phi)^{\frac{1}{2}}} = \frac{1}{k_2}[K(p_2) - F(p_2, \phi_1)] \tag{2.77}$$

となる．ここで，$\sin\phi_1 = \left[(1 + \sin\psi_1)/2\right]^{\frac{1}{2}}/p_2$ でり，p_2 は区間 BC の変形形状を決定する**楕円関数**の母数である．式（2.77）には 2 つの未知数 p_2, ϕ_1 が含まれているので，さらに別な関係式が必要である．これには，区間 AB の任意点 Q における曲げモーメントのつり合い式を考えればよい．すなわち，

$$EI\frac{d\psi}{ds} = P_2(a + b - x) + P_1(a - x) \tag{2.78}$$

を考える．式（2.73)，(2.74）の誘導と同じように考えれば

$$\frac{1}{2}\left(\frac{d\psi}{ds}\right)^2 = -k^2 \sin\psi + C_2 \tag{2.79}$$

を得る．ここで，

$$k = \left(\frac{P_1 + P_2}{EI}\right)^{\frac{1}{2}}$$

である．点 B の曲げモーメントは

$$\frac{P_2 b}{EI} = \left(\frac{d\psi}{ds}\right)_{\psi=\psi_1} = k_2\left[2(\sin\psi_2 - \sin\psi_1)\right]^{\frac{1}{2}} \tag{2.80}$$

であるから，式（2.79）より

$$\frac{1}{2}\left(\frac{P_2 b}{EI}\right)^2 = -k^2 \sin\psi_1 + C_2$$

を得る．したがって

$$C_2 = \frac{P_2^2 b^2}{2(EI)^2} + (P_1 + P_2)\frac{\sin\psi_1}{EI}$$

を得る．

以上より，式（2.79）は

$$\frac{d\psi}{ds} = \sqrt{2}\left[k^2(\sin\psi_1 - \sin\psi) + \frac{P_2^2 b^2}{2(EI)^2}\right]^{\frac{1}{2}} \tag{2.81}$$

と変形できる．一方，式（2.80）より

$$\frac{P_2^2 b^2}{2(EI)^2} = k_2(\sin\psi_2 - \sin\psi_1)$$

であるから，式（2.81）は

$$\frac{d\psi}{ds}=\sqrt{2}k\left[\sin\psi_1-\sin\psi+\frac{k_2^2}{k^2}(\sin\psi_2-\sin\psi_1)\right]^{\frac{1}{2}} \tag{2.82}$$

となる．また，式（2.80）は，L_2 の水平方向成分を表しているから

$$b=\frac{\sqrt{2}}{k_2}(\sin\psi_2-\sin\psi_1)^{\frac{1}{2}} \tag{2.83}$$

となる．また，L_1 も変形中は長さを変えないから

$$L_1=\int_0^{\psi_1}ds=\frac{1}{\sqrt{2}k}\int_0^{\psi_1}\frac{d\psi}{(2p^2-1-\sin\psi)^{\frac{1}{2}}} \tag{2.84}$$

が成立する．ここで，

$$\frac{k_2^2}{k^2}(\sin\psi_2-\sin\psi_1)=2p^2-1-\sin\psi_1 \tag{2.85}$$

とする．

次に，以下の新しい変数 ζ を導入する．

$$1+\sin\psi=2p^2\sin^2\zeta$$

この変数変換により，式（2.84）は以下のような **Legendre の標準形の楕円積分**に変換される．

$$L_1=\frac{1}{k}\int_{\zeta_0}^{\zeta_1}\frac{d\zeta}{(1-p^2\sin^2\zeta)^{\frac{1}{2}}}=\left[F(p,\zeta_1)-F(p,\zeta_0)\right]/k \tag{2.86}$$

ここで，

$$\sin\zeta_0=\frac{1}{\sqrt{2}p},\qquad \sin\zeta_1=\frac{1}{p}\left(\frac{1+\sin\psi_1}{2}\right)^{\frac{1}{2}}$$

であり，**楕円関数**の母数 p は区間 BC の変形形状を決定する．

したがって，以上の変形後の関係式（式 (2.77)，(2.85) および式 (2.86)）は 3 つの未知数すなわち p, p_2 および ψ_1 を含むことがわかる．なお，式 (2.76) すなわち $\sin\psi_2=2{p_2}^2-1$ より ψ_2 は p_2 で表される．したがって，これらの 3 式より 3 つの未知数が決定される．

p, p_2 および ψ_1 が決定されれば，BC 間の水平および垂直変位は以下のように求められる．

$(\psi)_{x=0}=0$ なので

$$M_A=P_1a+P_2(a+b)=EI\left(\frac{d\psi}{ds}\right)_{\psi=0}=EIk\left[2(2p^2-1)\right]^{\frac{1}{2}} \tag{2.87}$$

一方，b は式（2.83）により既知であり，この式（2.83）を書き改めると

$$b=\left[2(2p_2^2-1-\sin\psi_1)\right]^{\frac{1}{2}}/k_2$$

となる．式（2.87）にこの結果を代入すると

$$a=\sqrt{2}\left[\sqrt{2p^2-1}-\sqrt{2p^2-1-\sin\psi_1}\ \right]/k \tag{2.88}$$

を得る．

さて，$dy=ds\sin\psi$ であるので

$$\delta_B=\int_0^{\psi_1}dy=\frac{1}{\sqrt{2}k}\int_0^{\psi_1}\frac{\sin\psi d\psi}{(2p^2-1-\sin\psi)^{\frac{1}{2}}} \tag{2.89}$$

となるが，変数 ζ を式（2.87）に代入すると

$$\begin{aligned}\delta_B=&\left[\int_{\zeta_0}^{\zeta_1}\frac{d\zeta}{(1-p^2\sin^2\zeta)^{\frac{1}{2}}}-2\int_{\zeta_0}^{\zeta_1}(1-p^2\sin^2\zeta)^{\frac{1}{2}}d\zeta\right]\Big/k\\=&\big[F(p,\zeta_1)-F(p,\zeta_0)-2E(p,\zeta_1)+2E(p,\zeta_0)\big]/k\end{aligned} \tag{2.90}$$

を得る．

dy に関して ψ_1 から ψ_2 まで積分すると，先端のたわみ δ'_C を得る．ϕ を導入して積分すると

$$\delta'_C=\big[K(p_2)-2E(p_2)-F(p_2,\phi_1)+2E(p_2,\phi_1)\big]/k_2 \tag{2.91}$$

となる．

AB 間の任意点 Q の座標は以下のようにして求められる．$AQ=s_Q$ とおけば式（2.86）は

$$s_Q=\frac{1}{k}\int_{\zeta_0}^{\zeta_Q}\frac{d\zeta}{\sqrt{1-p^2\sin^2\zeta}}=[F(p,\zeta_Q)-F(p,\zeta_0)]/k \tag{2.92}$$

と表される．式（2.92）を ζ_Q について解けば，ψ_Q は

$$\sin\zeta_Q=\frac{1}{p}\big[(1+\sin\psi_Q)/2\big]^{\frac{1}{2}}$$

の関係から求められる．さらに

$$\left.\begin{aligned}x_Q&=\sqrt{2}\left[\sqrt{2p^2-1}-\sqrt{2p^2-1-\sin\psi_Q}\ \right]/k,\\y_Q&=\big[F(p,\zeta_Q)-F(p,\zeta_0)-2E(p,\zeta_Q)+2E(p,\zeta_0)\big]/k\end{aligned}\right\} \tag{2.93}$$

となる．区間 BC の任意点 U までの弧長は

$$s_U=\big[F(p_2,\phi_U)-F(p_2,\phi_1)\big]/k_2 \tag{2.94}$$

と表される．ここで，

$$\sin\phi_U=\big[(1+\sin\psi_U)/2\big]^{\frac{1}{2}}/p_2$$

である．式（2.94）により ϕ_U を求め，この ϕ_U を用いて上式から ψ_U が得られる．任意点 U の座標は

$$\left.\begin{aligned}x_U&=a+\big[2(2p_2^2-1-\sin\psi_U)\big]^{\frac{1}{2}}/k_2,\\y_U&=\delta_B+\big[F(p_2,\phi_U)-F(p_2,\phi_1)-2E(p_2,\phi_U)+2E(p_2,\phi_1)\big]/k_2\end{aligned}\right\} \tag{2.95}$$

により求められる.

以上の片持ちはりを数値的に解く場合に,はじめに点Bのたわみ角 ψ_1 を適当に仮定して解かなければならない.式(2.77)と式(2.86)から,p_2 および p が求められ,そしてこれらの母数は,式(2.85)を満たす必要がある.

このような問題は,はりに1個以上の荷重が作用するときの非線形たわみを求める際に生じる困難さから生じている.たわみ角の項から成り立っている楕円積分は,**Legendreの標準形**に書き換える必要がある.さらに,このためには,境界条件を満たす新しい変数を求めたり母数を選んだりする必要が生じる.しかし,**弾性相似則の原理**を用いるとこの困難さを回避できる.

以下に,図2.12を参照しながらこの方法を説明をする.つり合い後の L_2 の水平成分を b とする.P_1 と P_2 を,点Bからの距離 $b_r = bg$ に作用する合力 $P = P_1 + P_2$ に置き換える.ここで,$g = P_2/P$ である.この置換をしても L_1 部の曲げモーメントに変化は生じない.したがって,ABの弾性形状は,この片持ちはりに荷重 P_1 と P_2 が作用しようが P のみが作用しようが同じである.

そこで,P_1 と P_2 の代わりに合力 P が作用し,点Dの右方に向け伸ばされた部分ABはまた,点Aの左方にたわみ角が垂直になるまで伸びているものと仮定する.この垂直な点は,柱が固定される点Gで生じる.そこで,端点Dに P が作用する柱GABDを考えることにする.片持ちはりの部分ABの長さは,$L_1 = GAB - AG$ であり,**楕円積分**を用いると

$$L_1 = \big[F(p, \zeta_B) - F(p, \zeta_A)\big]/k \tag{2.96}$$

となる.ここで,

$$\zeta_B = \sin^{-1}\left(\frac{\sin(\theta_B/2)}{p}\right),\quad \zeta_A = \sin^{-1}\left(\frac{\sin(\pi/4)}{p}\right),\quad k = \left(\frac{P_1 + P_2}{EI}\right)^{\frac{1}{2}}$$

この式における未知量は,母数 p と点Bにおけるたわみ角 θ_B である.次に2番目の部分のはりBCを考える.はりBCが点Bで固定されているものと仮定すると,それを延伸して柱HBCと考えることができる.このとき,点Bにおけるたわみ角は,先に示した θ_B と同じことに留意する必要がある.また,$L_2 = HBC - HB$ であるから

$$L_2 = \big[K(p_2) - F(p_2, \phi_B)\big]/k_2 \tag{2.97}$$

となる.ここで,

$$k_2 = \left(\frac{P_2}{EI}\right)^{\frac{1}{2}},\quad \phi_B = \sin^{-1}\left(\frac{\sin(\theta_B/2)}{p_2}\right)$$

である.この柱の形状は母数 p_2 によって決まるから,この p_2 が新しい未知数となる.したがって,もう1つの方程式が必要になる.この3番目の方程式は幾何学的関係を考慮することにより以下のように得られる.すなわち,図1.12より

$$b_r = h\cos\zeta_B \quad \text{また} \quad b = \frac{b_r}{g} = h_2\cos\phi_B$$

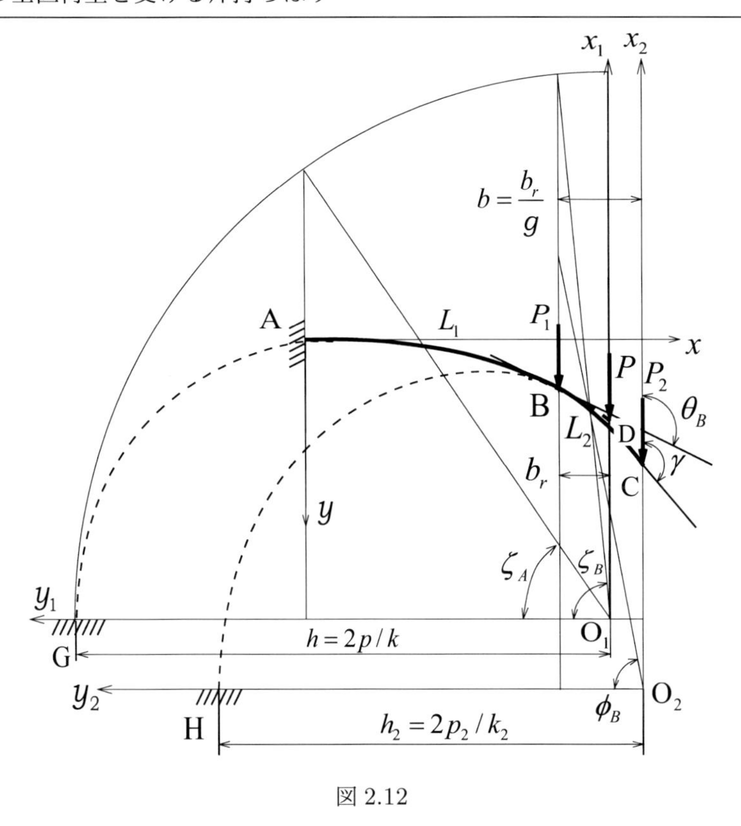

図 2.12

したがって

$$h \cos \zeta_B = h_2 g \cos \phi_B \tag{2.98}$$

を得る．また，

$$h = \frac{2p}{k}, \quad h_2 = \frac{2p_2}{h_2}, \quad g = \frac{{k_2}^2}{k^2}$$

であるから，式（2.98）は

$$\frac{k}{k_2} = \frac{p_2}{p} \left(\frac{1 - \dfrac{\sin^2(\theta_B/2)}{{p_2}^2}}{1 - \dfrac{\sin^2(\theta_B/2)}{p^2}} \right)^{\frac{1}{2}} \tag{2.99}$$

となる．

これにより問題は基本的には解けることになり，連立方程式（2.96)，(2.97)，(2.99）から p, p_2 および θ_B を得ることができる．はじめに θ_B の大きさを与え，式（2.96)，(2.97）から p, p_2 を求める．このように求めた p, p_2 は，式（2.99）を満たす必要がある．

以上に得た結果は，解析的な手順で得た結果とまったく同じである．2 つの分割部 L_1 と L_2 がそれぞれ 2 つの異なった母数 p, p_2 により決定されること，また，$p_2 = \sin(\gamma/2)$ であることがわかる．これらの 2 つの方法で得られた結果を比較するときに，$\theta = \pi/2 + \psi$,

$\theta_B = \pi/2 + \psi_1$ の関係を思い起こそう．変数 ζ と ϕ は同じであり，k, k_2, p および p_2 は両者では同じ意味を持っている．なお，$\zeta_0 = \zeta_A$ という関係にも留意しよう．以上の関係を式（2.85）および式（2.99）に代入すると，それらは同一であることを簡単に示すことができる．

次に変形後の座標を次に考えよう．点 B（図 2.12 参照）の x 座標は

$$x_B = 2p\big(\cos\zeta_A - \cos\zeta_B\big)/k \tag{2.100}$$

ここで，

$$\sin\zeta_A = \frac{1}{\sqrt{2}p}, \quad \sin\zeta_B = \frac{\sin(\theta_B/2)}{p}$$

であるが，

$$\sin(\theta_B/2) = (\pi/4 + \psi_1/2) = [(1 + \sin\psi_1)/2]^{\frac{1}{2}}$$

であるから

$$\cos\zeta_A = \left(1 - \frac{1}{2p^2}\right)^{\frac{1}{2}}, \quad \cos\zeta_B = \left(1 - \frac{1 + \sin\psi_1}{2p^2}\right)^{\frac{1}{2}}$$

となる．したがって，x_B は

$$x_B = \sqrt{2}\Big[\sqrt{(2p^2 - 1)} - \sqrt{(2p^2 - 1 - \sin\psi_1)}\ \Big]/k = a$$

と得られる．これは式（2.88）と等しい．AB 間の任意点の水平座標は $x = 2p(\cos\zeta_A - \cos\zeta)/k$ であり，この区間では $\zeta = [\sin(\theta/2)]/p$ が成り立つ．区間 BC では，水平座標は

$$x = x_B + 2p_2(\cos\phi_B - \cos\phi)/k_2, \quad \sin\phi = \frac{\sin(\theta/2)}{p_2}$$

と求められる．たわみ角と弧長の関係は，式（2.92）および式（2.94）と同一であり，一方で垂直座標は式（2.93）および式（2.95）で与えられている．

2 個の垂直荷重を受ける片持ちはりの例として，長さ 102.75 in.（= 2610 mm），断面が 2 × 0.1 in.（50.8 × 2.54 mm）のはりを考える．荷重 $P_2 = 1.35$ lb（= 6 N）がはり先端に，また固定端から 52.03 in.（= 1322 mm）の位置に $P_1 = 0.85$ lb（= 3.78 N）が作用するものとする．式（2.96），式（2.97）および式（2.99）より

$$\theta_B/2 = 70^\circ,\ p = \sin 72^\circ 55' = 0.9540,\ \text{および}\ \ p_2 = \sin 75^\circ = 0.9659$$

と解くことができる．

荷重 P_1 の位置のたわみは，$x_B = 43.75$ in.（= 1111.3 mm），$y_B = 25.14$ in.（= 638.6 mm）であり，自由端のたわみは $x_C = 71.74$ in.（= 1822 mm），$y_C = 67.32$ in.（= 1710 mm）と得られる．また，自由端のたわみ角は $\gamma = 150^\circ$ となる．

2.8 n 個の集中荷重を受ける片持ちはり

前節における片持ちはりの解析により，片持ちはりの各区間の変形形状を定めている母数を得ることの難しさがわかった．非線形解析においては，n 個の集中荷重を受ける片持ちはりは $2n-1$ 個の未知数，すなわち母数 n と荷重が作用する点における $n-1$ 個のたわみ角を持つことを以下に示す．なお $p_1 = \sin(\theta_1/2)$ なので，端点における傾き θ_1 は未知数に含まれない．

曲げモーメントの方程式を用い，この方程式を **Legendre の標準形**に変形し，その後に n 個の荷重を受ける問題を解くという方法はここでは採らない．境界条件を満たすように新しい変数を見いだしたり，積分範囲を変更したりすることが煩雑であることは，片持ちはりに 2 つの垂直荷重が負荷された場合（この場合 3 つの未知数を含む）にすでに示されている．一方，ここで扱っている問題に対して $2n-1$ 個の式を立てることが必要になる．そこで，ここでは**弾性相似則の原理**を適用することにする [6]．

荷重 P_1, P_2, P_{r-1}, P_r, P_{n-1} および P_n が平行に作用する図 2.13 に示すような片持ちはりを考えてみよう．これらの力は点 H, G, F, E, D および点 C に負荷されており，これらの点の間の距離は $L_1, L_2, \cdots, L_{n-1}$ とする．また荷重点 P_n と固定端との距離を L_n とする．$P_1, P_2, \cdots, P_n$ が作用する点のたわみ角は $\theta_1, \theta_2, \cdots, \theta_n$ とする．これらの荷重が作用したとき，片持ちはりは図に示すような変形をするものと考える．そして，負荷荷重点間の距離（水平方向に投影された長さ）は b_1, b_2, $b_{r-1}, \cdots, b_n$ である．

この問題を，一連の**基本はり**の問題群に相当するよう変換して，以下のように解くことができる．ここで，各部分 BC, CD, DE, $\cdots$, GH を，下端が固定され上端である自由端には垂直荷重が作用している垂直な支柱として考える．

まず，片持ちはりの典型的な一部分である CD 部を考える．この部分の曲率の符号は変化しない．$P_1, P_2, \cdots, P_{n-1}$ の合力，つまり点 D の右側に作用するすべての力の合力は D より a_{n-1} 離れた点に作用するものとする．CD 部は A_{n-1} で固定された垂直支柱の一部と見なすことができ，この垂直支柱 CD は点 C と点 D を通って合力 $\sum_{i=1}^{n-1} P_i$ の作用する点までを通る．CD 部の形状は**楕円関数**の母数 p_{n-1} により決定される．その 1/4 円弧は，半径が $h_{n-1} = 2p_{n-1}/k_{n-1}$ の大きさで，中心を O_{n-1} として描かれる．ここで，k_{n-1} は以下の式を満たす．

$$k_{n-1} = \left(\sum_{i=1}^{n-1} \frac{P_i}{EI} \right)^{\frac{1}{2}}$$

変数 ϕ の値に関して，以下の関係に注意しよう．

$$\sin\phi'_{n-1} = \frac{\sin(\theta_{n-1}/2)}{p_{n-1}}, \quad \sin\phi_{n-1} = \frac{\sin(\theta_n/2)}{p_{n-1}}$$

次に，はり DE 部を考えよう．CD 部とは異なる点があるが，この片持ちはり DE もまた，はり全体の中の典型的な要素である．図からわかるように，点 K に変曲点がある．つ

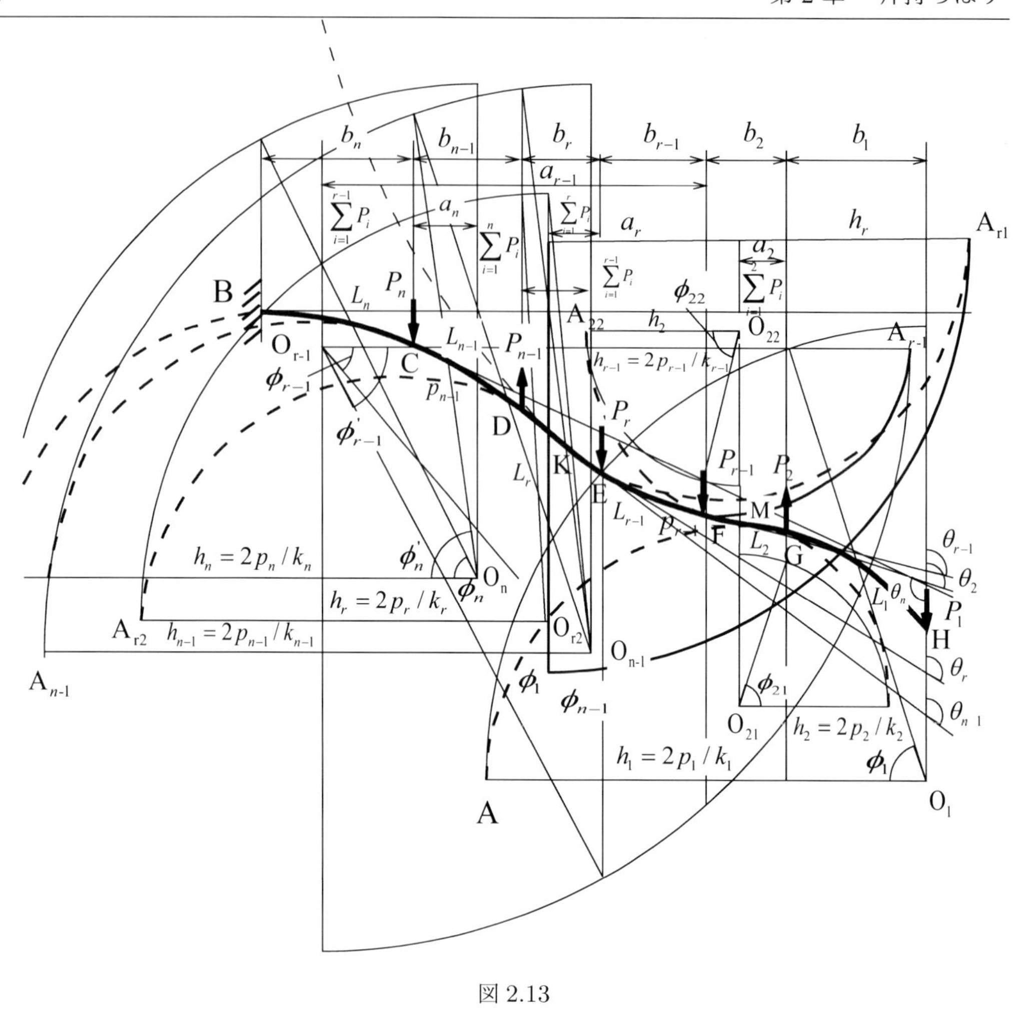

図 2.13

まり L_r は左右の部分 L_{r2}, L_{r1} から成り立つ．もちろん，$L_r = L_{r1} + L_{r2}$ である．2 つの母数 p_{r1} と p_{r2} は，はりの変形形状を決定する．合力 $\sum_{i=1}^{r} P_i$ は点 K において垂直に作用する（K は変曲点であるため）．もし KE を延長して**基本はり**と見なすと，このはりは A_{r1} で始まり E を通り K で終わるはりと考えられる．曲線 A_{r2}DKEA_{r1} について調べると，点 K についての対称性は明らかである．したがって，$p_{r1} = p_{r2} = p_r$ であり，

$$\sin\phi_{r1} = \frac{\sin(\theta_r/2)}{p_r}, \quad \sin\phi_{r2} = \frac{\sin(\theta_{n-1}/2)}{p_r}$$

である．

n 個の荷重を受ける片持ちはりは n 個のはりから成り立つ．それぞれのはりの長さ，母

数 p, および角度 θ に関する式は以下のようになる．

$$
\left.
\begin{aligned}
L_n &= \frac{1}{k_n}\bigl\{F[p_n, \sin^{-1}(\sin\tfrac{1}{2}\theta_n/p_n)] - F[p_n, \sin^{-1}(0.707/p_n)]\bigr\},\\
L_{n-1} &= \frac{1}{k_{n-1}}\bigl\{F[p_{n-1}, \sin^{-1}(\sin\tfrac{1}{2}\theta_{n-1}/p_{n-1})]\\
&\quad - F[p_{n-1}, \sin^{-1}(\sin\tfrac{1}{2}\theta_n/p_{n-1})]\bigr\},\\
L_r &= \frac{1}{k_r}\bigl\{2K(p_r) - F[p_r, \sin^{-1}(\sin\tfrac{1}{2}\theta_r/p_r)]\\
&\quad - F[p_r, \sin^{-1}(\sin\tfrac{1}{2}\theta_{n-1}/p_r)]\bigr\},\\
L_{r-1} &= \frac{1}{k_{r-1}}\bigl\{F[p_{r-1}, \sin^{-1}(\sin\tfrac{1}{2}\theta_{r-1}/p_{r-1})]\\
&\quad - F[p_{r-1}, \sin^{-1}(\sin\tfrac{1}{2}\theta_r/p_{r-1})]\bigr\},\\
L_2 &= \frac{1}{k_2}\bigl\{2K(p_2) - F[p_2, \sin^{-1}(\sin\tfrac{1}{2}\theta_2/p_2)]\\
&\quad - F[p_2, \sin^{-1}(\sin\tfrac{1}{2}\theta_{r-1}/p_2)]\bigr\},\\
L_1 &= \frac{1}{k_1}\bigl\{K(p_1) - F[p_1, \sin^{-1}(\sin\tfrac{1}{2}\theta_2/p_1)]\bigr\}
\end{aligned}
\right\}
\tag{2.101}
$$

これらの式（2.101）の総数は n 個である．未知数である母数 p の数は n 個であり角度 θ の未知数は $n-1$ 個であるので，未知数の総数は $2n-1$ 個となる．そこで，a と b の関係を考慮することによって不足している式を補うことを考える．図 2.13 より

$$
\left.
\begin{aligned}
b_1 &= h_1\cos\phi_1 = 2p_1(\cos\phi_1)/k_1,\\
b_2 &= 2p_2(\cos\phi_{21} + \cos\phi_{22})/k_2,\\
b_{r-1} &= 2p_{r-1}(\cos\phi_{r-1} - \cos\phi'_{r-1})/k_{r-1},\\
b_r &= 2p_r(\cos\phi_{r1} + \cos\phi_{r2})/k_r,\\
b_{n-1} &= 2p_{n-1}(\cos\phi_{n-1} - \cos\phi'_{n-1})/k_{n-1},\\
b_n &= 2p_n(\cos\phi_n - \cos\phi'_n)/k_n,
\end{aligned}
\right\}
\tag{2.102}
$$

が成り立つ．ここで，

$$
k_r = \left(\sum_{i=1}^{r} P_i/(EI)\right)^{\frac{1}{2}}
$$

であり，また

$$\left.\begin{aligned}
\cos\phi_1 &= (1-\sin^2\tfrac{1}{2}\theta_2/p_1^2)^{\frac{1}{2}},\\
\cos\phi_{21} &= (1-\sin^2\tfrac{1}{2}\theta_2/p_2^2)^{\frac{1}{2}},\\
\cos\phi_{22} &= (1-\sin^2\tfrac{1}{2}\theta_{r-1}/p_2^2)^{\frac{1}{2}},\\
\cos\phi_{r-1} &= (1-\sin^2\tfrac{1}{2}\theta_{r-1}/p_{r-1}^2)^{\frac{1}{2}},\\
\cos\phi'_{r-1} &= (1-\sin^2\tfrac{1}{2}\theta_r/p_{r-1}^2)^{\frac{1}{2}},\\
\cos\phi_{r1} &= (1-\sin^2\tfrac{1}{2}\theta_r/p_r^2)^{\frac{1}{2}},\\
\cos\phi_{r2} &= (1-\sin^2\tfrac{1}{2}\theta_{n-1}/p_r^2)^{\frac{1}{2}},\\
\cos\phi_{n-1} &= (1-\sin^2\tfrac{1}{2}\theta_n/p_{n-1}^2)^{\frac{1}{2}},\\
\cos\phi'_{n-1} &= (1-\sin^2\tfrac{1}{2}\theta_{n-1}/p_{n-1}^2)^{\frac{1}{2}},\\
\cos\phi_n &= (1-\sin^2\tfrac{1}{2}\theta_B/p_n^2)^{\frac{1}{2}} = (1-0.5/p_n^2)^{\frac{1}{2}},\\
\cos\phi'_n &= (1-\sin^2\tfrac{1}{2}\theta_n/p_n^2)^{\frac{1}{2}}
\end{aligned}\right\} \tag{2.103}$$

である．

曲率の中心がはりの下方（このときは負の曲げモーメントが作用）にあれば，ϕ' と θ の下添え字が同じであることに注意すべきである．しかし，曲率の中心がはりの上方（このときは正の曲げモーメントが作用）にあれば，ϕ と θ の下添え字が同じであり，また ϕ' の下添え字は θ よりも小さい値をとる．変曲点を含む部分では，図 2.13 と式（2.103）を比較することにより，この規則を容易に適用できるだろう．

P_i から $\displaystyle\sum_{i=1}^{r} P_i$ までの距離 a_i は以下のように表される．

$$\left.\begin{aligned}
a_1 &= 0,\\
a_2 &= \frac{b_1P_1}{\displaystyle\sum_{i=1}^{2}P_i},\\
a_3 &= \frac{b_1P_1 + b_2\displaystyle\sum_{i=1}^{2}P_i}{\displaystyle\sum_{i=1}^{3}P_i},\\
&\cdot \qquad \cdot\\
&\cdot \qquad \cdot\\
a_r &= \frac{b_1P_1 + b_2\displaystyle\sum_{i=1}^{2}P_i + b_3\sum_{i=1}^{3}P_i \cdots + b_{r-1}\sum_{i=1}^{r-1}P_i}{\displaystyle\sum_{i=1}^{r}P_i}
\end{aligned}\right\} \tag{2.104}$$

一方，これらの係数 a_i は

$$\left.\begin{aligned} a_2 &= h_2\cos\phi_{21} = 2p_2\cos\phi_{21}/k_2, \\ a_{r-1} &= 2p_{r-1}\cos\phi_{r-1}/k_{r-1}, \\ a_r &= 2p_r\cos\phi_{r1}/k_r, \\ a_{n-1} &= 2p_{n-1}\cos\phi_{n-1}/k_{n-1}, \\ a_n &= 2p_n\cos\phi_n/k_n \end{aligned}\right\} \tag{2.105}$$

とも表される．

図 2.13 に示すように，a_2, a_{r-1} および a_r は負であり，一方 a_{n-1}と a_n は正である．時計回りの曲げモーメントを負とすれば，式（2.104）は，正しい符号を持つ a の値を与えるであろう．もしも，ϕ(0 から $\pi/2$ まで) の回転が a の正の方向の円弧をなぞるならば，式（2.105）の cos は正である．

式（2.102）を式（2.104）に代入し，この結果得られた式と式（2.105）とを比較すれば，新しい未知数を導入せずに $n-1$ 個の方程式を作ることができる．したがって，未知数の数と同じ $2n-1$ の方程式が生成されたことになる．

解を得るための数値計算に入る前に，変曲点を含んだ片持ちはりの変形形状を仮定するする必要がある．次に，θ の値も仮定しなくてはならない．したがって，式（2.101）から母数が得られる．この母数 p_1, p_2 などを適当に仮定した θ とともに式（2.103）に代入すると cos の引数が決定され，式（2.102）を解くことができる．これにより得られた b を式（2.104）および式（2.105）に代入して得られる a_2, a_3 および a_n は等しくなければならない．

以上では一般的な場合を考えたが，等間隔に同じ大きさの垂直荷重を受ける特別な場合を以下に考える．すなわち

$$P_1 = P_2 = P_3 = \cdots = P_n = P$$

$$L_1 = L_2 = L_3 = \cdots = L/n = s$$

を考える．したがって

$$\sum_{i=1}^{r} P_i = rP$$

$$k_r = k\sqrt{r},\ \text{ここで}\ k = \left(\frac{P}{EI}\right)^{\frac{1}{2}}$$

となる．長さ，たわみ角および母数の関係は

$$\left.\begin{aligned} L_1 &= s = \frac{1}{k}\left\{K(p_1) - F[p_1, \sin^{-1}(\sin\tfrac{1}{2}\theta_2/p_1)]\right\}, \\ L_r &= s = \frac{1}{\sqrt{r}k}\left\{F[p_r, \sin^{-1}(\sin\tfrac{1}{2}\theta_r/p_r)] - F[p_r, \sin^{-1}(\sin\tfrac{1}{2}\theta_{r+1}/p_r)]\right\}, \\ L_n &= s = \frac{1}{\sqrt{n}k}\left\{F[p_n, \sin^{-1}(\sin\tfrac{1}{2}\theta_n/p_n)] - F[p_n, \sin^{-1}(0.707/p_n)]\right\} \end{aligned}\right\} \tag{2.106}$$

となる．

式（2.106）には n 個の式がある．残りの $n-1$ 個の式は先に述べた手順で得られる．しかし，荷重が同じ大きさで等間隔に作用しているということにより，式の導出が簡単化される．このことにより，以下の $n-1$ 個の式が導かれる．

$$\left.\begin{aligned}
2p_2^2 &= p_1^2 + \sin^2(\theta_2/2),\\
3p_3^2 &= p_1^2 + \sin^2(\theta_2/2) + \sin^2(\theta_3/2),\\
\cdot &= \cdot \quad \cdot \quad \cdot \quad \cdot \quad \cdot \quad \cdot \quad \cdot \quad \cdot \quad \cdot,\\
rp_r^2 &= p_1^2 + \sum_{k=2}^{r} \sin^2(\theta_k/2),\\
\cdot &= \cdot \quad \cdot \quad \cdot \quad \cdot \quad \cdot \quad \cdot \quad \cdot \quad \cdot \quad \cdot,\\
np_n^2 &= p_1^2 + \sum_{k=2}^{n} \sin^2(\theta_k/2)
\end{aligned}\right\} \tag{2.107}$$

ここで，任意の値を仮定した θ と母数の値 p は，式（2.107）を満たす必要がある．

変形後の座標計算には，2種類の式を考えなければならない．はじめに，変曲点のない部分を考えよう．たとえば，CD部は

$$\left.\begin{aligned}
x &= x_C + h_{n-1}(\cos\phi_{n-1} - \cos\phi),\\
y &= y_C + \frac{1}{k_{n-1}}\big[2E(p_{n-1},\phi_{n-1}) - F(p_{n-1},\phi_{n-1}) + F(p_{n-1},\phi) - 2E(p_{n-1},\phi)\big],\\
s_{n-1} &= L_n + \frac{1}{k_{n-1}}\big[F(p_{n-1},\phi) - F(p_{n-1},\phi_{n-1})\big],
\end{aligned}\right\} \tag{2.108}$$

となる．ここで，$\sin\phi = \frac{\sin(\theta/2)}{p_{n-1}}$ であり，x_C および y_C は点Cの座標である（図2.14参照）．これらの座標は，式（2.108）において $\theta=\theta_n$, $\phi=\phi'_n$ と書き直した式から得られる．

変曲点Kを含むDE部分に対しては，式の形が変わり

$$\left.\begin{aligned}
x &= x_D + h_r(\cos\phi_{r2} - \cos\phi),\\
y &= y_D + \frac{1}{k_r}\big[2E(p_r,\phi_{r2}) - F(p_r,\phi_{r2}) + F(p_r,\phi) - 2E(p_r,\phi)\big],\\
s &= L_n + L_{n-1} + \frac{1}{k_r}\big[F(p_r,\phi) - F(p_r,\phi_{r2})\big]
\end{aligned}\right\} \tag{2.109}$$

となる．ここで，$\sin\phi = \dfrac{\sin(\theta/2)}{p_r}$ であり，x_D および y_D を図2.14に示す．

KE部分に対しては

$$\left.\begin{aligned}
x &= x_K + h_r\cos\phi,\\
y &= y_K + \frac{1}{k_r}\big[2E(p_r,\phi_{r1}) - F(p_r,\phi_{r1}) + F(p_r,\phi) - 2E(p_r,\phi)\big],\\
s &= L_n + L_{n-1} + s_K + \frac{1}{k_r}\big[K(p_r) - F(p_r,\phi)\big]
\end{aligned}\right\} \tag{2.110}$$

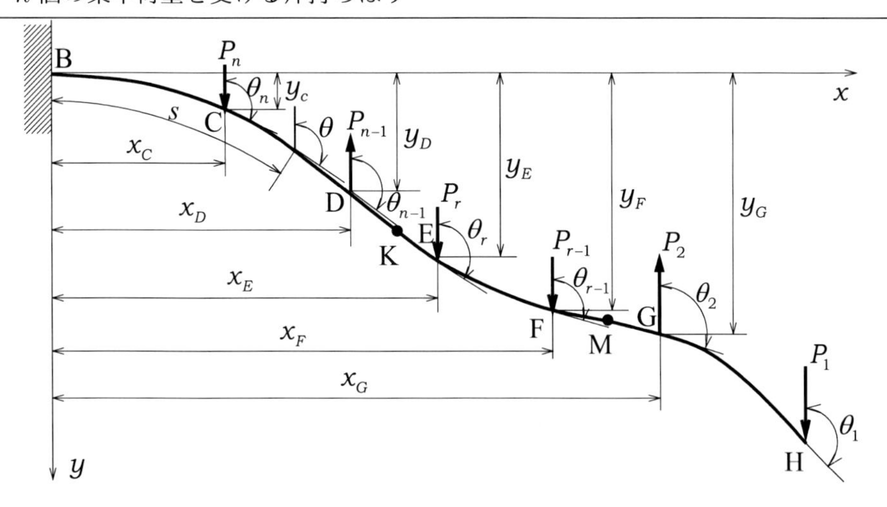

図 2.14

を得る．

2 章の参考文献

(1) Bisshop, K. E., and Drucker, D. C., Large deflection of cantilever beams, *Quart. Appl. Math.*, Vol.3(1945), p.272.

(2) Barton, H. J., On the deflection of cantilever beam, *Quart. Appl. Math.*, Vol.2(1944), p.168 and corrigenda in *Quart. Appl. Math.*, Vol.3(1945), p.275.

(3) Hummel, F. H., and Morton, W. B., On the large deflection of thin flexible strips and the measurement of their elasticity, *Phil. Mag.*, Ser.7, Vol.4(1927), p.348.

(4) Frisch-Fay, R., A new approach to the analysis of the deflection of thin cantilevers, *J. Appl. Mech.*, 28, *Trans. ASME*, 83, Ser. E (1961), p.87.

(5) Frisch-Fay, R., Large deflection of a cantilever under two concenrated loads, *J. Appl. Mech.*, 29, *Trans. ASME*, 84, Ser. E (1962), p.200.

(6) Frisch-Fay, R., Nonlinear bending of a cantilever under several concentrated loads, *Aust. J. Appl. Sci.*, Vol.11(1960), p.233.

2 章の追加参考文献

(7) 青木 正義, 1 屈折はりの近似大たわみ, ばね論文集, 1963 巻, 9 号 (1963), pp.90-98.

(8) 青木 正義, 小高忠男, 片持はりにおける大たわみの数値計算法, 精密機械, 31 巻, 9 号 (1965), pp.4-8.

(9) Verma, M. K., and Krishna Murty, A. V., Non-linear bending of beams of variable cross-section, *Int. J. of Mech. Sci.*, Vol.15, 2(1973), pp.183-187, doi : 10.1016/0020-7403(73)90065-9.

(10) Bisshopp, K. E., Approximations for large deflection of a cantilever beam, *Quart. of Appl. Math.*, Vol.30, No.4(1973), pp.521-526.

(11) Lo, C. C., and Das, G. S., Bending of a nonlinear rectangular beam in large deflection, *J. Appl. Mech.*, Vol.45(1978), pp.213-215.

(12) Lewis, G., and Monasa, F., Large deflections of cantilever beams of nonlinear materials, *Comput. Struct.*, Vol.14, 5-6(1981), pp.357-360.

(13) 松村 志真秀, 神保 泰雄, 釣りざおの力学的特性と機能に関する研究 (テーパ付細長い棒の大たわみ解析), 精密機械, 49 巻, 9 号 (1983), pp.1195-1201.

(14) Wilson, J. F., and Snyder, J. M., The elastica with end-load flip-over, *J. Appl. Mech.*, Vol.55, 4(1988), pp.845-848, doi:10.1115/1.3173731.

(15) Goto, Y., Yoshimitsu, T., and Obata, M., Elliptic integral solutions of plane elastica with axial and shear deformations, *Int. J. of Solids and Struct.*, Vol.26, 4(1990), pp.375-390.

(16) Navaee, S., and Elling, R. E., Equilibrium configurations of cantilever beams subjected to inclined end loads, *J. of Appl. Mech.*, Vol.59, No.3(1992), pp.572-579.

(17) Lee, B. K., Wilson, J. F., and Oh, S. J., Elastica of cantilevered beams with variable cross sections, *Int. J. of Non-Lin. Mech.*, Vol.28-5(1993), pp.579-589.

(18) 天田 重庚, 長瀬 裕機人, 傾斜機能材料としての竹の大たわみ解析, 日本機械学会論文集, A 編, 62 巻, 599 号 (1996), pp.1672-1676.

(19) Magnusson, A., Ristinmaa, R., and Ljung, C., Behaviour of the extensible elastica solution, *Int. J. of Solids and Struct.*, Vol.38, 46-47(2001), pp.8441-8457.

(20) Yau, J. D., Closed-form solutions of large deflection for a guyed cantilever column pulled by an inclination cable, *J. Marine Sci. and Tech.*, Vol.18, No.1(2010), pp.130-136.

(21) Mutyalarao, M., Bharathi D., and Rao, B. N., Large deflections of a cantilever beam under an inclined end load, *Appl. Math. and Comp.*, Vol.217, 7(2010), pp.3607-3613.

(22) Sitar, M., Kosel, F., and Brojan, M., Large deflections of nonlinearly elastic functionally graded composite beams, *Archi. of Civ. and Mech. Engng.*, Vol.14(2014), pp.700-709.

(23) Nguyen, D. K., and Gan, B. S., Large deflections of tapered functionally graded

beams subjected to end forces, *Appl. Math. Model.*, Vol.38, 11-12(2014), pp.3054-3066.

(24) Horibe, T., and Mori, K., Large deflections of tapered cantilever beams made of axially functionally graded material, *Solid Mech. and Mater. Engng.*, Vol.5, No.1(2018), pp.1-10.

第 3 章

2 つの支点を有するはり

3.1 ナイフエッジ支点上の真直はり

静定な真直はりにおいてよく見られる支点は，ヒンジ状でありかつローラー支点から成り立っている．これらの支持条件のもとでの剛性の大きなはりの変形形状は，非常に平坦な曲線（変形が小さい）となる．そして，1.1 節で指摘したように変形前の長さと変形後の長さの差は 2 次の微小量である．その結果，この支点の横方向の動き（これはローラー支持の利点であるが）は微小であると見なされている（図 1.1 参照）．一方で，非線形変形を考えると，ローラー支持の横方向の動きはある一定の大きさを持つ．もしも，たわみやすいはりに垂直荷重 P が中心に負荷されるとすれば，その問題は 2.2 節で議論したものと一致する（非対称な荷重の場合には 3.3 節を参照）．

しかし，もしも，点 A と点 B とがナイフエッジ状の支持であり，かつ，はりに作用する荷重とともにはりの長さが変化するものと仮定すると，まったく異なった問題が生じる（図 3.1 参照）．

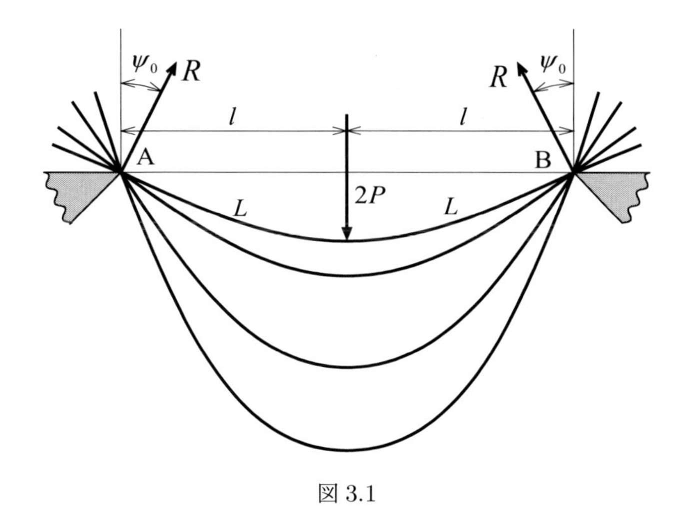

図 3.1

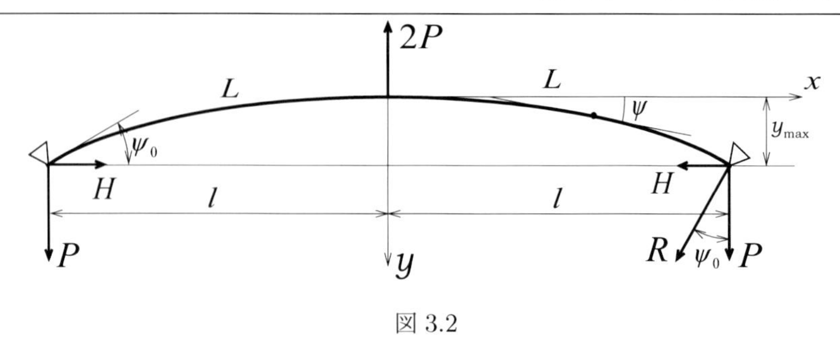

図 3.2

荷重 P の増加とともにはりがより大きくたわむこと（それによりはりの長さ L や支点におけるたわみ角 ψ_0 も増加するが）は容易に理解できる．支点間距離を $2l$，はりの長さを $2L$ とし，はりの中心部に作用する荷重を $2P$ とする．また，作用する荷重は上向きとする．ただし，はりと支持の間に発生する摩擦力は無視してこの問題を解くこととする[(1)]．すると，反力ははりの端点の接線に対して垂直方向に作用する（図 3.2 参照）．はりの微分方程式は以下のようになる．

$$\frac{d\psi}{ds} = \frac{M}{EI} \tag{3.1}$$

ここで，$M = P(l-x) + P\tan\psi_0(y_{\max} - y)$ である．
式（3.1）において，s に関する導関数を求めると以下のようになる．

$$\frac{d^2\psi}{ds^2} = -\frac{P}{EI}\frac{dx}{ds} - \frac{P}{EI}\tan\psi_0\frac{dy}{ds} \tag{3.2}$$

この式（3.2）を積分して

$$\frac{1}{2}\left(\frac{d\psi}{ds}\right)^2 = -k^2\sin\psi + k^2\tan\psi_0\cos\psi + C \tag{3.3}$$

を得る．ここで，$k^2 = P/(EI)$ とする．端点では $\left(\dfrac{d\psi}{ds}\right)_{\psi=\psi_0} = 0$ であり，したがって $C = 0$ となるから

$$\frac{d\psi}{ds} = k\bigl[2(\tan\psi_0\cos\psi - \sin\psi)\bigr]^{\frac{1}{2}} \tag{3.4}$$

となる．また，

$$dy = \frac{\sin\psi\ d\psi}{k\bigl[2(\tan\psi_0\cos\psi - \sin\psi)\bigr]^{\frac{1}{2}}} \tag{3.5}$$

である．次に，$\cos\phi = \bigl[\sin(\psi_0 - \psi)\bigr]^{\frac{1}{2}}$, $\cos\phi_0 = \sqrt{\sin\psi_0}$, $p = \sin(\pi/4)$ の関係式を導入する．これらの関係式によって変数 ψ を ϕ に変換でき，y/l および x/l については以下のような**楕円積分**を用いた式が導かれる．

$$\left.\begin{aligned} \frac{y}{l} &= \frac{\sqrt{2}\sin\psi_0\cos\phi - \cos\psi_0\Phi(p,\phi)}{\sqrt{2}\cos\psi_0\cos\phi_0 + \sin\psi_0\Phi(p,\phi_0)}, \\ \frac{x}{l} &= \frac{\sqrt{2}\cos\psi_0\cos\phi + \sin\psi_0\Phi(p,\phi)}{\sqrt{2}\cos\psi_0\cos\phi_0 + \sin\psi_0\Phi(p,\phi_0)} \end{aligned}\right\} \tag{3.6}$$

ここで，

$$\Phi(p,\phi) = F(p,\phi) - K(p) + 2E(p) - 2E(p,\phi)$$
$$= 0.8472 + F(p,\phi) - 2E(p,\phi)$$

である．また

$$\Phi(p,\phi_0) = 0.8472 + F(p,\phi_0) - 2E(p,\phi_0)$$

であり，さらに，はりの半分の長さ l は

$$l^2 = \frac{EI}{P}\cos\psi_0\left[\sqrt{2}\cos\psi_0\cos\phi_0 + \sin\psi_0\Phi(p,\phi_0)\right]^2 \tag{3.7}$$

と求められる (2) *1．

はりは $\psi_0 = \pi/2$ まで変形可能である．もしも，$\psi_0 > \pi/2$ のときは，点 A と点 B における反力の垂直成分は垂直荷重 $2P$ と同じ方向を向き，つり合いがとれなくなる．この状態は式（3.5），式（3.6）より

$$\frac{y}{l} = \frac{(2\cos\psi)^{\frac{1}{2}}}{\Phi(p,0)} = 1.6693\sqrt{\cos\psi} \tag{3.8}$$

$$\frac{x}{l} = \frac{\Phi(p,\phi)}{\Phi(p,0)} = 1.1803\Phi(p,\phi) \tag{3.9}$$

と表される．

式（3.7）より，**無次元荷重** $Pl^2/(EI)$ を変数 ψ_0 の関数として表すことができる．$\psi_0 = 38.301°$ のとき無次元荷重は最大値をとり，その大きさは $(Pl^2/(EI))_{\max} = 0.834$ である．このときの無次元たわみは $y_{\max}/l = 0.4764$ となる．

関数 $k^2l^2 (= Pl^2/(EI)) = \Omega$ および $y_{\max}/l = \eta$ と ψ_0 の関係を図 3.3 に示す．荷重 $2P$ は 2 つの鉛直方向の反力とつり合っており，$P = R\cos\psi_0$ となる（R は反力）．荷重を徐々に増加させていくと，ついには鉛直方向成分（単調に減少する $\cos\psi_0$ の大きさに応じて変化するが）の反力と負荷荷重とのつり合いがとれない形にまではりは変形する．この

---

*1 訳注：式（3.6），（3.7）を誘導するにはやや手間を要する．以下，式（3.6）の誘導手順を示す．まず，$\cos^2\phi = \sin(\psi_0 - \psi)$ の関係を用いて，式（3.5）を

$$dy = \frac{1}{k}\frac{\sin\psi\sqrt{\cos\psi_0}}{\sqrt{1-p^2\sin\phi}}d\phi$$

と変形する．ここで，$p = 1/\sqrt{2}$ である．次に，$\cos^2\phi = \sin(\psi_0 - \psi) = \sin\psi_0\sqrt{1-\sin^2\psi} - \cos\psi_0\sin\psi$ の関係を用いて，$\sin\psi$ を以下のように求める．

$$\sin\psi = \sin\psi_0\sin\phi\sqrt{1+\cos^2\phi} - \cos^2\psi\cos\psi_0$$

この $\sin\psi$ を dy の式に代入すると

$$dy = \frac{\sqrt{\cos\psi_0}}{k}\left[-2\cos\psi_0\sqrt{1-p^2\sin^2\phi} + \frac{\cos\psi_0}{\sqrt{1-p^2\sin^2\phi}} + \sqrt{2}\sin\psi_0\sin\phi\right]d\phi$$

これを y について $0 \sim y$, ϕ について $\phi \sim \pi/2$ まで積分すれば式（3.6）の分子を得ることができる．他の式も同様に誘導できる．

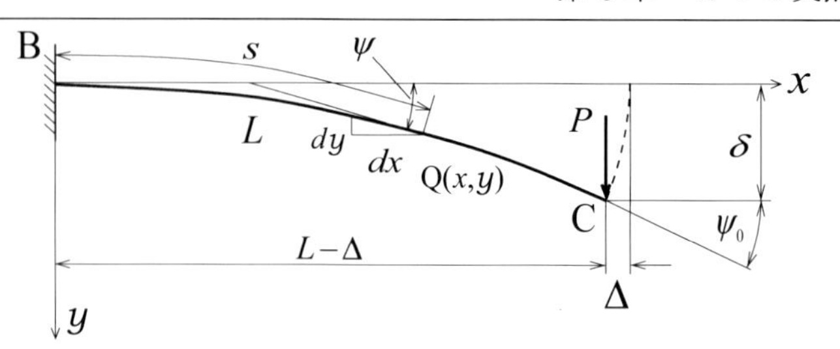

図 3.3 Gospodnetic[1] による

状態になればはりは2支点の間を滑り落ちるだろう．図からわかるように，$k^2l^2 = \Omega(\psi_0)$ は，すべての $P < P_{\max}$ に対して2つの値をとる．しかし，図3.3に示されるように，左側の領域だけが安定である．関数 $\Omega(\psi_0)$ の振る舞いは以下のことを示している．すなわち，はりに微小変位 dy を与えることによって生じる**ひずみエネルギー**の増分は，$P < P_{\max}$ の範囲では，外力による仕事 Pdy よりも大きい．一方で，$P > P_{\max}$ の不安定な範囲では，外力による仕事の増分 Pdy がひずみエネルギー増分よりも大きい．

もちろん，以上の説明は**大変形**のもとでの問題である．**微小変形理論**の枠組みでは，(−それでも非線形性を有しているが−)，この問題は以下のように近似計算される．

中心に荷重 $2P$ が作用し，さらに軸力 H も加わっている図3.4に示すような単純支持はりを考える．

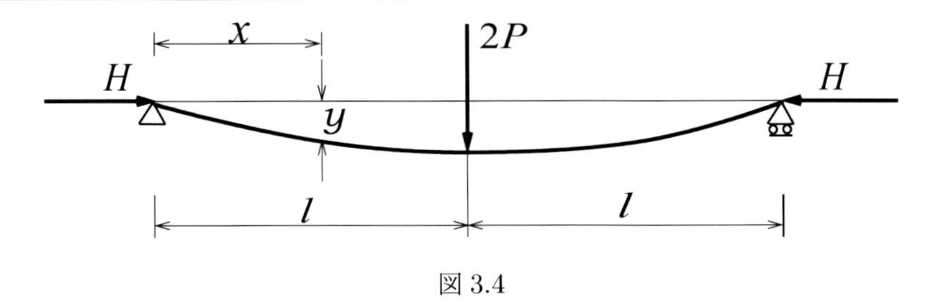

図 3.4

そのたわみは，収束の速い級数によって次のように表すことができる (2) *2.

$$y = \frac{32Pl^3}{\pi^4 EI} \sum_{n=1,3,5,\cdots}^{\infty} \left[n^2 \left(n^2 - \frac{4Hl^2}{\pi^2 EI} \right) \right]^{-1} \sin \frac{n\pi x}{2l} \tag{3.10}$$

ナイフエッジ状でかつ摩擦がないという支点の条件から

$$H = P \left(\frac{dy}{dx} \right)_{x=0} = P y_0'$$

が要請される．

以下のような無次元記号

$$\tau = \frac{4Pl^2}{\pi^2 EI}$$

を導入し，式（3.10）を微分すると

$$y_0' = \frac{4\tau}{\pi} \sum_{n=1,3,5,\cdots}^{\infty} \frac{1}{n(n^2 - \tau y_0')} \tag{3.11}$$

となる．この級数の最初の項だけを採用すると

$$y_0' = \frac{4\tau}{\pi} \left(\frac{1}{1 - \tau y_0'} \right) \text{すなわち，} y_0' = \frac{1}{2\tau} \pm \left(\frac{1}{4\tau^2} - \frac{4}{\pi} \right)^{\frac{1}{2}}$$

---

*2 訳注：式（3.10）は，フーリエ級数解であるが，これは以下のように導かれる．すなわち，たわみを

$$y = \sum_{n=1}^{\infty} a_n \sin \frac{n\pi x}{2l}$$

と仮定する．ここで，a_n は任意定数．次に，図 3.4 のはりの全ポテンシャルエネルギー

$$\Pi = \frac{EI}{2} \int_0^{2l} \left(\frac{d^2 y}{dx^2} \right)^2 dx - 2P \times (y)_{x=l} - H \times \frac{1}{2} \int_0^{2l} \left(\frac{dy}{dx} \right)^2 dx$$

を考え，これにフーリエ級数解を代入する．このとき，Π を最小化するように a_n を決定すると式 (3.10) が得られる．ただし，

$$\int_0^{2l} \sin \frac{n\pi x}{2l} \sin \frac{m\pi x}{2l} dx = 0 \quad (m \neq n), \quad \int_0^{2l} \sin^2 \frac{n\pi x}{2l} dx = l \quad (m = n)$$

の関係（直交性）を利用する．

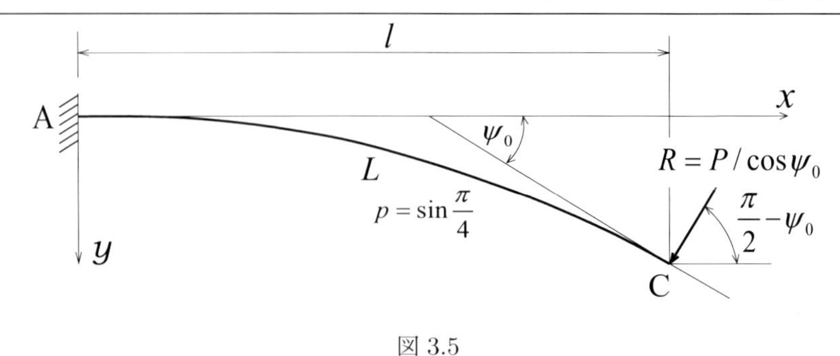

図 3.5

を得る．微分 y_0' は，$1/(4\tau^2) \geq 4/\pi$ である場合に存在し，そうでない場合にはつり合いがとれない．$\tau = \sqrt{\pi}/4$ の関係より**臨界荷重**が

$$P_{\max} = \frac{\sqrt{\pi}\pi^2 EI}{16l^2} = \frac{1.09}{l^2} EI \tag{3.12}$$

と得られる．この値は，$0.834EI/l^2$ より約 31 パーセント大きい．

また，本節の問題は 2.6 節で誘導した公式を利用することによっても解析可能である．図 3.2 の右側を中心で固定したものと考える（図 3.5 参照）．この片持ちはりがどのように変形しても，傾いた荷重 R ははり先端部における接線方向に対して常に垂直であるということに注意しよう [(3)]．式（1.15）より母数 p は $p = \sin(\pi/4)$ となる．また，式（2.66）より，はりの水平成分の長さは以下のように求められる．

$$l = \frac{1}{k}\big\{\cos(\pi/2 - \psi_0)[F(p,m) - K(p) + 2E(p) \\ - 2E(p,m)] + 2p\sin(\pi/2 - \psi_0)\cos m\big\}$$

ここで，

$$p = \sin(\pi/4), \quad m = \sin^{-1}\left[\frac{\sin[(\pi/2 - \psi_0)/2]}{p}\right], \quad k = \left(\frac{P}{EI\cos\psi_0}\right)^{\frac{1}{2}}$$

l についての式をさらに整理すると次式を得る．

$$l = \frac{1}{k}\big\{\sin\psi_0 \Phi(\pi/4, m) + \sqrt{2}\cos\psi_0 \cos m\big\} \tag{3.13}$$

ここで，$m = \sin^{-1}\big[\cos(\psi_0/2) - \sin(\psi_0/2)\big]$ であり，k は先に定義したものと同じである．式（3.13）は ψ_0 について解くことができ，したがって

$$L = \frac{1}{k}\big[K(\pi/4) - F(\pi/4,\ m)\big] \tag{3.14}$$

を得る．また，

$$y_{\max} = y_C = \frac{1}{k}\big[\sqrt{2}\sin\psi_0\cos m + \cos\psi_0 \Phi(\pi/4,\ m)\big] \tag{3.15}$$

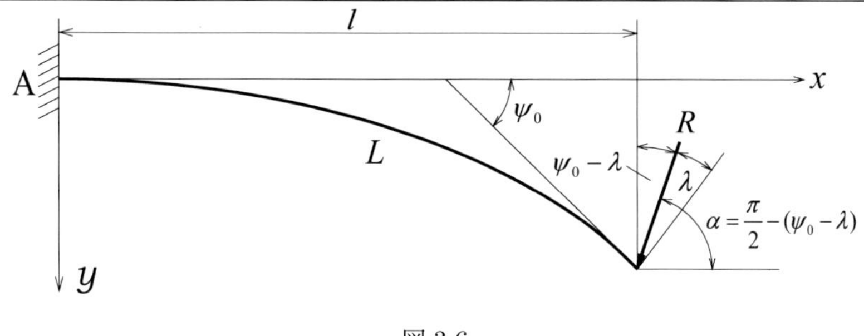

図 3.6

となる．$\cos\phi_0 = \cos m = (1-\sin^2 m)^{1/2} = \sin\psi_0$ なので，式（3.7）から P は ψ_0 の関数として表される．

以上の解析は，支点において摩擦がないものとして考えている．もしも，支点摩擦を考慮した場合には，反力は接線方向とその垂直方向からなり，水平に対して $\alpha = \pi/2-(\psi_0-\lambda)$ 傾く（図 3.6 参照）．ここで，$\mu = \tan\lambda$ は**摩擦係数**（coefficient of friction）である．反力 R の垂直成分は P とつり合うので，$R = P/\cos(\psi_0-\lambda)$ と表すことができる．また，$(\pi/2-\psi_0)$ を $\{\pi/2-(\psi_0-\lambda)\}$ へと置換することにより，先に導いた関係式を用いることができる．これより，

$$l = \frac{1}{k}\big[\sin(\psi_0-\lambda)\Phi(p,n) + 2p\cos(\psi_0-\lambda)\cos n\big] \tag{3.16}$$

ここで，

$$k = \left[\frac{P}{EI\cos(\psi_0-\lambda)}\right]^{\frac{1}{2}}, \quad p = \sin(\pi/4+\lambda/2)$$

かつ

$$n = \sin^{-1}\left[\frac{\cos[(\psi_0-\lambda)/2] - \sin[(\psi_0-\lambda)/2]}{\cos(\lambda/2)+\sin(\lambda/2)}\right]$$

である．P と ψ_0 の関係は，式（3.16）を P について解くことにより得られ(3)，

$$\begin{aligned} P = \Theta(\psi_0,\lambda) = \frac{EI}{l^2}\cos(\psi_0-\lambda)\big[&\sin(\psi_0-\lambda)\Phi(p,n) \\ &+ 2p\cos(\psi_0-\lambda)\cos n\big]^2 \end{aligned} \tag{3.17}$$

となる．

λ をパラメータとし，関数 $Pl^2/EI = \Theta(\psi_0,\lambda)$ を図 3.7 に示す．各グラフの頂点を破線で結んだ線は，最大荷重 $P_{\max}$ と摩擦係数の関係を与える．これを $P_{\max} = \beta EI/l^2$ としたときの β の値を表 3.1 に示す[*3]．

表 3.1 を用いれば，異なる金属同士の摩擦係数－油で潤滑されているかあるいは潤滑されていないかに関係なく－を求めることができる．**臨界荷重**（critila load）すなわちは

[*3] 訳注：表 3.1 の $\lambda = 70°$ のときの β の値は原著では 2.377 となっているが，ここでは正しい値 2.299 と訂正している．

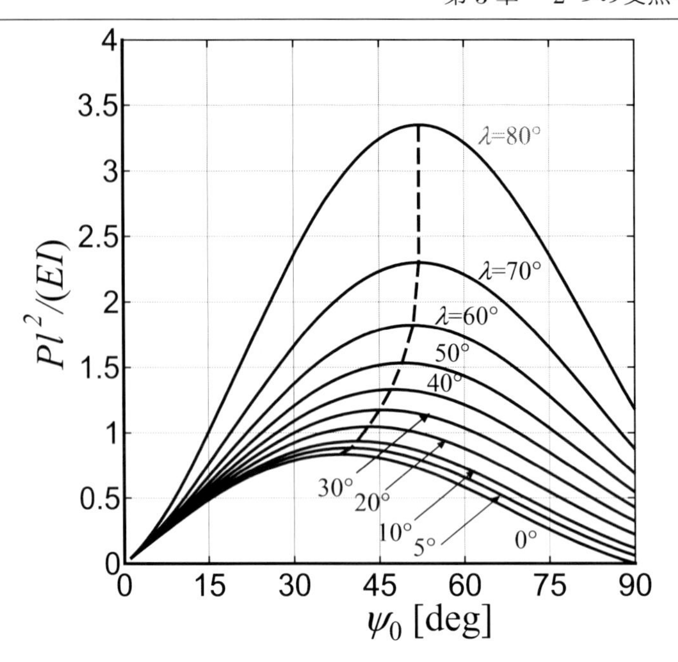

図 3.7

表 3.1

λ	0	5	10	20	30	40	50	60	70	80
β	0.8345	0.8848	0.9347	1.046	1.174	1.33	1.532	1.821	2.299	3.349

りが両支点の間からすり抜けるのを引き起こす荷重 $P_{\max}$ を測るためには，図 3.8 のような簡単な実験を行えばよい．3 つの異なる弾性変形の様子を図 3.8 に示す．図中の上側および下側の変形を生じさせている荷重は同一で，$P_{\max}$ より小さい．図の中央の変形は，$P_{\max}$ の荷重を受けたときにはりがまさに滑り出そうとする場合である．

摩擦のない支点上のはりの弾性変形は，変形後の長さが $2L$ である円弧を用いることでも解析できる．図 3.9 に示す円弧は，この条件を満たしているものと仮定する．σ を中心角の半分とし，R を円の半径としよう [(4)]．このとき，たわみがさほど大きくなければ，円弧からの変位の大きさは，線形理論のもとでの負荷前の直線状のはりと負荷後のはりの変位差と同程度であることがわかる．

したがって，円の半径を既知とすると半径方向の変位 y（式（3.9）参照）は線形微分方程式を用いて以下のように計算できる．

まず，P と H の関係は

$$\frac{H}{P} = \frac{(\Lambda_1 - \Lambda_2)/(k^2 l^2)}{\Lambda_3}$$

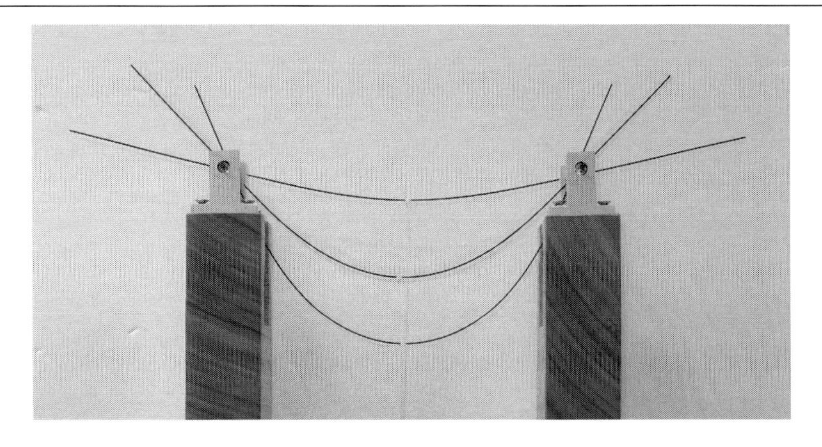

図 3.8

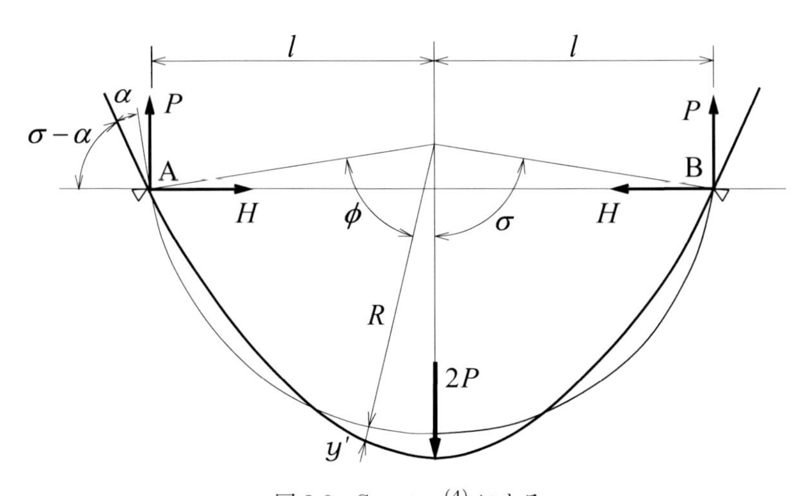

図 3.9　Sonntag(4) による

となる．ここで，

$$
\begin{aligned}
k^2 l^2 &= \frac{Pl^2}{EI}, \\
\Lambda_1 &= \sin^2\sigma\left(\sin\sigma - \sigma\cos\sigma\right), \\
\Lambda_2 &= \cos\sigma - \frac{3}{4}\cos 2\sigma - \frac{1}{2}\sigma\sin 2\sigma - \frac{1}{4}, \\
\Lambda_3 &= \frac{1}{2}\sigma\cos 2\sigma - \frac{3}{4}\sin 2\sigma + \sigma
\end{aligned}
$$

である．また，$H/P = \tan(\sigma - \alpha)$ という関係もある．ここで，α は端点 A における円弧の接線と変形後の線分とのなす角である．以上の 2 つの式を組み合わせると

$$
k^2 l^2 = \frac{1}{\Lambda_3 \tan(\sigma - \alpha) + \Lambda_2} \tag{3.18}
$$

を得る．この角度 α は，荷重が負荷されたことにより円形はりが支点で回転したことに

よって生じる角である．したがって，

$$\alpha = -\frac{R}{EI}\int_0^{\sigma} M_\phi \, d\phi$$

である．ここで，M_ϕ は角度 ϕ の関数として表される曲げモーメントである．M_ϕ は次式のように表される．

$$M_\phi = -\frac{EI}{R} + PR\{\sin\sigma - \sin(\sigma-\phi)\} + HR\{\cos(\sigma-\phi) - \cos\sigma\}$$

ここで，以下の記号

$$\Lambda_4 = \frac{\sigma\sin\sigma + \cos\sigma - 1}{\sin^2\sigma}, \quad \Lambda_5 = \frac{\sin\sigma - \sigma\cos\sigma}{\sin^2\sigma}$$

を導入すると次式を得る．

$$k^2l^2 = \frac{\sigma - \alpha}{\Lambda_4 + \Lambda_5\tan(\sigma-\alpha)} \tag{3.19}$$

角度 α は十分に小さいため，$\tan\alpha \approx \alpha$ と置ける．したがって次式が得られる．

$$\tan(\sigma-\alpha) = \frac{\tan\sigma - \alpha}{1 + \alpha\tan\sigma}$$

上式を式（3.18），式（3.19）に代入すると

$$\alpha = c + \sqrt{c^2 + d} \tag{3.20}$$

を得る．ここで，

$$c = \frac{\cos 2\sigma + \sigma\sin\sigma - (1-\sigma^2/2)\cos\sigma}{3\sigma\cos\sigma - \sin 2\sigma - \sin\sigma},$$
$$d = \frac{(2-\sigma^2)\sin\sigma - \sin 2\sigma}{3\sigma\cos\sigma - \sin 2\sigma - \sin\sigma}$$

である．はじめに σ に任意の値を与えることにより，式（3.20）と式（3.19）（あるいは式（3.18））を用いて k^2l^2 が求められ，したがって P の値が得られる．変形しているはり(変位は円弧からの変形量として測っている) の方程式は

$$\frac{d^2y}{d\phi^2} + y = -\frac{R^2}{EI}M_\phi \tag{3.21}$$

である．ここで，

$$\frac{PR^3}{EI} = p, \quad \frac{HR^3}{EI} = h,$$
$$t_0 = R + p\sin\sigma - h\cos\sigma,$$
$$t_1 = p\sin\sigma - h\cos\sigma,$$
$$t_2 = p\cos\sigma + h\sin\sigma$$

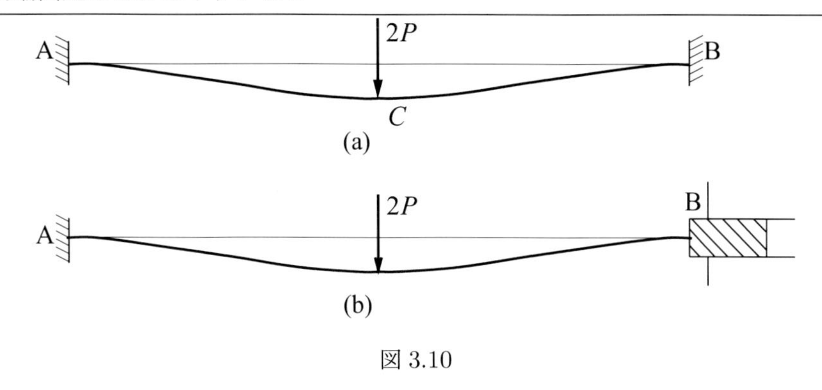

図 3.10

を導入すると，式（3.21）の解は

$$y = D\sin\phi + t_0\cos\phi - t_0 + \frac{1}{2}t_1\phi\sin\phi + \frac{1}{2}t_2\phi\cos\phi \tag{3.22}$$

となる．ここで，

$$(y')_{\phi=\sigma} = 0$$

とおくと

$$D = -\frac{1}{\cos\sigma}\left[R\sin\sigma + \frac{1}{2}p\cos 2\sigma + \frac{1}{2}h(\sin 2\sigma - \sigma)\right]$$

と決定される．これらの式は，$k^2l^2 \leq 0.3$ ならば，正解に対する誤差が 1% 以内の結果を与える．

一方，摩擦がない支点上のはりの変形の大きさを求める図式解法が Biezeno によって提案されている [(5)]．この方法は，中心まわりに対称に曲げ剛性が変化するはりにも適用できる．

3.2 両端固定のたわみやすいはり

両端が固定され，中央に垂直な荷重が負荷されている一様な**曲げ剛性** EI を有するはりは，**不静定**問題である（図 3.10(a) 参照）．点 A と点 B における曲げモーメントは $-Pl/2$ であり，点 C では $M_c = +Pl/2$ である．厳密に言えば，このような結果は，図 3.10(b) に示すはり，すなわち，固定端 B において曲げモーメントとせん断力を支えるけれども軸力は支えないはりの場合にのみ成立する．このとき，曲げモーメントとはりのたわみは荷重と線形関係にある．しかし，点 A および点 B における水平方向に関する動きが拘束されたはりにおいてはこの線形関係は成立しない [(6)]．通常のはり理論では，たわみ曲線が AB 間の直線より長くなることを考慮していないが，両端の水平変位が拘束された場合には，せん断応力と曲げモーメントのほかに，はりが伸びることによって軸力が発生する．

1.1 節で述べたように，たわみやすいはりには曲率に対する近似公式が使えない．しかし，本問題で重要なのは，はりの曲げ剛性から生じる大きなたわみではなく，むしろ軸力

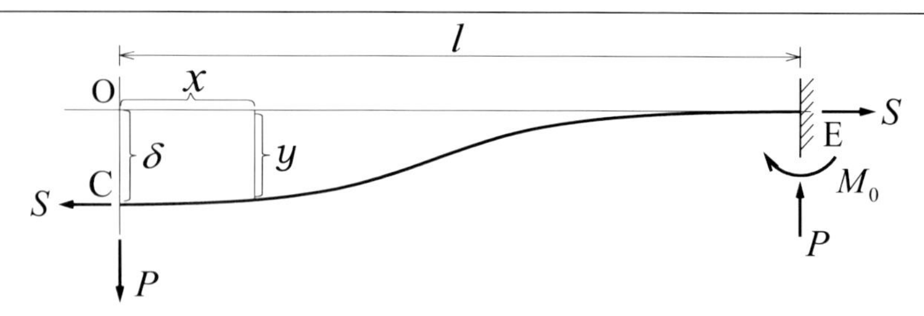

図 3.11

の存在のほうである．図 3.10(a) におけるはりのたわみは，実際には図 3.10(b) のたわみよりも小さい．**大変形**のもとでは，$2l$ と弾性曲線 $2L$ の長さが大きく異なることを意味しており，したがって大きな軸力 S が生じるということになる．なお，弾性変形の範囲内に留めるには，軸力 S は一定値を超えることができない．はりのたわみ δ についても同様に一定値を超えられないという制限が生じる．したがって，この種の問題には曲率の近似式を利用することができ，この近似式を用いて解くことができる．

図 3.11 のはりを考えよう．対称性を考慮して右半分だけを解析する．任意点 (x, y) における曲げモーメントは

$$M = EI\frac{d^2y}{dx^2} = Sy + M_0 - P(l - x) \tag{3.23}$$

となる．ここで，M_0 は固定端 E における反モーメントである．式（3.23）の解は

$$y = C_1 \cosh tx + C_2 \sinh tx + Ax + B \tag{3.24}$$

である．ここで，$t = \sqrt{(S/EI)}$ であり，C_1, C_2, A および B は境界条件などから決定される未定係数である．式（3.23）に式（3.24）を代入すると次式のようになる．

$$\begin{aligned} &C_1 EIt^2 \cosh tx + C_2 EIt^2 \sinh tx \\ =&C_1 S \cosh tx + C_2 S \sinh tx + ASx + BS + Px + M_0 - Pl \end{aligned} \tag{3.25}$$

式（3.25）の x の係数を比較すると次式を得る．

$$A = -P/S, \quad B = (Pl - M_0)/S \tag{3.26}$$

また，境界条件

$$\left(\frac{dy}{dx}\right)_{x=0} = 0\ , \ \left(\frac{dy}{dx}\right)_{x=l} = 0$$

より，

$$C_1 = \frac{P}{S}\left(\frac{1 - \cosh tl}{t \sinh tl}\right) = -\frac{P}{St}\tanh(tl/2), \quad C_2 = -\frac{A}{t} = \frac{P}{St}$$

となる．

未知モーメント M_0 を求めるために，$(y)_{x=l}=0$ であることに注目する．これより

$$-\frac{P}{St}\tanh(tl/2)\cosh tl+\frac{P}{St}\sinh tl-\frac{M_0}{S}=0$$

を得る．したがって

$$\begin{aligned}M_0&=-\frac{P}{t}\left[\frac{\cosh tl-1}{\sinh tl}\cosh tl-\sinh tl\right]\\&=\frac{P}{t}\tanh(tl/2)\end{aligned}\tag{3.27}$$

となる．

たわみを表す式は，A, B, C_1, C_2 および M_0 を式（3.24）に代入することによって得られ

$$y=\frac{P}{St}\{\sinh tx-\tanh(tl/2)(1+\cosh tx)\}+\frac{P}{S}(l-x)\tag{3.28}$$

となる．はりの中央 $x=0$ でたわみは最大値 $y_{\max}=\delta$ を生じ，

$$\delta=\frac{Pl^3}{4EI}\eta(u)\tag{3.29}$$

を得る．ここで，$\eta(u)$ は

$$\eta(u)=\frac{u-\tanh u}{u^3},\quad u=tl/2\tag{3.30}$$

である．$S=0$ すなわち $t=0$ のときには

$$\eta(u)=\lim_{u\to 0}\left(\frac{u-\tanh u}{u^3}\right)=\frac{1}{3}$$

となる．以上より

$$\delta=\frac{Pl^3}{12EI}\left(=\frac{(2P)(2l)^3}{192EI}\right)$$

が導かれる．これは通常のはり理論から得られるたわみ量である（図 3.10(b) 参照）．

式（3.29）は未知数 u を含んでいるが，この u は，同じく未知数である t の関数である．したがって，δ を求めるためには別な関係式が必要となる．その関係は，変形によって生じるはりの縦方向の伸びから求めることができる．本節より以前に取り扱ったはりのすべての問題では，変形中にはりは伸びないものと考え，この**不伸長の仮定**によって変形の大きさを評価するのに必要な式が与えられたことを思い返そう．

たわみ曲線 $y=f(x)$ の長さは

$$s=\int_0^l\left[1+\left(\frac{dy}{dx}\right)^2\right]^{\frac{1}{2}}dx$$

により得られる. この節の冒頭で述べたように，ここでは小さなたわみのみを考えるので，dy/dx は 1 に比べて小さい．したがって

$$s \approx \int_0^l \left[1 + \frac{1}{2}\left(\frac{dy}{dx}\right)^2\right] dx = l + \frac{1}{2}\int_0^l \left(\frac{dy}{dx}\right)^2 dx$$

となる．これより，はりの長さの変化量は

$$\Delta l = s - l = \frac{1}{2}\int_0^l \left(\frac{dy}{dx}\right)^2 dx \tag{3.31}$$

により表すことができる.

一方，はりのたわみ角は小さいので，軸力 S ははりに沿って一定であるとみなすことができる．したがって

$$S = A_c E \frac{\Delta l}{l} = \frac{A_c E}{2l}\int_0^l \left(\frac{dy}{dx}\right)^2 dx \tag{3.32}$$

が成り立つ．ここで，A_c ははりの断面積である．式 (3.24) を微分して 2 乗し，式 (3.32) へ代入すると

$$\begin{aligned} S = \frac{A_c E}{2l}\Big\{&(C_1^2 + C_2^2)\frac{t}{4}\sinh 2tl + (C_2^2 \quad C_1^2)t^2 l/2 \\ &+ C_1 C_2 t(\cosh 2tl - 1)/2 + A^2 l \\ &+ 2AC_1(\cosh tl - 1) + 2AC_2 \sinh tl\Big\} \end{aligned}$$

を得る．この式に C_1, C_2 および A を代入すると

$$S^3 = \frac{A_c E P^2}{2}\left\{\frac{1}{4tl}\xi(u) - \frac{1}{2}\tanh^2 u + \frac{3}{2}\right\} \tag{3.33}$$

となる．ここで，

$$\begin{aligned} \xi(u) = &\tanh^2(tl/2)\sinh 2tl + \sinh 2tl + 2\tanh(tl/2) \\ &- 2\tanh(tl/2)\cosh 2tl + 8\tanh(tl/2)\cosh tl \\ &- 8\tanh(tl/2) - 8\sinh tl \end{aligned}$$

また，

$$\tanh(tl/2) = \frac{\cosh tl - 1}{\sinh tl} = \frac{\sinh tl}{\cosh tl + 1}$$

であるから，$\xi(u)$ は $-12\tanh(tl/2)$ と簡略化される.

したがって

$$S^3 = \frac{A_c E P^2}{2}\left[\frac{3}{2} - \frac{1}{2}\tanh^2 u - \frac{3}{2}\frac{\tanh u}{u}\right]$$

を得る．さらに，上式から P を求めると

$$P = \left(\frac{2S^3}{A_c E}\right)^{\frac{1}{2}}\left(\frac{3}{2} - \frac{1}{2}\tanh^2 u - \frac{3}{2}\frac{\tanh u}{u}\right)^{-\frac{1}{2}} \tag{3.34}$$

となる．一方，$S=EIt^2$ より，式（3.34）は次のようにも表すことができる．

$$P=\frac{8EI(2I/A_c)^{\frac{1}{2}}}{l^3}u^3\left(\frac{3}{2}-\frac{1}{2}\tanh^2u-\frac{3}{2}\frac{\tanh u}{u}\right)^{-\frac{1}{2}}$$

この P についての式と式（3.30）より

$$\delta=2\left(\frac{2I}{A_c}\right)^{\frac{1}{2}}(u-\tanh u)\left(\frac{3}{2}-\frac{1}{2}\tanh^2u-\frac{3}{2}\frac{\tanh u}{u}\right)^{-\frac{1}{2}} \tag{3.35}$$

となる．

たわみ δ を荷重 P で表すには，はじめに u に適当な値を代入して式（3.34）から P を求める．次に同じ u の値を式（3.35）に代入すれば，P によって生じるたわみ δ を得られる．これらの式から，P と δ の間には線形の関係がないことがわかる．

任意点 $(x,\ y)$ における曲げモーメントは

$$M_x=Sy+Px+M_0-Pl$$

により求められる．式（3.27）と式（3.28）を用いると，曲げモーメントは

$$M_x=\frac{P}{t}\left[\sinh tx-\tanh u\cosh tx\right] \tag{3.36}$$

と表される．式（3.36）から直ちに

$$(M)_{x=l/2}=0$$

が得られる．

$x=l$ の位置の曲げモーメントは

$$M_l=\frac{P}{t}\left[\sinh tl-\tanh u(2\cosh^2u-1)\right]=\frac{P}{t}\tanh u=M_0$$

となる．

はりの最大応力を得るには，曲げモーメントに応じて変化する曲げ応力に軸力 S による応力 S/A_c を重ね合わせればよい．最大曲げモーメントが M_0 であるから，点 E では次のような最大応力 $f_{\max}$ を得る．

$$f_{\max}-\frac{M_0}{Z}+\frac{S}{A_c}=\frac{Pl}{2Z}\frac{\tanh u}{u}+\frac{4EI}{A_cl^2}u^2$$

ここで，はりの断面を長方形断面として考えよう．b をはりの幅，h をはりの高さとすると最大応力は以下のようになる．

$$\begin{aligned}f_{\max}&=\frac{2Eh^2}{\sqrt{6}l^2}u^2\tanh u\left(\frac{3}{2}-\frac{1}{2}\tanh^2u-\frac{3}{2}\frac{\tanh u}{u}\right)^{-\frac{1}{2}}+\frac{1}{3}E\left(\frac{h}{l}\right)^2u^2\\&=\frac{1}{3}E\left(\frac{h}{l}\right)^2u^2\left[1+\sqrt{6}\tanh u\left(\frac{3}{2}-\frac{1}{2}\tanh^2u-\frac{3}{2}\frac{\tanh u}{u}\right)^{-\frac{1}{2}}\right]\end{aligned} \tag{3.37}$$

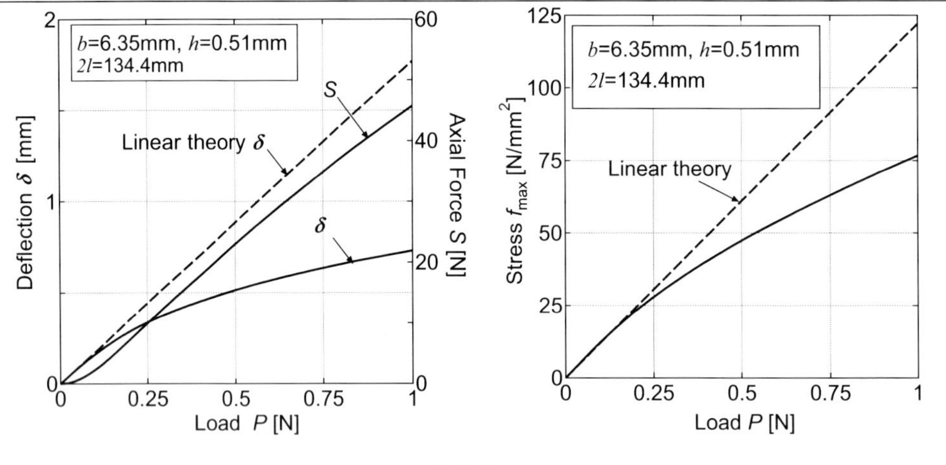

図 3.12

角括弧内の第 1 項は軸力からの寄与分であり，第 2 項は曲げモーメントからの寄与分である．ここで，もしも，$t=(S/EI)^{\frac{1}{2}} \to \infty$ ならば第 2 項は $\sqrt{6}$ となるので，2 つの応力の比は $1:\sqrt{6}$ となる．t が減少すると曲げモーメントの寄与分が徐々に増加し，もしも t が 0（非常に剛性の大きいはり）に限りなく近いときには，軸力の影響はなくなる．式 (3.37) の括弧内の第 2 項中の $\sqrt{6}$ という大きさは矩形断面のときだけにあてはまることが，以上の議論からわかるだろう．

一例として，両端を固定し中央に荷重 $2P$ を受ける板ばねを考えよう．板ばねの全長を $2l=6$ in.（$=134.4$ mm）とし，断面寸法を幅 0.25 in.（$=6.35$ mm），厚さ 0.02 in.（$=0.51$ mm）とする．荷重 P を変化させたときのたわみ δ を求めてみる．板ばねの特性値は，断面 2 次モーメント $I=1/6\times10^{-6}$ in.^{4}（$=0.06937$ mm^4），断面積 $A_c=5\times10^{-3}$ in.^{2}（$=3.226$ mm^2），縦弾性係数 $E=3\times10^7$ lb/in.^{2}（$=21092$ kgf/mm^2=206 GPa）とする．$u=tl/2$ の値として，1/2, 1, 3/2, 2 を考え，これらを式 (3.34)，式 (3.35) および式 (3.37) に代入することにより P, δ および $f_{\max}$ を求めることができる．また，水平力は $S=EIt^2=4EIu^2/l^2=2.22u^2$[lb]（$=850.6u^2$[N]）となる．たわみと軸力を P の関数として図 3.12 に示す．応力も同様に図に示されている．また，比較のために線形理論により計算されたたわみと応力を破線で示している．

図 3.11 に示すはりにおいて，中央集中荷重 $2P$ の代わりに等分布荷重 w を受ける場合を考えると，解くべき基礎方程式は

$$M=EI\frac{d^2y}{dx^2}=Sy+M_0-\frac{1}{2}w(l^2-x^2) \tag{3.38}$$

である．本問題の境界条件を満たす式 (3.38) の特殊解は

$$y=\frac{wl}{St\sinh 2u}\cosh tx+\frac{(l^2-x^2)}{2S}-\frac{wl}{St}\coth 2u \tag{3.39}$$

となる．ここで，式中の t, u はそれぞれ

$$t = (S/EI)^{\frac{1}{2}},\ u = tl/2$$

である．固定端における曲げモーメントは

$$M_0 = wl^2 \left(\frac{\coth 2u}{2u} - \frac{1}{4u^2} \right) \tag{3.40}$$

と表せる．点 C のたわみは式（3.39）において $x = 0$ とすることにより得られ

$$\delta = \frac{wl^4}{8EI} \frac{u - \tanh u}{u^3} = \frac{wl^4}{8EI} \eta(u) \tag{3.41}$$

となる．ここで，関数 $\eta(u)$ は集中荷重でも分布荷重の場合でも同じである．剛性の大きなはりにおいては $S = t = 0$ であり，したがって $u = 0$ である．この場合の値を代入すると 式（3.40）および式（3.41）は，それぞれ

$$M_0 = \frac{wl^2}{3} \left(= \frac{w(2l)^2}{12} \right),\quad \delta = \frac{wl^4}{24EI} \left(= \frac{w(2l)^4}{384EI} \right)$$

となる．この 2 つの結果は通常のはり理論に基づく結果に等しい．さて，

$$S = A_c E \frac{\Delta l}{l} = \frac{A_c E}{2l} \int_0^l \left(\frac{dy}{dx} \right)^2 dx$$

より，次式を得る．

$$S^3 = \frac{w^2 l^2 A_c E}{4} \left[\frac{2}{3} + \frac{1}{u^2} - \frac{3 \coth 2u}{2u} - \frac{1}{\sinh^2 2u} \right]$$

この式に $S = EIt^2$ を代入すると

$$wl^4 = 16EIr_g u^3 \left(\frac{2}{3} - \frac{3 \coth 2u}{2u} - \frac{1}{\sinh^2 2u} + \frac{1}{u^2} \right)^{-\frac{1}{2}} \tag{3.42}$$

を得る．ここで，式中の r_g は曲げ変形を生じる面内における**回転半径**(radius of gyration) であり，$r_g = (I/A_c)^{\frac{1}{2}}$ である．式（3.41）と式（3.42）を組み合わせて

$$\delta = 2r_g (u - \tanh u) \left(\frac{2}{3} - \frac{3 \coth 2u}{2u} - \frac{1}{\sinh^2 2u} + \frac{1}{u^2} \right)^{-\frac{1}{2}} \tag{3.43}$$

を得る．

中央のたわみ δ と荷重 w の関係 $\delta = \phi(w)$ を求めるには，まず t に種々の値を代入し，この値を式（3.42）と式（3.43）に代入して w と δ を求めればよい．

任意点 (x, y) の曲げモーメントは

$$M_x = wl^2 \left[\frac{\cosh tx}{2u \sinh 2u} - \frac{1}{4u^2} \right] \tag{3.44}$$

により求められ，また，はり中央における曲げモーメントは

$$M_c = wl^2 \left[\frac{1}{2u \sinh 2u} - \frac{1}{4u^2} \right] \tag{3.45}$$

となる．点 E における最大引張り応力は

$$f_{\max} = \frac{wl^2}{Z} \left[\frac{\coth 2u}{2u} - \frac{1}{4u^2} \right] + \frac{EIt^2}{A_c}$$

により計算できる．

横幅 b，高さ h の矩形断面を有するはりの場合には

$$\begin{aligned} f_{\max} =& \frac{1}{3} E \left(\frac{h}{l} \right)^2 u^2 \Bigg[1 + \sqrt{12} (\coth 2u - 1/(2u)) \\ & \times \left(\frac{2}{3} - \frac{3 \coth 2u}{2u} - \frac{1}{\sinh^2 2u} + \frac{1}{u^2} \right)^{-\frac{1}{2}} \Bigg] \end{aligned} \tag{3.46}$$

となる．

この式の角括弧内の第 1 項は軸力からの寄与分，第 2 項は曲げモーメントからの寄与分を表す．もしも，$t \to \infty$（非常にたわみやすいはりの場合）なら第 2 項は $3\sqrt{2}$ となり，2 つの応力の比は $1 : 3\sqrt{2}$ になる．逆に t が小さい場合には，曲げモーメントの影響が支配的になる．

はりが中央に集中荷重 $2P$ を受ける場合には，変曲点は常に一定の位置（$x_0 = l/2$）である．しかし，等分布荷重を受ける場合はそうではない．式（3.44）をゼロと置くことにより変曲点が求められ

$$x_0 = \frac{1}{t} \cosh^{-1} \left[\frac{\sinh 2u}{2u} \right] \tag{3.47}$$

を得る．

数値例として，両端を固定され等分布荷重を受ける板ばねを考える．この板ばねは，幅 $b = 0.25$ in.（$= 6.35$ mm），高さ $h = 0.02$ in.（$= 0.508$ mm），長さ $2l = 20$ in.（$= 508$ mm）とする．縦弾性係数を $E = 3 \times 10^7$ lb/in.^{2}（$= 206$ GPa）とすると，曲げ剛性は $EI = 5$ lb·in.^{2}（$= 14039$ Nmm^2）となる．分布荷重は $w = 0.00142$ lb/in.（$= 2.487 \times 10^{-4}$ N/mm）とし，回転半径は，$r_g = 0.00577$ in.（$= 0.1466$ mm）である．パラメータ t は，式 (3.42) を u について解いて求められる．実際にこの式を解くと u=2.43 となり，したがって $t = 0.486$ [1/in.]（$= 0.01913$[1/mm]）を得る．これより，板ばねの引張り力は $S = EIt^2$=1.161 lb(= 5.26 N) と計算される．中心のたわみを求めるには，式 (3.41) もしくは式 (3.43) を用いればよく，$\delta = 0.0358$ in.（$= 0.909$ mm）となる．張力を無視した通常のはり理論によれば，中央たわみは $\delta' = 0.1183$ in.（$= 3.005$ mm）である．固定端における最大応力は，式 (3.46) から計算され，$f_{\max} = 1620$ lb/in.^{2}(= 11.17 MPa) となる．張力を無視した近似理論では，この最大応力は $f'_{\max} = 2840$ lb/in.^{2}（= 19.59

MPa) に上昇する．変曲点の位置は式 (3.47) を用いて，中心から $x_0 = 6.725$ in. (= 170.8 mm) となる[*4]．

3.3 非対称荷重を受ける両端支持はり

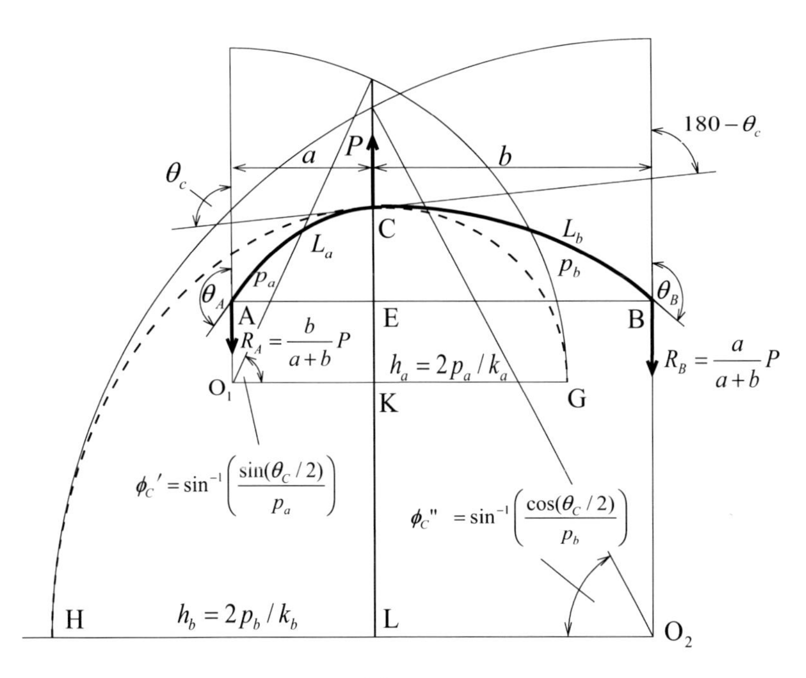

図 3.13

[*4] 訳注：一般に，微小変形を仮定する通常のはり理論のもとでは，等分布荷重 w を受ける長さ $2l$ の両端固定はりの最大たわみは，中央に生じその大きさは，$\delta' = \frac{w(2l)^4}{384EI} = \frac{wl^4}{24EI}$ である．また，最大曲げモーメントは，固定端に生じ，$M_{\max} = \frac{w(2l)^2}{12} = \frac{wl^2}{3}$ である．したがって最大応力は，$\sigma_{\max} = \frac{M_{\max}}{Z} = \frac{wl^2/3}{bh^2/6} = \frac{2wl^2}{bh^2}$ となる．これより，

$$\delta' = \frac{wl^4}{24EI} = \frac{0.00142 \times 10^4}{24 \times 3 \times 10^7 \times (0.25 \times 0.02^3/12)} = 0.11833 \text{ in.}$$

または SI 単位では

$$\delta' = \frac{2.487 \times 10^{-4} \times 254^4}{24 \times 206 \times 10^3 \times (6.35 \times 0.508^3/12)} = 3.018 \text{ mm}$$

となる．応力についても，

$$\sigma_{\max} = \frac{2 \times 0.00142 \times 10^2}{0.25 \times 0.02^2} = 2840 \text{ lb/in.}^2 = 19.59 \text{ MPa}$$

となる．さらに，**微小変形理論**のもとでの変曲点の位置は，等分布荷重 w の大きさに関係なく，はり中心から

$$x_0 = \pm\frac{(2l)}{2}\frac{\sqrt{3}}{3} = \pm 5.774 \text{ in.}(= \pm 146.6 \text{ mm})$$

により与えられる．

図3.13に示すような点Cに集中荷重を受ける両端支持はりACBを考える．このはりの長さは $L_a + L_b = L$ であり，左側支点からの距離 L_a の位置に集中荷重 P を受けるものとする．このはりの一端はローラー支持され，荷重 P は上向きに作用する．はりの初等理論では，はりのAC部分およびCB部分において基礎方程式が立てられ，$M_A = 0$, $M_B = 0$ および点Cでたわみとたわみ角が等しいということから積分定数が決定される．しかし，本問題には，未知数 a, b および反力が変形量の関数であるという点に困難さがある．

弾性相似則の原理を用いてはりを2つのはりに分けて考える．1番目のはり（ACG）は点Gで固定され，点Aに荷重 $R_A = bP/(a+b)$ が作用し，点Cにおけるたわみ角は θ_C である．変形形状は**楕円関数**の母数 p_a で決定され，はりの長さが L_a の場合には

$$L_a = \frac{1}{k_a}\left\{K(p_a) - F\left[p_a, \sin^{-1}\left(\frac{\sin(\theta_C/2)}{p_a}\right)\right]\right\} \tag{3.48}$$

を得る．ここで，

$$k_a = \left(\frac{bP}{EI(a+b)}\right)^{\frac{1}{2}}$$

である．はりACGの補助円の半径は $h_a = 2p_a/k_a$ である．また，図3.13からわかるように $a = h_a \cos\phi'$ となる．さらに，

$$\sin\phi'_C = \frac{\sin(\theta_C/2)}{p_a}$$

から，L_a の水平成分は

$$a = \frac{2}{k_a}\left[{p_a}^2 - \sin^2(\theta_c/2)\right]^{\frac{1}{2}} \tag{3.49}$$

と求められる．

次に2番目のはりBCHについて考える．このはりは点Hで固定され，垂直荷重 $R_B = aP/(a+b)$ が点Bに作用する．はりCBについては

$$L_b = \frac{1}{k_b}\left\{K(p_b) - F\left[p_b, \sin^{-1}\left(\frac{\cos(\theta_C/2)}{p_b}\right)\right]\right\} \tag{3.50}$$

が成り立つ．ここで，$k_b = \left(\dfrac{aP}{EI(a+b)}\right)^{\frac{1}{2}}$ であり，p_b は変形形状を決定する母数である．はりの長さ L_b の水平成分は

$$b = \frac{2}{k_b}\left[p_b^2 - \cos^2(\theta_C/2)\right]^{\frac{1}{2}} \tag{3.51}$$

と求められる．はじめのはりACGで $\sin(\theta_C/2)$ を用い，2番目のはりで $\cos(\theta_C/2)$ を用いた理由は，はじめのはりのたわみ角が θ_C である一方，2番目のはりBCHのたわみ角が $\pi - \theta_C$ となっているためである．したがって

$$\sin\phi''_C = \frac{\sin\left[\pi - (\theta_C/2)\right]}{p_b} = \frac{\cos(\theta_C/2)}{p_b}$$

となる．

未知数 a, b, p_a, p_b および θ_C を求める必要があるが，これまでに 4 つの方程式を得ている．点 C のたわみ CE がはり ACG あるいははり BCH の両者で同一であることに注意することにより，5 番目の方程式が以下のようにして得られる．すなわち，

$$CE = KC - EK = LC - LE \tag{3.52}$$

の関係を用いる．式 (1.20) より $KC - EK = q/k_a, LC - LE = t/k_b$ となるから

$$\frac{q}{t} = \frac{k_a}{k_b} \tag{3.53}$$

を得る．ここで，

$$q = \Phi\Big[p_a, \sin^{-1}\Big(\frac{\sin(\theta_C/2)}{p_a}\Big)\Big]$$

および

$$t = \Phi\Big[p_b, \sin^{-1}\Big(\frac{\cos(\theta_C/2)}{p_b}\Big)\Big]$$

である．また

$$k_a^2 + k_b^2 = k^2$$

の関係もある．ここで，

$$k = (P/EI)^{\frac{1}{2}}$$

である．そこで，角度 α を以下の式

$$\tan\alpha = \frac{k_a}{k_b} = \left(\frac{b}{a}\right)^{\frac{1}{2}}$$

を満たすように決定すれば

$$k_a = k\sin\alpha, \quad k_b = k\cos\alpha \tag{3.54}$$

を得る．

以上より未知数 a, b を 1 つの未知数 α で置き換えられるから，方程式の数を 5 つから 4 つに減らすことができる．それゆえに，本問題は以下の 4 元連立方程式を解けばよい．

$$L_a = \frac{1}{k\sin\alpha}\Big\{K(p_a) - F\Big[p_a, \sin^{-1}\Big(\frac{\sin(\theta_C/2)}{p_a}\Big)\Big]\Big\} \tag{3.55}$$

$$L_b = \frac{1}{k\cos\alpha}\Big\{K(p_b) - F\Big[p_b, \sin^{-1}\Big(\frac{\cos(\theta_C/2)}{p_b}\Big)\Big]\Big\} \tag{3.56}$$

$$\frac{q}{t} = \tan\alpha \tag{3.57}$$

$$\tan\alpha = \left(\frac{p_b^2 - \cos^2(\theta_C/2)}{p_a^2 - \sin^2(\theta_C/2)}\right)^{\frac{1}{2}} \tag{3.58}$$

たわみ曲線の座標に関しては，AC 間では直線 AE を x 軸として考え，そして x および y 軸の原点を点 A として考える．したがって

$$\begin{aligned} x &= \frac{2}{k_a}\left[p_a^2 - \sin^2(\theta/2)\right]^{\frac{1}{2}}, \\ y &= \frac{1}{k_a}\Phi\left[p_a, \sin^{-1}\left(\frac{\sin(\theta/2)}{p_a}\right)\right], \quad \theta_A < \theta < \theta_C \end{aligned} \tag{3.59}$$

を得る．ここで，

$$\theta_A = 2\sin^{-1} p_a$$

である．

区間 BC におけるたわみ曲線の座標は，x 座標が点 B から始まることを除けば同様である．したがって

$$\begin{aligned} x &= \frac{2}{k_b}\left[p_b^2 - \cos^2(\theta/2)\right]^{\frac{1}{2}}, \\ y &= \frac{1}{k_b}\Phi\left[p_b, \sin^{-1}\left(\frac{\cos(\theta/2)}{p_b}\right)\right], \quad \theta_C < \theta < \theta_B \end{aligned} \tag{3.60}$$

となる．ここで，

$$\theta_B = 2\sin^{-1} p_b$$

である．

一例として，幅 $b = 1$ in.（$= 25.4$ mm），高さ $h = 0.05$ in.（$= 1.27$ mm），長さ $L = 104.6$ in.（$= 2657$ mm）のたわみやすいはりを考える．はりの両端は単純支持され，左側の支持点から 40 in.（$= 1016$ mm）の位置に $P = 0.5$ lb（$= 2.22$ N）の垂直荷重が作用する．この荷重が作用しているもとでのたわみを以下に求める．

$E = 3 \times 10^7$ lb/ in.^{2}（$= 206$ GPa）とすると，$k(= \sqrt{P/(EI)}) = 1/25[1/\text{in.}]$ がとなる．また，$L_a = 40$ in.（$= 1016$ mm），$L_b = 64.6$ in.（$= 1641$ mm）である．これらの値を式（3.55）～（3.58）に代入すると，以下の式を得る．

$$\theta_C/2 = 53^\circ,\ \tan\alpha = 1.37,\ p_a = \sin 70^\circ,\ p_b = \sin 65^\circ$$

式（3.49），（3.51）および式（3.59）にこれらの値を代入すると，以下のような値を得る．

$$a = 31\ \text{in.}(= 787.4\ \text{mm}),\quad b = 57.5\ \text{in.}(= 1437.5\ \text{mm}),\quad CE = 23.8\ \text{in.}(= 604.5\ \text{mm})$$

支点におけるたわみ角は，$\theta_A = 140^\circ$，$\theta_B = 130^\circ$ である．

なお，はりの初等理論では，同様な荷重が作用する点の変位は以下の式で与えられる．

$$\delta = \frac{PL_a^2 L_b^2}{3EIL}$$

この式に本問題の数値を代入すると $CE = 34.03$ in.（$= 864.6$ mm）となる．

3 章の参考文献

(1) Gospodnetic, D., Deflection curve of a simply supported beam, *J. Appl. Mech.* 26, *Trans. ASME*, 81, Ser. E(1959), p.675.

(2) Timoshenko, S., *Theory of Elastic Stability*, 1st edition, p.28, McGraw-Hill, New York, 1936.

(3) Frisch-Fay, R., Particular cases of large deflections, *Aust. J. Appl. Sci.* Vol.1, 4(1960), p.443.

(4) Sonntag, R., Der beiderseits gestüzte, symmetrisch belastete Stab mit endlicher Durchbiegung und seine Stabilität, *Ingen.-Arch.*, Vol.12(1942), p.283.

(5) Biezeno, C. B., On a special case of bending, *Proc. Acad. Sci. Amst.*, Vol.45(1942), p.438.

(6) Liebold, R., Die Durchbiegung einer beidseiting fest eingespannten Blattfeder, *Z. Angew. Math. Mech.*, Vol.28(1948), p.247.

3 章の追加参考文献

(7) Christensen, H. D., Analysis of simply supported elastic beam columns with large deflections, *J. of Aero. Sci.*, Vol.29, No.9(1962), pp.1112-1121.

(8) Theocaris, P., Paipetis, S., and Paolinelis, S., Three-point bending at large deflections, *J. of Test. and Eval.*, Vol.5, No.6(1977), pp.427-436

(9) Golley, B., Large deflections of bars bent through frictionless supports, *Int. J. Non Linear Mech.*, Vol.19(1984), pp.1-9.

(10) 堀辺 忠志, 横荷重と軸力をうけるはりの積分方程式法による解析と大たわみ問題への応用, 日本機械学会論文集, A 編, 51 巻, 472 号 (1985), pp.2823-2828.

(11) Ohtsuki, A., An analysis of large deflection in a symmetrical three-point bending of beam, *Bulletin of JSME*, Vol.29, No.253(1986), pp.1988-1995, http://doi.org/10.1299/jsme1958.29.1988.

(12) Ohtsuki, A., An Analysis of large deflections in a four-point bending : In the case of the presence of friction at loading supports, *Bulletin of JSME,* Vol.29, No.252(1986), pp.1659-1663, http://doi.org/10.1299/jsme1958.29.1659.

(13) 大槻 敦巳, 非対称三点曲げによる大たわみ変形, 日本機械学会論文集, A 編, 54 巻, 507 号 (1988), pp.2014-2018.

(14) 大槻 敦巳, 摩擦作用下の四点曲げにおけるはりの大たわみ変形, 精密工学会誌, 54 巻, 2 号 (1988), pp.402-407.

(15) 鮑 力民, 高寺 政行, 篠原 昭, 両端を固定した布の大たわみにおける自重と初期たわみの影響, 繊維学会誌, 52 巻, 1 号 (1996), pp.18-26.

(16) Mohyeddin, A., and Fereidoon, A., An analytical solution for the large deflection problem of Timoshenko beams under three-point bending, *Int. J. of Mech. Sci.*, Vol.78(2014), pp.135-139.

(17) Batista, M., Large deflections of a beam subject to three-point bending, *Int. J. of Non-Lin. Mech.*, Vol.69(2015), pp.84-92.

第 4 章

初期曲率を有し集中荷重を受けるはり

4.1 基礎方程式

非線形曲げの主な問題は，無負荷時の形状が与えられ，そののちにある特定の荷重を与えた後の変形形状を求めることである．しかし，この問題は次のような逆の問題に置き換えることができる．すなわち，ある特定の荷重に対応した変形形状が与えられ，無負荷状態の形状を求めよという問題への変換である．一例として，図 4.1 に示した曲がりはりを考える．曲線 a は点 O で固定した片持ちはりの負荷前の形状を表し，その曲線を表す方程式を $\eta = \eta(s)$ とする．また，負荷後の変形形状（曲線 b）を $\psi = \psi(s)$ とする．はりは伸び縮みしないと仮定（**不伸長の仮定**）すると，原点からの距離を表す s は両方の式で同一である．任意の荷重分布を仮定し，図 4.1 に示すように，荷重の垂直成分を $v(s)$，水平成分を $h(s)$ とする．この任意の荷重を受け，任意形状の曲線からなるはりの曲げ方程式は

$$\frac{d}{ds}\left[EI\left(\frac{d\psi}{ds}-\frac{d\eta}{ds}\right)\right]-V(s)\cos\psi-H(s)\sin\psi=0 \tag{4.1}$$

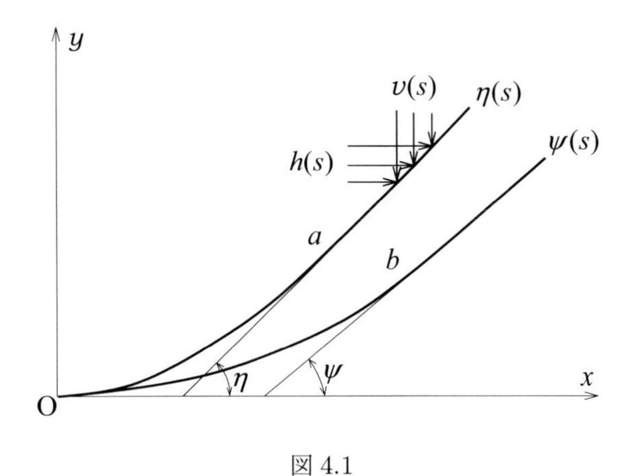

図 4.1

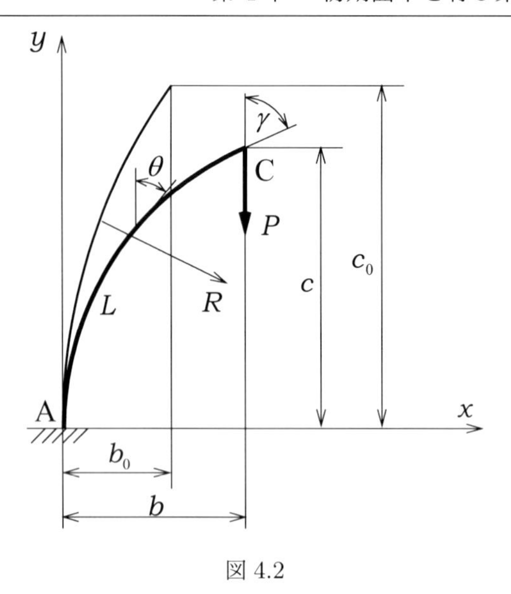

図 4.2

と表される．ここで，L をはりの長さとすると

$$V(s) = \int_s^L v(s)\ ds, \quad H(s) = \int_s^L h(s)\ ds$$

である．

式（4.1）は，はりの任意点の曲げモーメントの s 方向の変化率はその点におけるせん断力と等しいことを述べている．曲げ剛性が一定のはりの場合は，式（4.1）は

$$EI\frac{d^2\psi}{ds^2} - V(s)\cos\psi - H(s)\sin\psi = EI\frac{d^2\eta}{ds^2} \tag{4.2}$$

となる．もしも，荷重を受けた後のはりの形状 $\psi = \psi(s)$ が既知とすれば，負荷前の形状は式（4.1）から

$$\eta(s) = \psi(s) - \frac{1}{EI}\int_0^s ds \int_L^s [V(s)\cos\psi + H(s)\sin\psi]\ ds \tag{4.3}$$

と求められる[(1)]．式（4.2）は，一般には閉じた形の解を持たない．しかし，もしも，負荷前の形状が円形でかつ荷重が集中力である場合には，この種の問題の解析はかなり簡単になる．これを以下の節に示す．

4.2 自由端に垂直荷重を受ける，初期曲率を有するはり

端点に荷重 P が作用し，点 A を固定した半径 R の円弧形の初期曲率を有するはりを考えよう（図 4.2 参照）．

円弧であるために曲率 $d^2\eta/ds^2$ はゼロとなるから，曲げモーメントを表す微分方程式は，式（4.2）より

$$EI\frac{d^2(\pi/2-\theta)}{ds^2} - P\cos(\pi/2-\theta) = 0$$

となる．$k^2 = P/(EI)$ としてこの式を書き直すと

$$\frac{d^2\theta}{ds^2} = -k^2\sin\theta \tag{4.4}$$

を得る．式（4.4）を積分すると

$$\frac{1}{2}\left(\frac{d\theta}{ds}\right)^2 = k^2\cos\theta + C \tag{4.5}$$

となる．積分定数は，以下の境界条件から求められる．

$$\left(\frac{d\theta}{ds}\right)_{\theta=\gamma} = \frac{1}{R}$$

この式は，自由端における曲げモーメントがゼロということを示しており，この点のはりの曲率は，もとの曲率 $1/R$ を保ったままである．このため

$$C = \frac{1}{2R^2} - k^2\cos\gamma$$

となる．したがって

$$\frac{1}{2}\left(\frac{d\theta}{ds}\right)^2 = k^2(\cos\theta - \cos\gamma) + \frac{1}{2R^2} \tag{4.6}$$

を得る．固定端では，曲げモーメントは $M = Pb = k^2bEI$ であるので，

$$\left(\frac{d\theta}{ds}\right)_{\theta=0} = \frac{1}{R} + k^2b$$

となり

$$\frac{1}{2}\left(\frac{1}{R} + k^2b\right)^2 = k^2(1-\cos\gamma) + \frac{1}{2R^2}$$

を得る．この式を整理すると

$$b^2\frac{1}{R^2} + b\frac{2}{k^2R^3} - \frac{2}{k^2R^2}(1-\cos\gamma) = 0 \tag{4.7}$$

もしも γ がわかれば，この式によって b を求めることができる．次に

$$\cos\alpha = \cos\gamma - \frac{1}{2k^2R^2} \tag{4.8}$$

を満たすような角度 α を導入する．すると，式（4.6）から

$$L = \int_0^\gamma ds = \frac{1}{\sqrt{2}k}\int_0^\gamma \frac{d\theta}{(\cos\theta - \cos\alpha)^{\frac{1}{2}}} \tag{4.9}$$

を得る．この式は

$$1-\cos\theta = 2p^2\sin^2\phi = (1-\cos\alpha)\sin^2\phi \tag{4.10}$$

の関係を満たす新しい変数 ϕ によって，標準的な**楕円積分**の形に変形できる [2]．この ϕ を用いると，式 (4.9) は

$$L = \frac{1}{k}\int_0^{\phi_1} \frac{d\phi}{(1-p^2\sin^2\phi)^{\frac{1}{2}}} = F(p,\phi_1)/k \tag{4.11}$$

となる．ここで，ϕ_1 は γ に対応する積分の上限値である．

式 (4.10) より

$$\cos\alpha = 1-2p^2$$

そして，式 (4.8) より

$$\cos\gamma = 1-2p^2+\frac{1}{2k^2R^2}$$

を得るので

$$\sin^2\phi_1 = \frac{1-\cos\gamma}{1-\cos\alpha} = \frac{2p^2-1/(2k^2R^2)}{2p^2} = 1-\left(\frac{1}{2pkR}\right)^2$$

となり，

$$\phi_1 = \cos^{-1}\left(\frac{1}{2pkR}\right) \tag{4.12}$$

を得る．これより式 (4.11) は，p のみを未知数とする以下の式のように書き換えられる．

$$L = F\left[p, \cos^{-1}\left(\frac{1}{2pkR}\right)\right]\Big/k \tag{4.13}$$

なお，

$$c = \int_0^{\gamma} dy = \frac{1}{\sqrt{2}k}\int_0^{\gamma}\frac{\cos\theta\ d\theta}{(\cos\theta-\cos\alpha)^{\frac{1}{2}}}$$

に留意されたい．

式 (4.10) を代入することによって，上式は以下のように整理される．

$$c = \left[2E(p,\phi_1)-F(p,\phi_1)\right]/k \tag{4.14}$$

γ は

$$\cos\gamma = 1-2p^2+\frac{1}{2k^2R^2}$$

より得られるので，水平方向のたわみ b は，式 (4.7) により計算される．

式 (4.8) を詳しく調べると，

$$\cos\gamma = \cos\alpha+\frac{1}{2k^2R^2} \tag{4.15}$$

という式は実数 γ に対して $-1 \leqq \cos\gamma \leqq 1$ となるため，P が小さな値をとるときには成立しないことがわかる．この問題を克服するため

$$p\sin\phi = \sin\phi', \quad p > 1$$

という変数変換式を導入する．

$$\frac{d\phi}{d\phi'} = \frac{(1-\sin^2\phi')^{\frac{1}{2}}}{(p^2-\sin^2\phi')^{\frac{1}{2}}}$$

という関係を利用すれば，**楕円積分** F は

$$F(p,\phi) = F\left[\frac{1}{p}, \sin^{-1}(p\sin\phi)\right] \Big/ p$$

と変形される．

同様に，$p > 1$ の場合には，$E(p,\phi)$ は

$$E(p,\phi) = pE\left[\frac{1}{p}, \sin^{-1}(p\sin\phi)\right] - \left(p - \frac{1}{p}\right)F\left[\frac{1}{p}, \sin^{-1}(p\sin\phi)\right]$$

となる．式（4.15）が成立しない物理的説明は以下の通りである．すなわち，微小な荷重 P のときには，変形形状は**ノーダルエラスティカ**（nodal elastica）の変形形状となり，この場合にはほかの関係式が必要になるためである．以下に示すように，本問題をはじめから**基本はり**（basic strut）として解析すれば，この説明をより簡単に理解できるようになるだろう．

はじめに，先端に荷重 P と時計回りの曲げモーメント $M = EI/R$ を受ける垂直なはり（柱）を考えよう（図 4.3（a）参照）．曲げモーメント M ははりを半径 R の円弧状に曲げ，その一方で荷重 P は自由端に作用する（図 4.3（b）を参照）．したがって，このはりは我々がここで考察しようとする問題と同じである．そこで，曲げモーメント M と荷重 P を，長さ $e = M/P$ の剛体レバーに P が作用するものとして置き換えて考える．変形形状 AC に関する限り，荷重がはり ACD に作用するか，剛体レバー e を経て作用するかは問題ではないためである．そこで，

$$e = \frac{EI}{RP} = \frac{1}{k^2R}, \quad p = \sin(\alpha/2), \quad \sin(\gamma/2) = p\sin\phi_1$$

を得る．一方，

$$e = h\cos\phi_1$$

なので

$$\cos\phi_1 = \frac{1}{2pkR}$$

となる．これは式（4.12）と等しい．さらに，

$$\cos\alpha = 1 - 2\sin^2(\alpha/2) = 1 - 2p^2$$

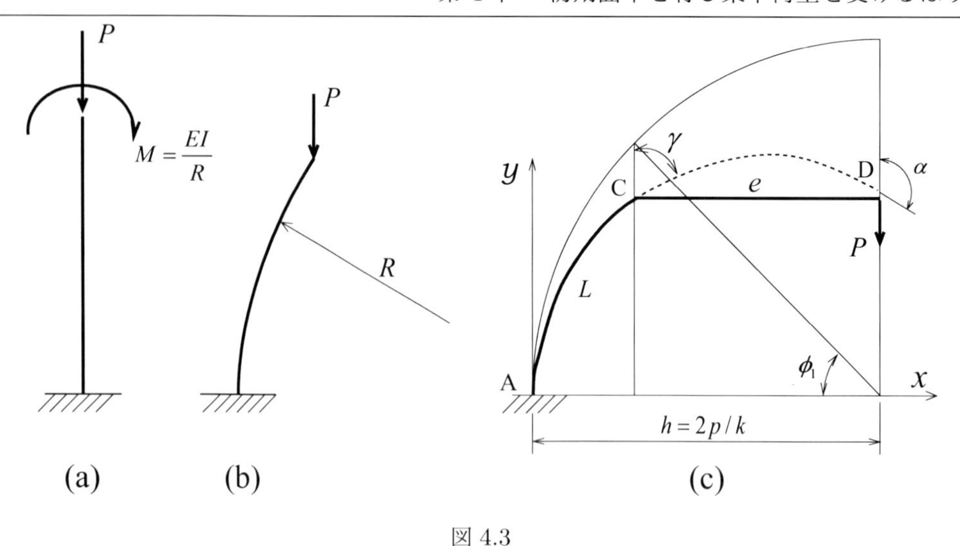

図 4.3

また

$$\begin{aligned}\cos\gamma &= 1-2\sin^2(\gamma/2) = 1-2p^2\sin^2\phi_1\\ &= 1-2p^2+\frac{1}{2k^2R^2} = \cos\alpha+\frac{1}{2k^2R^2}\\ &\left(\because\quad \sin^2\phi_1 = 1-\frac{1}{4p^2k^2R^2}\right)\end{aligned}$$

を得る．

この式は，式（4.8）における補助角 α が実際には**基本はり**を仮想的に延長した端点のたわみ角となっていることを示している．

はりの長さは，図 4.3(c) をもとに

$$L = F(p,\phi_1)/k$$

と得られる．

以上で**基本はり**における母数 p の表示式を得たので，たわみ角，弧の長さおよび変形後の座標は，1.3 節の**波状エラスティカ**（undulating elastica）で示した方程式を用いて困難なく計算できる．しかしながら，これらの式の適用範囲をはっきりさせる必要がある．図 4.3(c) からわかるように，P が減少することは，腕の長さ e の増加に対応することを意味する．M は EI と R のみに依存しており，この値は一定値として与えられているためである．一方で，e がある大きさになると P の作用線がはりの仮想延長線上を通り越してしまうので，e の大きさを無制限に大きくできるわけではない．e は α とともに増加するが，$\alpha \le \pi$ であることに留意する必要がある．したがって，$p_{\max} = 1$ となる．$p = 1$ のときには，式（4.13）は

$$kL = \int_0^{\phi_1} \sec\phi \; d\phi = \ln\tan(\pi/4+\phi_1/2) = \lambda(\phi_1) \tag{4.16}$$

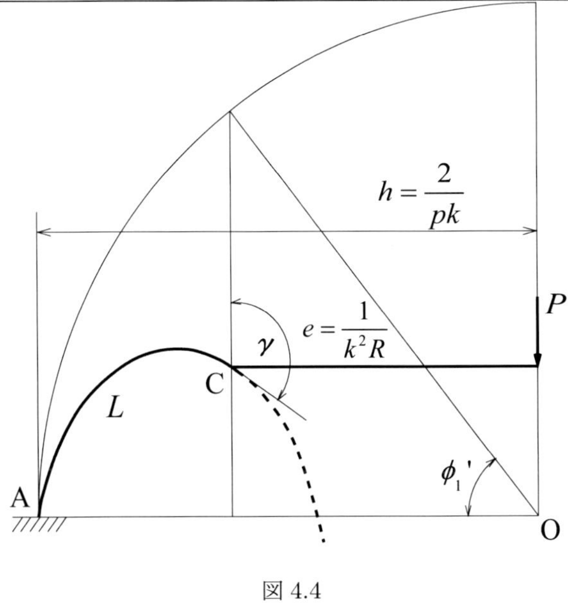

図 4.4

となる．

$\phi_1 = \cos^{-1}(1/(2kR))$ なので，式（4.16）は k について解くことができる．このときの解を P_0 とおくと，P_0 は**波状エラスティカ**に対応する式の適用可能範囲を示し，この値は本節の冒頭で導いている．$P < P_0$ の範囲では，この**基本はり**は**ノーダルエラスティカ**の変形形状となる（図 4.4 を参照）．このときには

$$\phi_1' = \sin^{-1}\big[p\sin(\gamma/2)\big],\quad e = \frac{1}{k^2R} = h\big[1 - p^2\sin^2(\gamma/2)\big]^{\frac{1}{2}}$$

となる．

この 2 番目の式から次式を得る．

$$\sin(\gamma/2) = \left[\left(\frac{1}{p}\right)^2 - \left(\frac{1}{2kR}\right)^2\right]^{\frac{1}{2}} \tag{4.17}$$

式（4.15）と異なり，この式は P が小さくても正しく計算できる．というのも，P がどのような値をとっても平方根内の式が正のままとなるようなオーダーで p が P とともに減少するためである．すなわち

$$2R\sqrt{P/(EI)} > p$$

を満たす p が常に存在するからである．ここで，$P < P_0$ のとき，形状変化を表す母数 p は

$$L = \frac{p}{k}F(p, \gamma/2) \tag{4.18}$$

より得られる．なお，$\gamma/2$ は式（4.17）から得られる．p が求められれば，1.5 節で与えた**ノーダルエラスティカ**の方程式によりたわみ角およびたわみなどを求めることができる．

4.3 曲線状はりに水平荷重が作用する場合

次に，図 4.2 と同様な形状のはりに，垂直荷重の代わりに水平荷重 P が作用する場合を考える（図 4.5 を参照）．この場合，式（4.2）は

$$\frac{d^2\theta}{ds^2} = -k^2\cos\theta \tag{4.19}$$

この式を積分して，

$$\frac{1}{2}\left(\frac{d\theta}{ds}\right)^2 = -k^2\sin\theta + C \tag{4.20}$$

となる．ここで，境界条件は

$$y = c, \quad \theta = \gamma, \text{ および } \frac{d\theta}{ds} = \frac{1}{R}$$

である．この境界条件式より積分定数は

$$C = \frac{1}{2R^2} + k^2\sin\gamma$$

と得られ，式（4.20）は

$$\frac{1}{2}\left(\frac{d\theta}{ds}\right)^2 = k^2(\sin\gamma - \sin\theta) + \frac{1}{2R^2} \tag{4.21}$$

と変形される．

はりの接線が固定端に対し垂直であり，またこの点における曲げモーメントは $M = Pc = k^2 cEI$ であるから

$$\left(\frac{d\theta}{ds}\right)_{\theta=0,\ y=0} = \frac{1}{R} + k^2 c$$

となり，また式（4.21）より，

$$\frac{1}{2}\left(\frac{1}{R} + k^2 c\right)^2 = k^2\sin\gamma + \frac{1}{2R^2} \tag{4.22}$$

を得る．

この式を変形すると

$$\frac{c^2}{R^2} + \frac{2c}{k^2R^3} - \frac{2}{k^2R^2}\sin\gamma = 0 \tag{4.23}$$

が得られ，$\sin\gamma$ の値がわかればこの式から c の値も得られる．以下の式を満たす角度 β を導入し，

$$\sin\beta = \sin\gamma + \frac{1}{2k^2R^2} \tag{4.24}$$

これを式（4.21）に代入すれば，次式が得られる．

$$L = \frac{1}{\sqrt{2}k}\int_0^{\gamma} \frac{d\theta}{(\sin\beta - \sin\theta)^{\frac{1}{2}}} \tag{4.25}$$

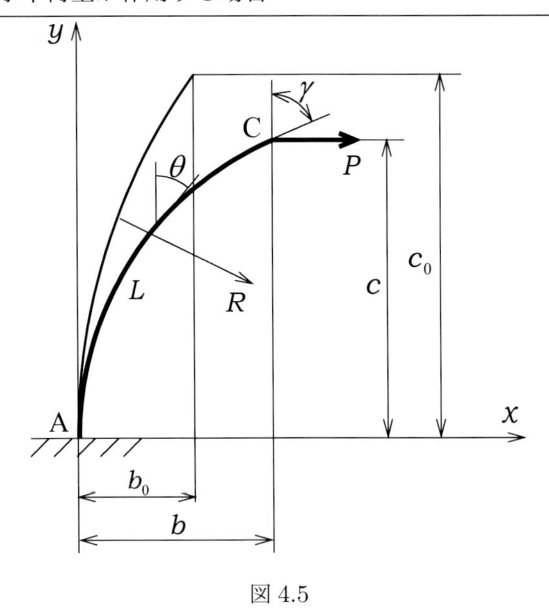

図 4.5

以下の関係，すなわち

$$1+\sin\theta = 2p^2\sin^2\phi = (1+\sin\beta)\sin^2\phi \tag{4.26}$$

を満たす新しい変数 ϕ を導入すると，式 (4.25) の積分は **Legendre の標準形** (Legendre's standard form) に変換される．実際に代入して計算すると

$$L = \frac{1}{k}\int_{\phi_2}^{\phi_1} \frac{d\phi}{(1-p^2\sin^2\phi)^{\frac{1}{2}}} \tag{4.27}$$

を得る．この積分における上限 ϕ_1 および下限 ϕ_2 は以下のように得ることができる．

すなわち，式 (4.26) から

$$\sin\beta = 2p^2-1$$

であり，また式 (4.24) から

$$\sin\gamma = 2p^2 - 1 - \frac{1}{2k^2R^2}$$

となる．それゆえ $\sin^2\phi_2 = \dfrac{1}{2p^2}$ であるから

$$\phi_2 = \sin^{-1}\left(\frac{0.707}{p}\right)$$

さらに

$$\sin^2\phi_1 = \frac{1+\sin\gamma}{1+\sin\gamma+1/(2k^2R^2)} = 1-\frac{1}{4p^2k^2R^2},$$

となるから

$$\phi_1 = \cos^{-1}\left(\frac{1}{2pkR}\right)$$

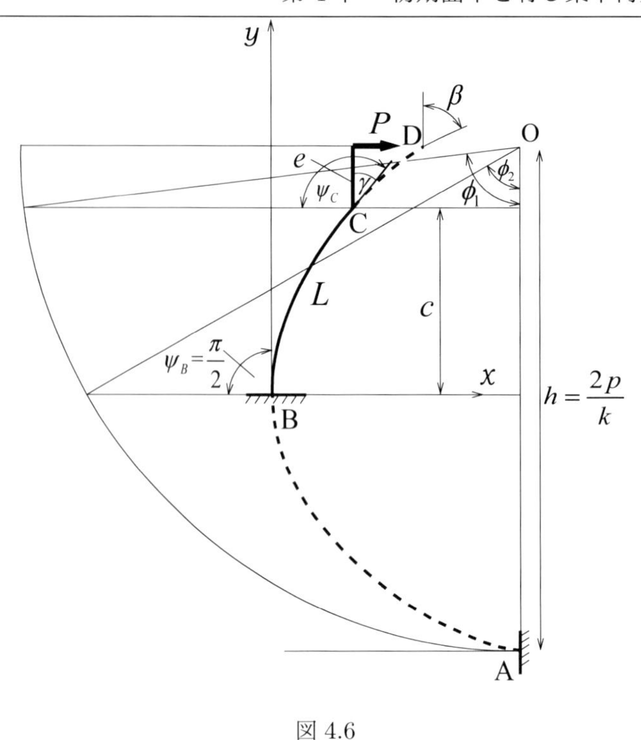

図 4.6

を得る．以上より，式（4.27）は唯一の未知数 p を有することになり

$$L = \big[F(p, \phi_1) - F(p, \phi_2)\big]/k \tag{4.28}$$

と変形される．

自由端の水平変位は，以下の式から求めることができる．

$$b = \int_0^{\gamma} dx = \frac{1}{k}\int_{\phi_2}^{\phi_1} \frac{(2p^2 \sin^2 \phi - 1)d\phi}{(1 - p^2 \sin^2 \phi)^{\frac{1}{2}}} \tag{4.29}$$

この式は，標準的な**楕円積分**を用いて以下のように書き直すことができる．

$$b = \big\{F(p, \phi_1) - 2E(p, \phi_1) - F(p, \phi_2) + 2E(p, \phi_2)\big\}/k \tag{4.30}$$

P が小さな値のときは，式（4.24）は，$\sin\beta$ が 1 より大きくなる可能性があることを示し，その場合には計算が正しく行われないことになる．この理由は 4.2 節でなされた説明（すなわち，変形形状を**ノーダルエラスティカ**の変形形状とみなし，別な関係式に基づいて解析すること）と同様である．これは，図 4.6 から理解できる．

次に y 方向変位を考えると，以下の式が直ちに得られる．

$$\cos\phi_1 = \frac{e}{h} = \frac{1}{2pkR}, \quad \phi_2 = \sin^{-1}\left(\frac{\sin(\pi/4)}{p}\right)$$

したがって

$$c = 2p(\cos\phi_2 - \cos\phi_1)/k \tag{4.31}$$

を得る．一方，式（4.23）より，点 C の垂直変位は

$$c = \frac{2}{k}\left[\left(\frac{2p^2-1}{2}\right)^{\frac{1}{2}} - \frac{1}{2kR}\right]$$

となる. また，この式が式（4.31）と同一であることは

$$\cos\phi_1 = \frac{1}{2pkR}, \quad \cos\phi_2 = \left(\frac{2p^2-1}{2p^2}\right)^{\frac{1}{2}}$$

の関係より容易に理解できる．また，式（4.26）より

$$p = \left[2(1+\sin\beta)\right]^{\frac{1}{2}}/2 = \sin(\pi/4+\beta/2)$$

この式は，補助角 β が，はりを仮想的に延長したときの端点のたわみ角 (垂直方向から測る) になっていることを示している．

前に述べたように P が小さな値の場合に困難なことが生じる．荷重 P が小さくなることは e や β の増加を意味するが，β は $\pi/2$ より大きな値になることはない．したがって，$p_{\max} = 1$ である．これより式（4.28）は，$\phi_2 = \pi/4$ であるから

$$\begin{aligned} kL = \int_{\phi_2}^{\phi_1} \sec\phi \, d\phi &= \ln\tan(\pi/4+\phi_1/2) \\ - \ln\tan(\pi/4+\phi_2/2) &= \lambda(\phi_1) - \lambda(\pi/4) \end{aligned} \tag{4.32}$$

となる．

ϕ_1 が k に依存しているので，式（4.32）は k の関数である．したがって，式（4.32）を P（解を P_0 として）について解くことができる．もしも，円弧状はりに作用する荷重が P_0 より小さい場合には，ここで導いた式は使えず，**ノーダルエラスティカ** の考えに従わなければならない．図 4.7 の表現を用いると

$$\sin\phi_2' = p\sin(\pi/4), \quad \sin\phi_1' = p\sin(\pi/4+\gamma/2)$$

である．また，

$$\frac{1}{k^2R} = h\left[1 - p^2\sin^2(\pi/4+\gamma/2)\right]^{\frac{1}{2}}$$

なので，これより

$$\sin\gamma = \frac{2}{p^2} - 1 - \frac{1}{2k^2R^2} \tag{4.33}$$

となる．式（4.33）は，γ が常に実数であることを保証している．母数 p は

$$L = p\left\{F[p, (\pi/4+\gamma/2)] - F(p, \pi/4)\right\}/k \tag{4.34}$$

から求めることができる．

なお，たわみ角と変位の大きさについては 1.5 節を参照のこと．

図 4.5 において，力が反対方向に作用している場合は，荷重が増えたときに解析は変曲点を仮定すべき状態に達する．この問題は 4.10 節で考える．

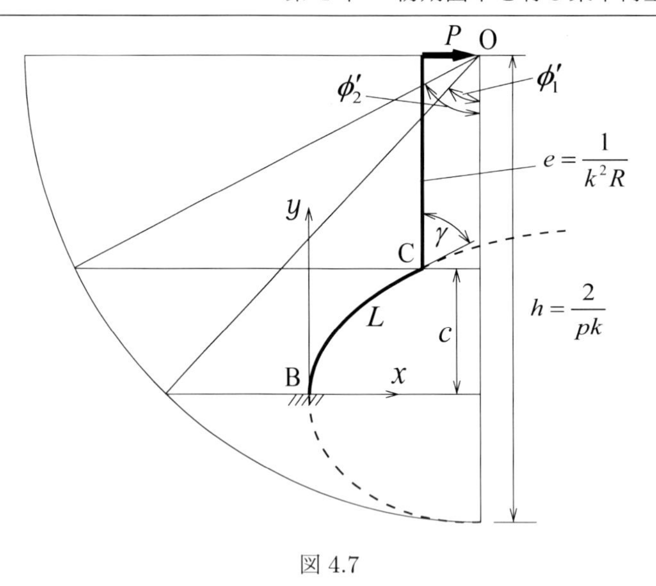

図 4.7

4.4 傾斜した荷重を受ける円弧はり

固定端 A で水平方向の接線を有し，自由端で傾いた荷重 P を受ける円弧はりを考える（図 4.8 参照）．式（4.2）は

$$EI\frac{d^2\psi}{ds^2} - P\sin\alpha\cos\psi + P\cos\alpha\sin\psi = 0 \tag{4.35}$$

となる．次の変数

$$u = \frac{s}{L},\ c = k^2L^2,\ \xi = \psi - \alpha \tag{4.36}$$

を導入すると，式（4.35）は

$$\frac{d^2\xi}{du^2} + c\sin\xi = 0 \tag{4.37}$$

と無次元化される．

式（4.37）は，形式的には式（2.56）と同じだが，ここでの境界条件は異なり

$$\left(\frac{d\psi}{ds}\right)_{s=L} = \frac{1}{R},\text{すなわち}\ \left(\frac{d\xi}{du}\right)_{\xi=\psi_0-\alpha} = \frac{L}{R}$$

となる．式（4.37）の解は

$$u = \int_{-\alpha}^{\xi}\left[\left(\frac{L}{R}\right)^2 - 2c\cos\xi_L + 2c\cos\xi\right]^{-\frac{1}{2}}d\xi \tag{4.38}$$

である．ここで，$\xi_L = \psi_0 - \alpha$ とする．

積分範囲を $-\alpha$ から $\psi_0 - \alpha$ に拡大すると

$$L = p\big[F(p,\xi_L/2) + F(p,\alpha/2)\big]/k \tag{4.39}$$

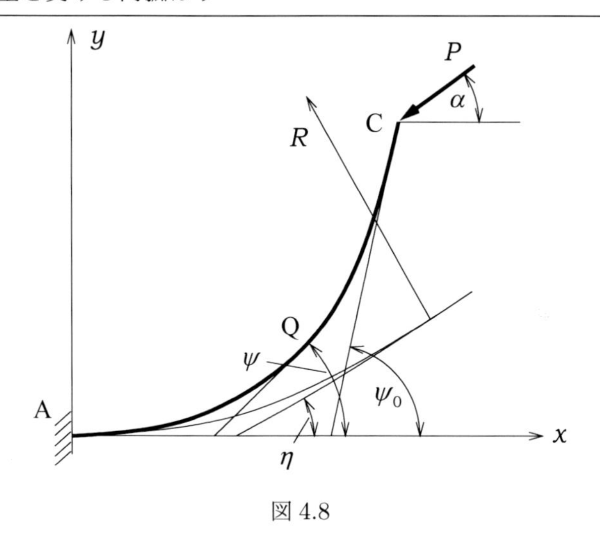

図 4.8

となる．ここで，

$$p = \frac{2k}{\left\{(1/R)^2 + \left[2k\sin(\xi_L/2)\right]^2\right\}^{\frac{1}{2}}}$$

以上の式の誘導は Mitchell[(1)] に負う．これらの式から母数 p および角度 ξ_L が求まり，したがって変形形状が決定される．式（4.39）の形から弾性変形形状は**ノーダルエラスティカ**から成り立っていることがわかる．k（すなわち P）がゼロに近づくと p もまたゼロに近づくことを理解すればこのことは明らかである．しかし，$p = 0$ のときは，**波状エラスティカ**は直線となる一方で，**ノーダルエラスティカ**は，無負荷時の形状が円の一部となっている円弧はりに変化する．k および α については，式（4.39）において実数の ξ_L を求められないような値を仮定してしまうこともあるだろう．この問題に対する詳細な議論は，Wijngaarden[(3)] によってなされている．

式（4.39）は，実数の ξ_L で解かれると考えられる場合には，いま問題としている片持ちはりの座標は

$$\left.\begin{aligned}
x &= \frac{2}{pk}\cos\alpha\Big\{E(p,\xi/2) + E(p,\alpha/2)\\
&\quad - (1-p^2/2)[F(p,\xi/2) + F(p,\alpha/2)]\Big\}\\
&\quad - \frac{2}{pk}\sin\alpha\Big\{[1-p^2\sin^2(\alpha/2)]^{\frac{1}{2}} - [1-p^2\sin^2(\xi/2)]^{\frac{1}{2}}\Big\},\\
y &= \frac{2}{pk}\sin\alpha\Big\{E(p,\xi/2) + E(p,\alpha/2)\\
&\quad - (1-p^2/2)[F(p,\xi/2) + F(p,\alpha/2)]\Big\}\\
&\quad + \frac{2}{pk}\cos\alpha\Big\{[1-p^2\sin^2(\alpha/2)]^{\frac{1}{2}} - [1-p^2\sin^2(\xi/2)]^{\frac{1}{2}}\Big\}
\end{aligned}\right\} \tag{4.40}$$

となる．たわみ角 ξ は

$$s = p\bigl[F(p, \xi/2) + F(p, \alpha/2)\bigr]/k \tag{4.41}$$

から s の関数として求められる．なお，この式は未知数 ξ のみを含んでいる．

次に，式（4.39）が実数解 ξ_L を持たない場合を考える．**弾性相似則の原理**を利用し，図4.9 を参考にしてこの問題の解析を行う．先に述べたように，式（4.39）は，はりの変形形状が**ノーダルエラスティカ**の集合から成り立っていると考えられる場合に，実数解 ξ_L を持つ．図 4.9 に示す変形形状は，それゆえ，**波状エラスティカ**から成り立っていることを示している．はりは，P の作用線と交わるまで CE に沿って延長される．この作用線と平行な接線は，曲線上の点 B で接する．そこで，この点が**基本はり**の固定点になる．図 4.9 の残りの部分については説明を要しないだろう．はりの長さ L と母数 p の関係は

$$L = \bigl[F(p, \phi_{\psi_0-\alpha}) + F(p, \phi_\alpha)\bigr]/k \tag{4.42}$$

が導かれる．ここで，

$$\sin\phi_\alpha = \frac{\sin(\alpha/2)}{p}, \quad \sin\phi_{\psi_0-\alpha} = \frac{\sin[(\psi_0-\alpha)/2]}{p}$$

である．式（4.42）には 2 つの未知数 p および ψ_0 が含まれている．もう 1 つの必要な式は

$$\cos\phi_{\psi_0-\alpha} = \frac{e}{h} = \frac{1}{2pkR} \tag{4.43}$$

から得られる．

これらの 2 つの式から，p および ψ_0 が得られる．p がわかれば，たわみ角と弧の長さの関係は

$$s = \bigl[F(p, \phi_{\psi-\alpha}) + F(p, \phi_\alpha)\bigr]/k \tag{4.44}$$

から求められる．ここで，

$$\sin\phi_{\psi-\alpha} = \frac{\sin\bigl[(\psi-\alpha)/2\bigr]}{p}$$

である．

$\psi < \phi$ のとき，$\phi_{\psi-\alpha}$ は負であることに留意すべきである．$F(p, -\phi) = -F(p, \phi)$ であるから，$\psi < \phi$ のとき点は AB 上に存在する．

変形後の座標は図 4.9 から

$$\left.\begin{aligned} x &= t\cos\alpha + q\sin\alpha, \\ y &= t\sin\alpha - q\cos\alpha \end{aligned}\right\} \tag{4.45}$$

と得られる．ここで，t および q は，基本的な問題として扱ったはりの垂直および水平座標に相当し，1.3 節で求めた式により計算できる．

P や α の値に依存するが，変形形状に変曲点が生じることがあり得る（図 4.10 参照）．片持ちはりの長さは

$$L = \bigl[2K(p) - F(p, \phi_A) - F(p, \phi_C)\bigr]/k \tag{4.46}$$

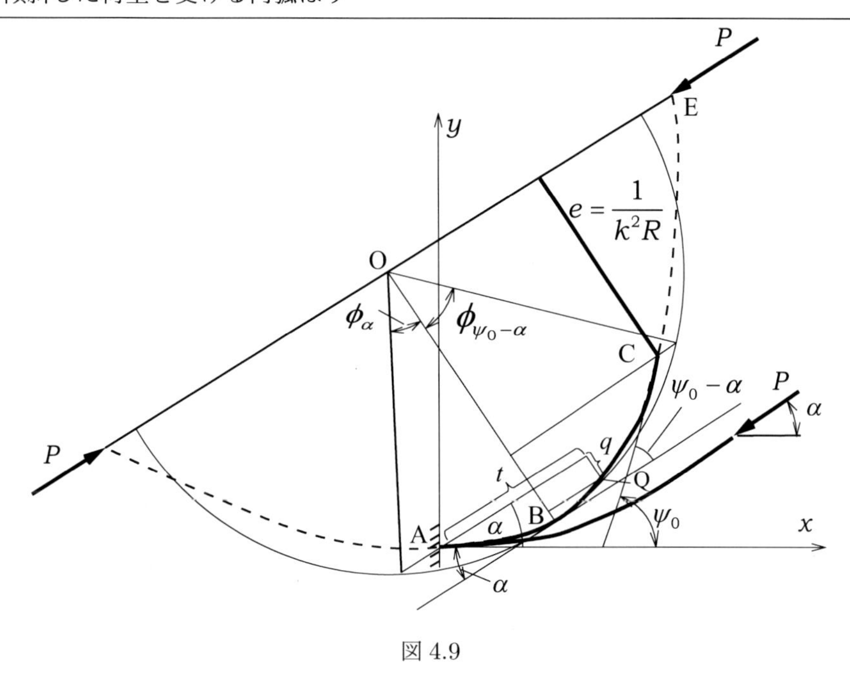

図 4.9

である．ここで，

$$\sin\phi_A=\frac{\sin(\alpha/2)}{p},\quad \sin\phi_C=\frac{\sin(\theta_C/2)}{p},\quad \cos\phi_C=\frac{1}{2kpR}$$

である．式（4.46）は，本問題の解を求めるための式である．母数 p と点 C のたわみ角 θ_C が求められれば，以下の弧の長さを用いてたわみ角や変形後の座標を求められる．

$$\left.\begin{aligned} s&=\bigl[2K(p)-F(p,\phi_A)-F(p,\phi)\bigr]/k,\quad s>AJ,\\ s&=\bigl[F(p,\phi)-F(p,\phi_A)\bigr]/k,\quad s<AJ \end{aligned}\right\}\tag{4.47}$$

たわみ角と座標は

$$\left.\begin{aligned} \sin(\theta_B/2)&=p\sin\phi_B,\\ x_B&=t\cos\alpha+q\sin\alpha,\\ y_B&=t\sin\alpha-q\cos\alpha \end{aligned}\right\}\tag{4.48}$$

より計算できる．ここで，t および q は波状エラスティカの式より得ることができる．

本問題の場合には

$$\begin{aligned} t&=\bigl[2K(p)-4E(p)+2E(p,\phi_B)-F(p,\phi_B)\\ &\quad+2E(p,\phi_A)-F(p,\phi_A)\bigr]/k,\\ q&=2p(\cos\phi_A+\cos\phi_B)/k \end{aligned}$$

である．

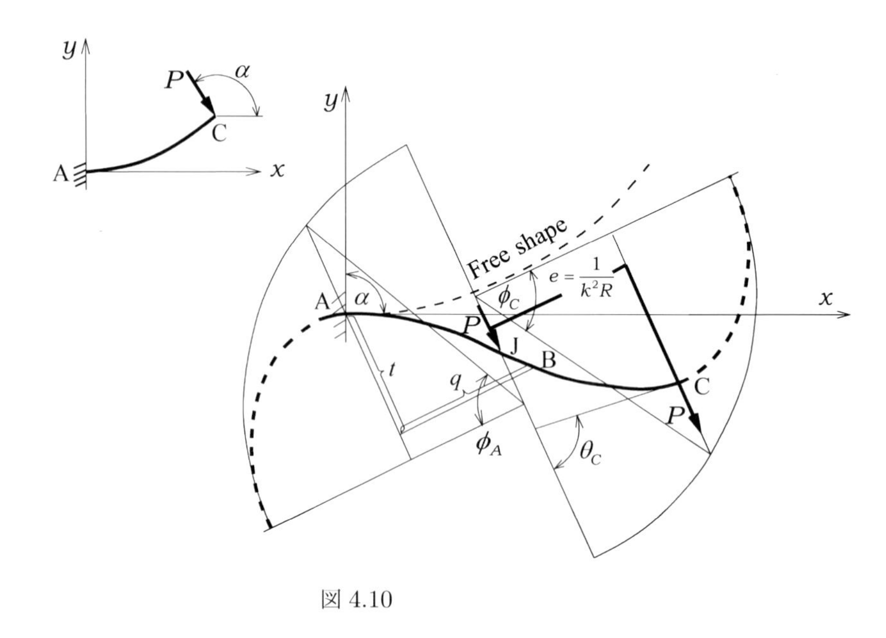

図 4.10

4.5 板ばねの座屈形状

図 4.11 に示すように，円弧から形成された初期曲率をもつたわみやすい板ばねを考える．この板ばねは図のように内側へ座屈させられ，両端は 2 つの支点に支えらているものとする [(4)]．以下，この板ばねの各種変形形状および安定性を考える．

$2L$ を板ばねの長さ，R を円弧の半径とする．対称性より，この板ばねは点 A において固定されているものと見なし，板ばねの解析は上半分に限ることとする．

等価長さを持つ，真っ直ぐなはりの端点に $M = EI/R$ の反時計回りの曲げモーメントを作用させ，また点 B に荷重 P を負荷させるとすれば，はり AB は**基本はり** に変換される．この変換は，長さが $e = 1/(k^2R)$ のレバーを通して荷重 P を負荷することと同じである．図 4.12 より，曲げ変形に対する母数 p は

$$L = \left[2K(p) - F(p, \phi_B)\right]/k \tag{4.49}$$

より得られる．ここで，$\cos\phi_B = 1/(2kpR)$ である．

つり合いが可能となるような極限の状態は，$\theta_B = 0$ のときに生ずる．そのとき，式 (4.49) は $\phi_B = 0$ として

$$4pK(p) = \frac{L}{R} \tag{4.50}$$

となる．

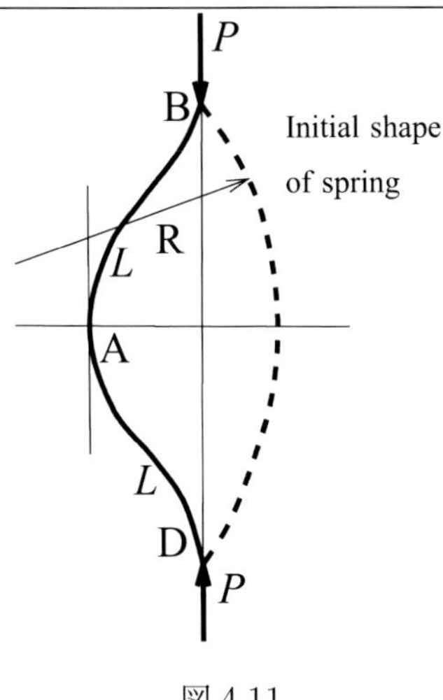

図 4.11

また，$k = 1/(2pR)$ であり，この式から，はりを図 4.13(a) のような形状に保つのに必要な荷重が求められる．この荷重の大きさを P_0 としよう．はりを右方に曲げると母数 p が増加して $p = 1$ となる方向へ向かっていく．P_0 の荷重のときには，点 B と点 A の中間にある変曲点の位置がたわみの増加とともに点 B に移動していくことは明らかである．しかし，レバーの長さでもある CB の水平への投影は，CB の長さの減少とともに単調には減少していないことに注意すべきである．実際，図 4.13(a) における傾き角によれば，レバーの長さ e は，P_0 から P_3 までは増加した後にそこから減少する．このことは非常に重要なことである．というのも，$e = M/P$ の関係から板ばねを P_0P_3 まで曲げることにより，荷重の大きさは $P_0 > P_1 > P_2 > P_3 < P_4 < P_5$ の順序で変化することになるからである．したがって，板ばねは最初から 4 番目までの間の変形は不安定ということになる．$P_3 = P_{\min}$ と仮定し，$P_0 > P > P_{\min}$ の荷重を負荷すれば，その荷重のもとではつり合いを保つ 2 つの異なった変形形状が存在する．明らかに，図の下側の変形形状が安定である．上側の変形形状は，わずかな変位が加えられるとしても元に戻らず，板ばねは下側の変形状態へ曲がってしまうからである．この挙動は，垂直変位を増加させるには荷重の増加を必要とする，鉛直な柱の持つ特性とは対照的である．したがって，図 4.13(b) のすべての変形は安定である．

荷重 P_0 に対応する変形は，荷重 $P > P_{cr}$ を受ける鉛直な柱に類似しており，その柱は両側に変形しうる．

次に，板ばね（図 4.13(a) 参照）が P_4 の荷重を受け，この荷重が急に $P' < P_{\min}$ へと変化する場合を考える．このときは，板ばねは無負荷状態へ向かって急な戻り変形をする．$P' - P_{\min}$ は任意に小さくできるので，荷重をわずかに減らすだけで激しい戻り変形を得ることができる．

続いて，はりは荷重 P_0 を受ける不安定なつり合い位置にあり，点 B に反時計回りの曲

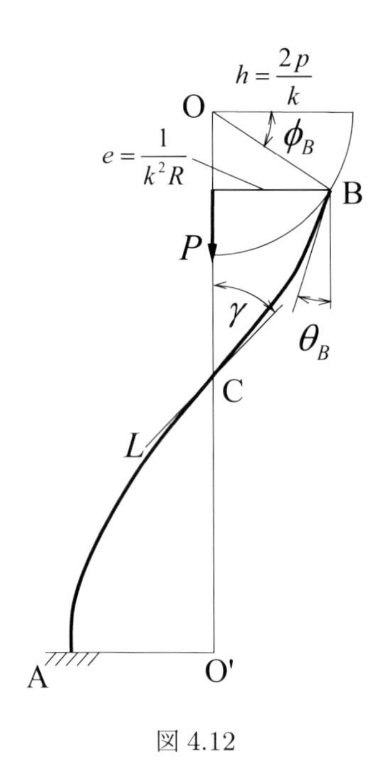

図 4.12

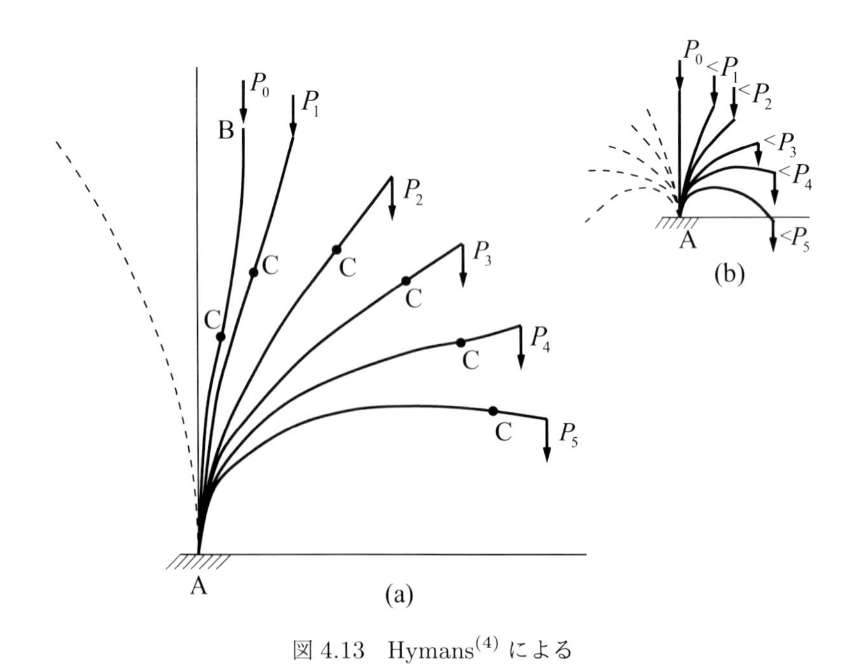

図 4.13　Hymans(4) による

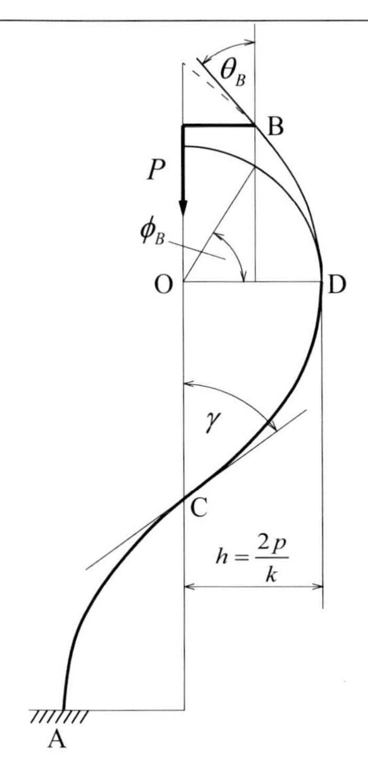

図 4.14

げモーメントが作用する場合を考える．これによりレバー長さが増加し，板ばねが左側に向かって傾くようになる．荷重を増やせばその動きを抑制できるが，そのときは e が減少している．この変形形状を図 4.14 に示す．この場合の支配方程式は

$$L=\bigl[2K(p)+F(p,\phi_B)\bigr]/k \tag{4.51}$$

であり，$\cos\phi_B=1/(2kpR)$ である．

荷重を $P_a<P_b<P_c<P_d$ と作用させたときの，それぞれの荷重に対応した変形形状を図 4.15 に示す．図からわかるように，荷重を増やすとたわみも増加する．したがって，すべての変形は安定である．図 4.15 に示したたわみ角に対応する荷重 $P_a, P_b,\cdots$ は，図 4.13(a) の荷重よりも大きい．この理由は，図 4.15 の**基本はり**は図 4.13(a) の**基本はり**よりも短いからである．また，図 4.15 の曲率は一般的に前者より大きい．したがって板ばねはより多くの**ひずみエネルギー**を蓄えることができる．以上の場合の数値結果が Hymans により得られている [4]．

この板ばねのたわみ角や変位は，**波状エラスティカ**の計算式を適用することにより困難なく計算できる．

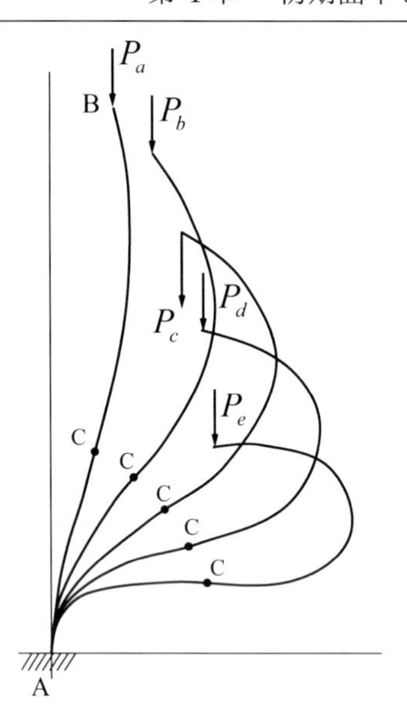

図 4.15 Hymans(4) による

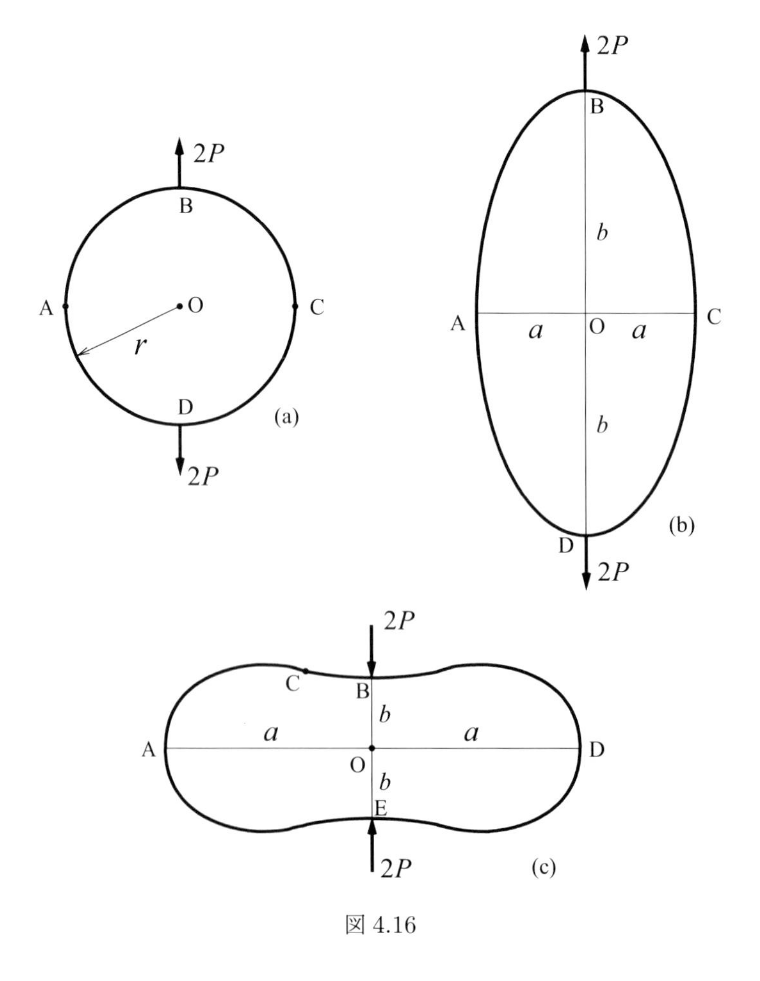

図 4.16

4.6 円輪の引張り

図 4.16(a) に示すような閉じた円輪に，同じ大きさで向きが反対の荷重が作用する場合を考える．この円輪は 1 次の**不静定**問題 である[*1]．点 A および点 C にヒンジを仮定するとすれば，点 A，点 C における上下方向の接線を垂直に保つには等しい 2 つの曲げモーメントが必要となる．円輪の直径などに比べて生じるたわみが小さければ，図 4.16(a) に示した荷重が作用したときの点 A および点 B における曲げモーメントは

$$M_A = +0.363Pr, \quad \text{および} \quad M_B = -0.637Pr$$

と得られる[*2]．（この式は初期応力がゼロの場合に適用でき，たとえば真直であったはりを円輪状に曲げた場合などには適用できない．）もしも，円輪に圧縮力が作用した場合には，上式の曲げモーメントの符号が逆になる．以上の結果は，**重ね合わせの原理**を基礎としており剛性の大きな円輪の場合に十分に正しい．しかし，たわみやすい円輪では，半径と同じ程度の大きさのたわみが生じ得る．この場合には，図 4.16(b) や図 4.16(c) のような変形が生じ，以下のような非線形解析の枠組みで解析する必要がある．

変形の解析に入る前に，本研究で扱う円輪は，円形状になっているときに無応力状態にある（線形理論で採用する仮定）と考えられることに留意すべきである．しかし，円輪は，はじめは直線状にあったはりを両端に $M_r = EI/r$ の曲げモーメントを作用させて曲げて円形状にしたものと見なすこともできる．以下の議論では，直線状はりを曲げた円輪に基づいて考える．任意点の曲げモーメントに M_r の大きさを加えれば，無応力状態の円輪の問題と考え直すことができる．

はじめに，円輪が引張り力を受ける場合を考える．対称性があるので，**4 分円**のたわみだけを考えることにする．円の上側右半分の **4 分円**の変形形状を図 4.17 に示す．この変形後の **4 分円**は，長さ $L = \pi r/2$ の垂直な柱が，自由端で荷重 P と曲げモーメント M_B を受け，点 B における接線が水平である問題と見なすことができる．任意点における曲率と曲げモーメントの関係は，以下の非線形方程式により表される [(5),(6)]．

$$\frac{x''}{\left[1+(x')^2\right]^{3/2}} = \frac{1}{EI}(Px - M_B)$$

すなわち

$$\frac{x''}{\left[1+(x')^2\right]^{3/2}} = k^2(x-m) \tag{4.52}$$

[*1] 訳注：ラーメン構造の不静定次数 n は，r を支点反力数，j を節点拘束数，m を部材数とすると $n = r + j - 3m$ で計算される．ここで，$n < 0$; 不安定，$n = 0$；静定，$n > 0$；不静定と分類される．

[*2] 訳注：微小変形の仮定のもとでの材料力学の知見によれば，点 A，B で円輪に作用する曲げモーメントは

$$M_A = 2Pr\left\{\frac{1}{2} - \frac{1}{\pi}\right\} = 0.363Pr(\text{時計回り}), \quad M_B = \frac{2Pr}{\pi} = 0.637Pr(\text{反時計回り})$$

と得られる．

ここで，

$$k = \left(\frac{P}{EI}\right)^{\frac{1}{2}}, \quad m = \frac{M_B}{P}$$

である．

この式を積分すると

$$\frac{1}{\left[1 + (x')^2\right]^{\frac{1}{2}}} = -k^2(z^2 - m^2)/2 \tag{4.53}$$

を得る．ここで，$z = x - m$ であり積分定数は

$$(x')_{x=0} = \infty$$

から決定される．ここで，

$$k^2(z^2 - m^2)/2 = \cos 2\theta \tag{4.54}$$

とおくと

$$\left[1 + (x')^2\right]^{\frac{1}{2}} = -1/\cos 2\theta = 1/(2\sin^2\theta - 1) \tag{4.55}$$

となる．もしも，$x = 0(z = -m)$ なら，式（4.54）より

$$\cos 2\theta_0 = 0, \quad \therefore \quad \theta_0 = \pi/4$$

を得る．また，$x = a$ なら $x' = 0$ となり $\theta_a = \pi/2$ となる．

式（4.54）および式（4.55）より

$$z = -2(1 - p^2\sin^2\theta)^{\frac{1}{2}}/(kp) \tag{4.56}$$

と書き換えられる．ここで，

$$\frac{1}{p^2} = \frac{1}{2}\left(\frac{k^2m^2}{2} + 1\right) \tag{4.57}$$

としている．

また，式（4.55）から

$$\frac{dx}{dy} = \frac{dz}{dy} = \frac{2\sin\theta\cos\theta}{2\sin^2\theta - 1} = -\tan 2\theta \tag{4.58}$$

となる．さらに，式（4.56）から

$$\frac{dz}{d\theta} = \frac{p}{k}\frac{2\sin\theta\cos\theta}{(1 - p^2\sin^2\theta)^{\frac{1}{2}}}$$

となるが，これを利用して

$$dy = \frac{dy}{dz}\frac{dz}{d\theta}d\theta = \frac{p}{k}\frac{(2\sin^2\theta - 1)d\theta}{(1 - p^2\sin^2\theta)^{\frac{1}{2}}} \tag{4.59}$$

を得る．さらに，微小線要素の長さは

$$dL = \sqrt{1 + (x')^2}dy$$

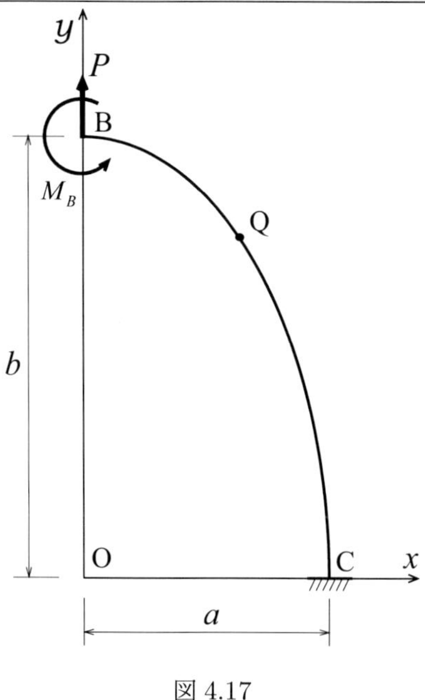

図 4.17

であるから，以上より，はりの長さは

$$L = \frac{\pi r}{2} = \int_0^b \left[1 + \left(\frac{dx}{dy}\right)^2\right]^{\frac{1}{2}} dy = \frac{p}{k}\int_{\frac{\pi}{4}}^{\frac{\pi}{2}} \frac{d\theta}{(1 - p^2\sin^2\theta)^{\frac{1}{2}}}$$
$$= \frac{p}{k}\bigl[K(p) - F(p, \pi/4)\bigr] \tag{4.60}$$

となる．式（4.60）は，図 4.17 に示した変形形状が**ノーダルエラスティカ**状であることを示している．P の範囲については，$k = 0$ なら $p = 0$，また $k = \infty$ なら $p = 1$ であることが直ちにわかる．また，式（4.60）は引張り力 P のすべての範囲で成立している．

変形形状の **4 分円**に一致する**ノーダルエラスティカ** の弓状の部分は，図 4.18 に示すように，$e = 1/(k^2 r)$ の長さのレバーによって荷重 P を作用させることによって得られる．この図から，p がわかれば任意点の変形後の座標が計算できることが明瞭に理解できる．たとえば

$$a = \frac{2}{kp}\bigl[\cos\phi_B - \sqrt{1 - p^2}\bigr] \tag{4.61}$$

である．ここで，

$$\cos\phi_B = \sqrt{1 - p^2/2}, \quad \because \ \sin\phi_B = p\sin(\pi/4)$$

である．

b に関しても

$$b = \frac{2}{kp}\bigl\{(1 - p^2/2)[K(p) - F(p, \pi/4)] - [E(p) - E(p, \pi/4)]\bigr\} \tag{4.62}$$

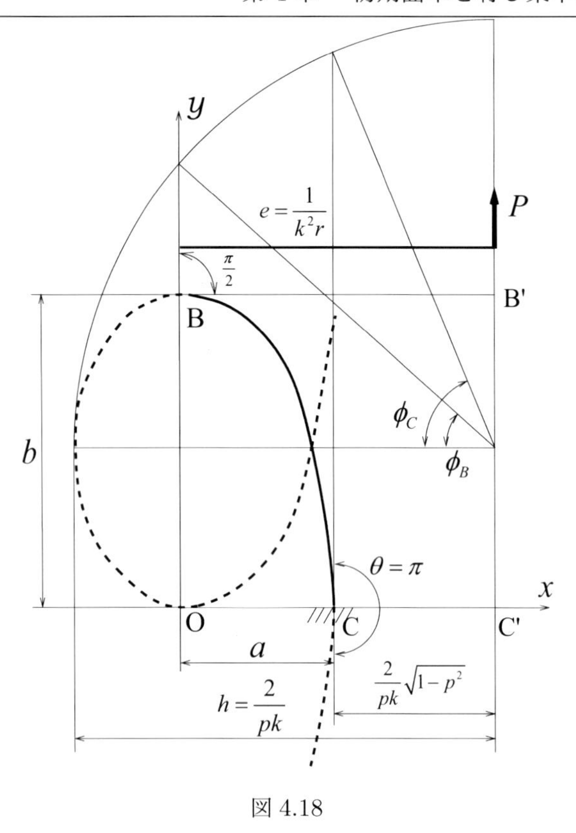

図 4.18

を得る．BC に沿った曲げモーメントは，線分 BB′C′C の横座標の大きさのような変化をする（図 4.18 参照）．それゆえ，$M_{\max}$ は点 B でまた $M_{\min}$ は点 C で生じる．その大きさは

$$M_B=-\frac{2}{p}\bigl[PEI(1-p^2/2)\bigr]^{\frac{1}{2}},\quad M_C=-\frac{2}{p}\bigl[PEI(1-p^2)\bigr]^{\frac{1}{2}} \tag{4.63}$$

により計算される．

先に，P が無限大となるときには p は 1 となることを示した．式（4.61）は，荷重 P が増加すると a が減少することを示す．その一方

$$\lim_{P\to\infty} M_C=0,\quad \lim_{P\to\infty} M_B=-\infty$$

である．

実際の例題として，半径 10 in.（= 254 mm），曲げ剛性 EI = 20 lb in.^{2}（= 574.1 Nmm^2）の円輪を考える．この円輪は直線状はりを曲げて作られ，引張り力 $2P$ が作用しているものとする（図 4.16(b) 参照）．荷重を変化させたときのその時々の変形形状を求めるには，式（4.60）を p について解く必要がある．しかしながら，p に値を与えて式（4.60）から P を求める方がより簡単である．円輪が変形した後の短軸や長軸は，式（4.61）および式（4.62）から求められる．表 4.1 に以上の結果を示す．また，図 4.19 は各々の変形形状を示す．

表 4.1　引張りを受ける円輪の力，変形量および曲げモーメント

形状	$\sin^{-1} p$	P (lb)	a (in.)	b (in.)	M_C (lb in.)	M_B (lb in.)	h (in.)
1	20°	0.00648	9.9667	10.0389	-1.979	-2.043	325.0
2	30°	0.016	9.8866	10.1068	-1.974	-2.155	142.5
3	40°	0.0313	9.782	10.2231	-1.884	-2.191	78.46
4	50°	0.0578	9.611	10.4016	-1.807	-2.364	48.59
5	60°	0.1037	9.3203	10.678	-1.663	-2.629	32.076
6	70°	0.192	8.7978	11.1504	-1.425	-3.114	21.707
7	80°	0.408	7.738	11.976	-1.007	-4.107	14.225
8	85°	0.70	6.674	12.67	-0.654	-5.326	10.72
9	87°	0.968	5.972	12.948	-0.456	-6.180	9.0175
10	89°	1.682	4.758	13.6848	-0.202	-8.205	6.898
11	89°54′	3.814	3.23	14.388	-0.030	-12.377	4.5895

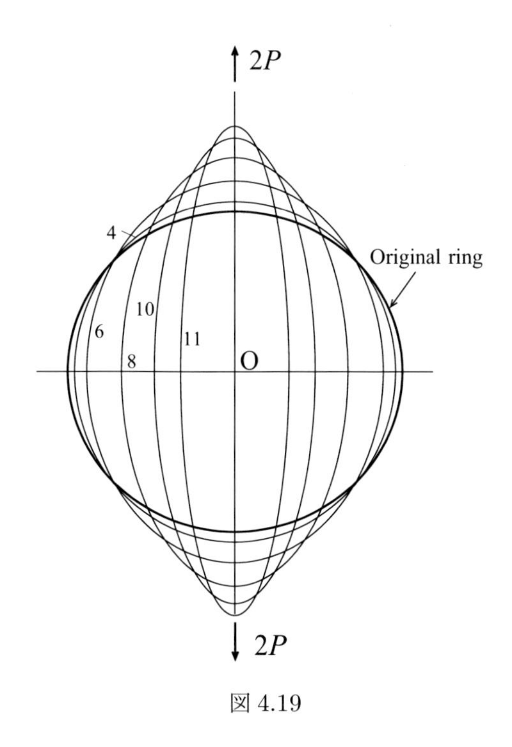

図 4.19

さらに，関数

$$\frac{Pr^2}{EI} = f_1\left(\frac{a}{r}\right), \quad \frac{Pr^2}{EI} = f_2\left(\frac{b}{r}\right)$$

をプロットしたものを図 4.20 に示す．この図より，荷重と変位は非線形関係にあることがわかる．

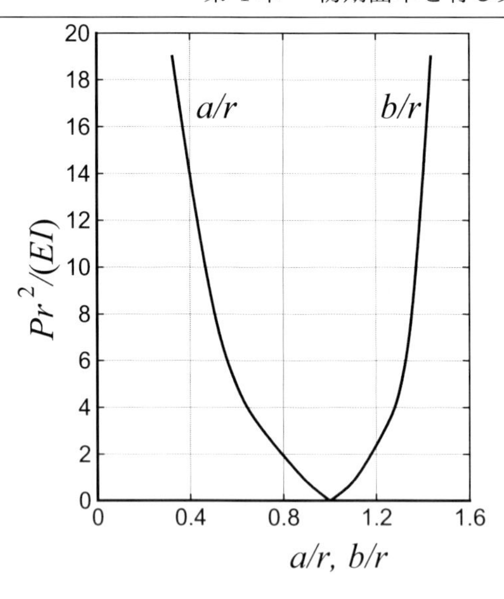

図 4.20

4.7 円輪の圧縮

4.6 節で議論したものと同一の円輪が，図 4.16(c) に示すように半径方向に圧縮荷重を受ける場合を考える．このとき，変形前の面内において円輪が変形するものと考える [7]．円輪の弾性安定問題を考えるような，一般的な問題については，Carrier[8]，Biezeno および Koch[9] らの研究を参照されたい．本問題の基礎方程式は，式（4.52）と同様な式である．しかしながら，力の大きさの範囲が（また解の適用範囲が）ある範囲に限られることがわかる．さらに，力 P の値がある大きさを超えたときに，**4 分円**において変曲点が存在することが問題を複雑にしている．そこで，円輪の解を導くために必要な式は，**弾性相似則の原理**を利用して導くこととする．

初めに，微小な荷重 P が，円輪すなわち図 4.21 に示す **4 分円**に加えられる場合を考える．点 B における時計回りの曲げモーメントおよび同時に作用している荷重 P は，長さが $e = M_r/P$ である長いレバーに力が作用している場合に置き換えられる．長さ，荷重および母数の関係は

$$\pi r/2 = pF(p, \pi/4)/k \tag{4.64}$$

と与えられる．

図 4.21 に示すように，荷重 P を増加すればレバー長さ e は減少し，P の作用線は**ノーダルエラスティカ** の延長線とついには交わる．この状態は，**ノーダルエラスティカ**と**波状エラスティカ** との分岐点を表す．すなわち，はりは無限に長くなり，母数は $p = \sin(\pi/2)$ となる．この状態を引き起こす荷重は

$$\pi r/2 = F(\pi/2, \pi/4)/k$$

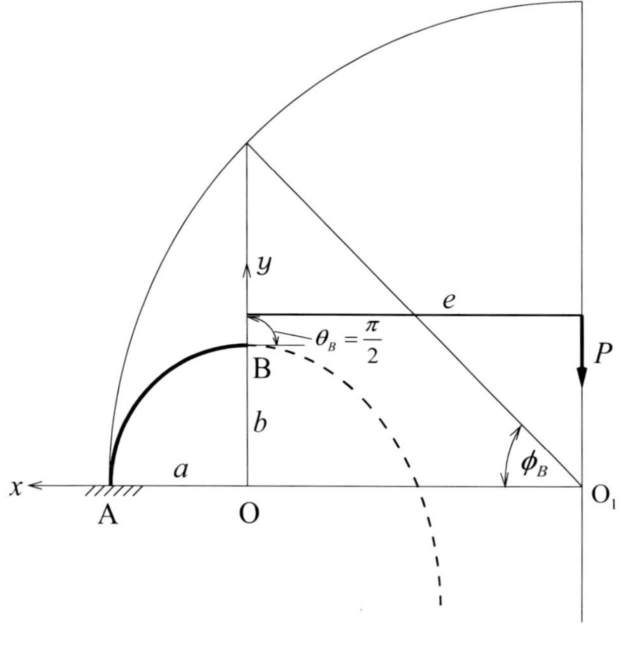

図 4.21

である．これより

$$P = 0.316EI/r^2 \tag{4.65}$$

を得る．この荷重は，圧縮荷重域における**ノーダルエラスティカ**として適用可能な荷重の上限を示している．長軸の半分の大きさは

$$a = 2\left[1 - \sqrt{1 - p^2/2}\right]/(kp) \tag{4.66}$$

であり，また，短軸の半分の大きさは

$$b = 2\left[E(p, \pi/4) - (1 - p^2/2)F(p, \pi/4)\right]/(kp) \tag{4.67}$$

より計算される．

$P > 0.316EI/r^2$ の荷重が作用した場合には，P は変形曲線 AB を仮想的に延長した線上に作用する（図 4.22 参照）．このときの変形形状は

$$\pi r/2 = F\left[p, \sin^{-1}\left(\frac{0.707}{p}\right)\right]\Big/ k \tag{4.68}$$

によって決定される．荷重を増加すると P が点 B の方向へ移動することは明らかである．$M = 0$ のときに P は点 B に達する．このことは，点 B においてはり先端が水平であることを保持するのに曲げモーメントは必要ではないことを意味する．この場合に $p = \sin(\pi/4)$ となり，荷重 P は

$$\pi r/2 = K(\pi/4)/k \tag{4.69}$$

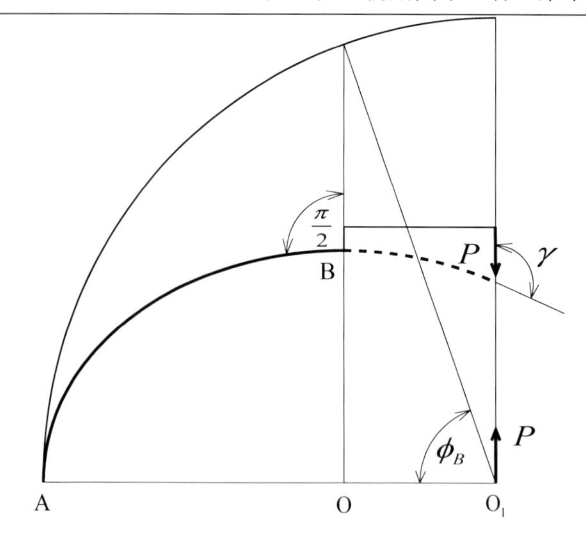

図 4.22

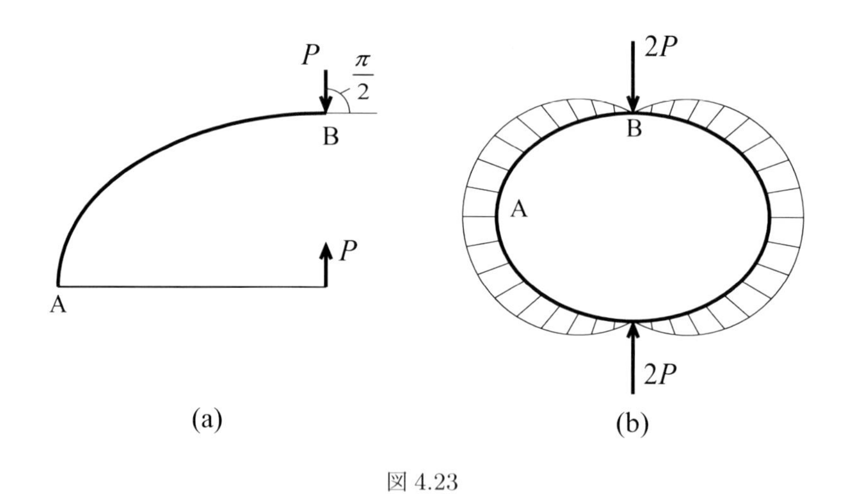

図 4.23

と表されるから，

$$P = 1.39EI/r^2 \tag{4.70}$$

となる．以上の結果に対応する荷重および変形形状を図 4.23(b) に示す．この分岐点における長軸および短軸の大きさの半分は

$$a_0 = 1.199r, \quad b_0 = 0.7185r$$

となる．

　もしも

$$0.316\frac{EI}{r^2} < P < 1.39\frac{EI}{r^2}$$

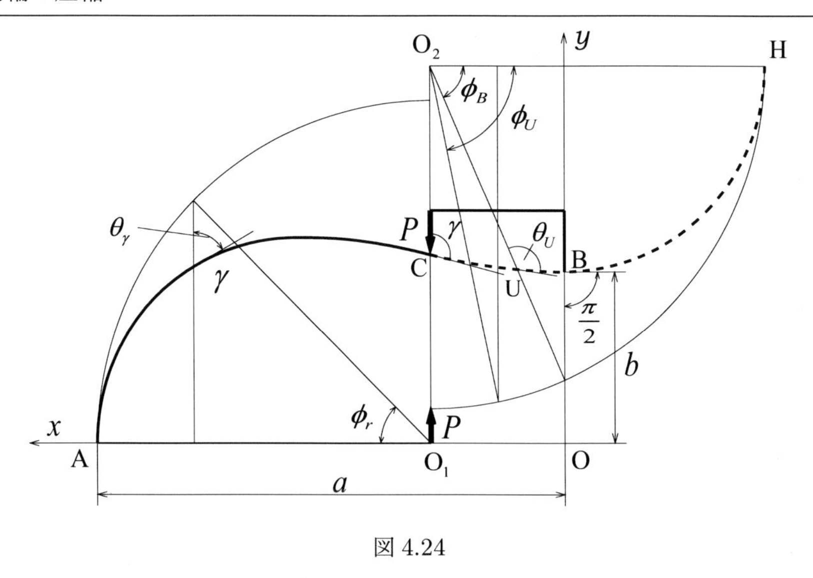

図 4.24

であるときは，長軸，短軸の大きさは

$$\left.\begin{aligned} a &= 2k\left[1 - \sqrt{1 - 1/(2p^2)}\right]/p, \\ b &= \left[2E(p, \phi_B) - F(p, \phi_B)\right]/k \end{aligned}\right\} \tag{4.71}$$

により計算される．ここで,

$$\sin\phi_B = \frac{\sin(\pi/4)}{p}$$

である．

以上より，P が $P = 0$ から $P = 1.39EI/r^2$ まで増加するにつれて，点 B の曲率が $1/r$ から 0 へと変化することがわかった．これよりさらに P を増加すると，点 B における曲率が負となることを意味する．したがって，**4 分円**は変曲点を有することになる．この場合の解析をするために，図 4.24 に示すように点 C に変曲点を仮定する．はじめに，真直でたわみやすいはりを点 A と点 H に置き，点 A と点 H で端点の接線が鉛直となるように固定する．このはりの長さについては，点 C において変曲点が存在するように長さを選ぶ．レバーに作用する荷重 P は，BH 部分を取り去っても線分 ACB がその位置を保つようにする必要がある．レバーは図のように点 B で取り付けられているが，その位置での接線は水平である．C 点を経て点 A と点 H の間で荷重だけが作用するため，CH 部分と AC 部分は点 C に関して対称に配置される．図 4.24 における太線は 4 分円の長さ $\pi r/2$ である．**波状エラスティカ** に関して誘導された公式を適用し，また，$ACB = ACBH - BH$ であることに留意すれば

$$\pi r/2 = \left[2K(p) - F(p, \phi_B)\right]/k \tag{4.72}$$

を得る．ここで,

$$p = \sin(\gamma/2), \quad \phi_B = \sin^{-1}\left(\frac{0.707}{p}\right)$$

である．式（4.72）より p が得られる．変形後の主な寸法は

$$\left.\begin{aligned} a &= 2p\bigl[1+\sqrt{(1-1/(2p^2)}\bigr]/k, \\ b &= \bigl[4E(p)-2K(p)-2E(p,\phi_B)+F(p,\phi_B)\bigr]/k \end{aligned}\right\} \tag{4.73}$$

となる．

p が求められれば，弧 ACB 上の任意点 T の座標は角度 θ によって与えられる．しかし，線分 AC と線分 CB を区分して考える必要がある．線分 AC 上の点では

$$\left.\begin{aligned} x &= 2p(\cos\phi_B+\cos\phi_T)/k, \\ \phi_T &= \sin^{-1}\left(\frac{\sin(\theta_T/2)}{p}\right), \\ y &= \bigl[2E(p,\phi_T)-F(p,\phi_T)\bigr]/k \end{aligned}\right\} \tag{4.74}$$

であり，線分 CB 上の点は

$$\begin{aligned} x &= 2p(\cos\phi_B-\cos\phi_U)/k, \\ y &= \bigl[4E(p)-2K(p)-2E(p,\phi_U)+F(p,\phi_U)\bigr]/k \end{aligned} \tag{4.75}$$

となる．ここで，

$$\phi_U = \sin^{-1}\left(\frac{\sin(\theta_U/2)}{p}\right)$$

である．また，θ は

$$\gamma > \theta > \pi/2$$

の範囲に限る．

もしも，P が $p=0$ から次第に増加するとすると，a ははじめは増加し P がある値を過ぎると減少する．式（4.73）より a は p の関数であることがわかる．すなわち

$$a = \eta(p)$$

と表される．したがって，$a_{\max}$ は，以下のように $\eta(p)$ を p に関して微分してゼロと置いて得られる．つまり，

$$\frac{d}{dp}\eta(p) = 1+\sqrt{1-1/(2p^2)} - \frac{1}{2p\sqrt{p^2-1/2}} = 0$$

この式は $p=(2/3)^{\frac{1}{2}}$ のときに満たされ，したがって $\phi_B = 60^\circ$ である．$a_{\max}$ を生じさせる荷重は

$$P = 3.33\frac{EI}{r^2}$$

である．この結果は式（4.72）に $p=\sin 54^\circ 44'$ を代入して得られる．さらに，式（4.73）より

$$a_{\max} = 1.341r$$

も得られる．

重要な荷重 P として，点 B と点 E が接触する荷重（図 4.16(c) 参照）がある．このとき，母数 p が満足すべき式は

$$b = \left[4E(p) - 2K(p) - 2E(p,\phi_B) + F(p,\phi_B)\right]/k = 0$$

である．この式の解は $p = \sin 58°47'$ であり，$\phi_B = 55°46.4'$ となる．このときの圧縮荷重は

$$P = 4.02\frac{EI}{r^2}$$

である．

いま，円輪が $2P$ の荷重で圧縮されていることを思い起こしてみよう．すると，**4 分円**と同じ長さおよび同じ曲げ剛性を持ち，両端を支持された柱の臨界荷重が，円輪を完全に押し潰すのに必要な力よりもわずか 0.5% だけ小さいことがわかる．そこでは，$a = 1.34r$ が成り立っている．

表 4.2 は，円輪に圧縮荷重が作用したときの各種の値をまとめた表である（先に，引張り力が作用した場合（表 4.1）も考察している）．この表の結果に対応した変形図を図 4.25 に示す．図 4.26 に示した図は，（初等理論で解析した）剛い円輪と（非線形理論で解析した）初期状態で応力の生じていないたわみやすい円輪との曲げモーメントとを比較した図である．剛い円輪についての直線は，$r = 10$ in. （$= 254$ mm）の円輪のすべてに適用できるが，図の曲線は本例で与えた円輪だけに適用できる．というのも，変形（したがって曲げモーメントも）は，$\sqrt{P/(EI)}$ に依存しているからである．この値が小さくなればなるほど，曲線は直線に近づいていく．

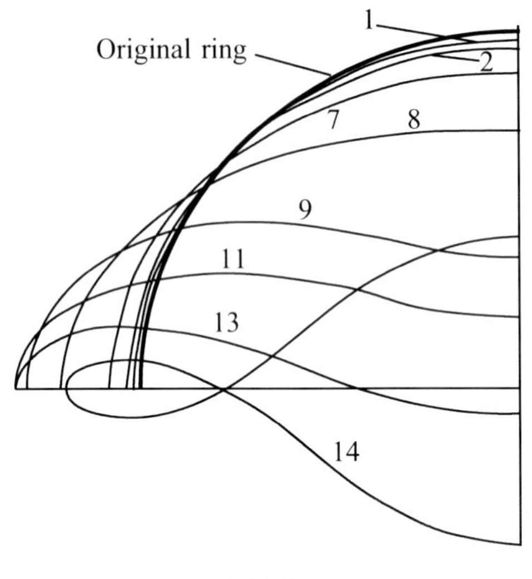
1
Original ring
2
7
8
9
11
13
14

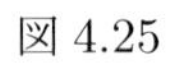
図 4.25

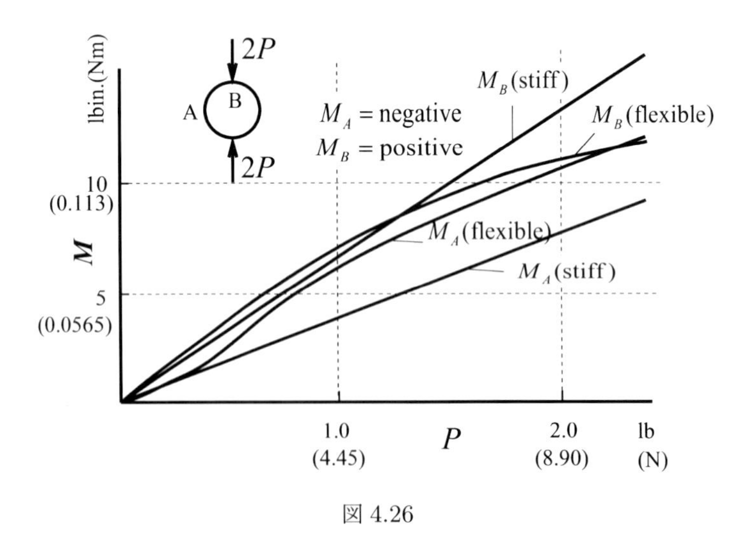
2P
A
B
2P
lbin.(Nm)
10
(0.113)
M
5
(0.0565)
M_A = negative
M_B = positive
M_B(stiff)
M_B(flexible)
M_A(flexible)
M_A(stiff)
1.0
(4.45)
P
2.0
(8.90)
lb
(N)

図 4.26

表 4.2 力，円輪の変形量および曲げモーメント：（円輪が圧縮を受ける場合）(7)

形状	$\sin^{-1} p$	P (lb)	h (in.)	a (in.)	b (in.)	M'_A (lb in.)	M'_B (lb in.)	M^*_A (lb in.)	M^*_B (lb in.)	備考
1	37°30′	0.02	103.6	10.12	9.80	-2.072	-1.87	-0.072	+0.13	ノーダルエラスティカ
2	90°	0.063	35.6	10.38	9.50	-2.23	-1.59	-0.23	+0.41	$P = 0.316EI/r^2$
3	85°	0.0638	35.2	10.40	9.48	-2.24	-1.58	-0.24	+0.42	
4	80°	0.0656	34.4	10.45	9.45	-2.26	-1.57	-0.26	+0.43	
5	70°	0.0743	30.8	10.51	9.39	-2.29	-1.51	-0.29	+0.49	変曲点なし
6	60°	0.094	25.3	10.68	9.25	-2.38	-1.375	-0.38	+0.625	
7	55°	0.113	21.8	10.80	8.91	-2.46	-1.24	-0.46	+0.76	
8	45°	0.278	11.99	11.99	7.19	-3.31	0.00	-1.31	+2.00	$P = 1.39EI/r^2$
9	50°	0.52	9.50	13.16	3.76	-4.94	+1.90	-2.94	+3.90	
10	55°44′	0.666		13.41						$a = a_{\max}$，$P = 3.33EI/r^2$
11	55°	0.677	8.90	13.40	2.10	-6.03	+2.98	-4.03	+4.98	
12	58°47′	0.804	8.55	13.39	0.00					$b = 0$，$P = 4.02EI/r^2$
13	60°	0.845	8.44	13.31	-0.493	-7.13	+4.11	-5.13	+6.11	
14	70°	1.328	7.29	12.09	-4.30	-9.70	+6.38	-7.70	+8.38	点 A と点 B の間に変曲点
15	80°	2.36	5.74	9.74	-7.85	-13.5	+9.44	-11.5	+11.44	
16	85°	3.72	4.62	7.87	-9.62	-17.2	+12.1	-15.2	+15.1	

*M'_A および M'_B は すべての点において初期曲げモーメント $EI/r = -2.00$ lb in. が作用；M_A および M_B は初期応力がない円輪.

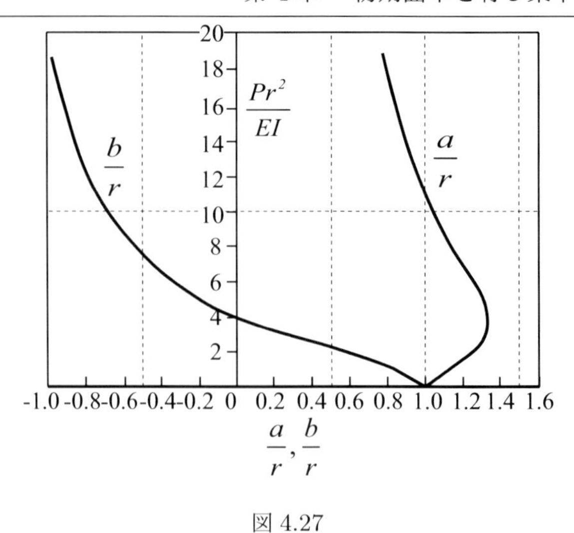

図 4.27

関数 $Pr^2/(EI) = f_1(a/r)$ および $Pr^2/(EI) = f_2(b/r)$ を図 4.27 に示す．この図は，荷重と変位の関係を与える．

4.8 円輪の近似解析

図 4.28 の破線は，直線を曲げて作られた負荷前の円輪の左半分を示す．実線 ACB は，点 A および点 B に作用する引張り力を受ける円輪の左半分の変形後の形状を表す．適度な荷重の大きさのもとでは，変形曲線と円弧のずれの程度は小さい．この変形後の弧は，半径 R，長さ πr であり点 A および点 B を通り，中心角は 2σ である．半径方向の変位 y は

$$\frac{d^2y}{d\phi^2} + y = -\frac{R^2}{EI} M_\phi \tag{4.76}$$

を解いて得られる．b を与えると，円の半径 R とその中心角 σ は $2\sigma R = \pi r$ および $b = R\sin\sigma$ より求めることができる．ここで，r は閉じた円輪の半径である．

問題は荷重 P を求めることである．図 4.28 に示した半円の弾性変形形状は，次のように考えることができる．πr の長さの真っ直ぐなはりの端点に曲げモーメント

$$M_1 = \frac{EI}{R} - \frac{2EI}{\pi r}\sigma$$

が作用すると，点 A および点 B 間で半径が R となる円弧状に曲がる．この円弧は点 A および点 B で支持されているが，両端で新たに曲げモーメントを受けることになる．このモーメント M_2（M_1 と同じ向き）は，円弧の接線が水平になるように，また，この 2 番目の曲げモーメントによって生じる垂直力が変形を生じさせている力と同じの大きさになるように選ばれる [6]．

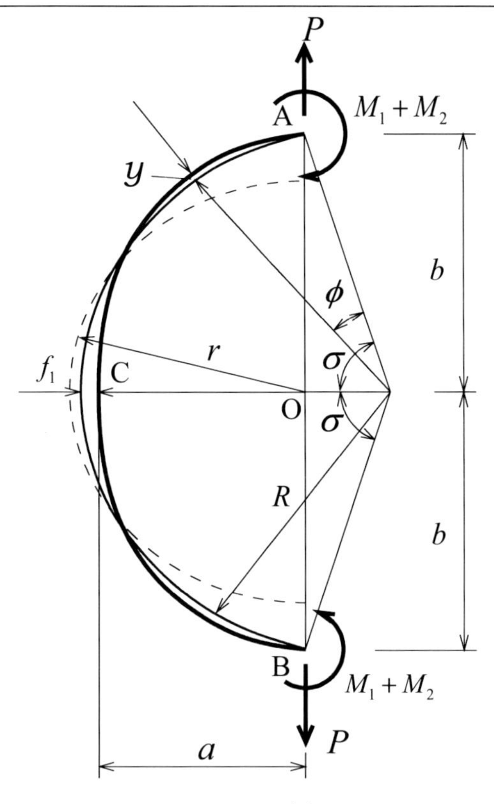

図 4.28 Sonntag[(5)] による

この 2 番目の曲げの間にはりに蓄えられるひずみエネルギーは

$$U = \frac{1}{2EI}\int_0^{\sigma}(M_{2\phi})^2 R\, d\phi$$

と表される．ここで，

$$M_{2\phi} = M_2 - PR\bigl[\cos(\sigma-\phi) - \cos\sigma\bigr]$$

である．**不静定力** P **と不静定曲げモーメント** M_2 は，**Castigliano の定理** により，以下の式から求められる．

$$\frac{\partial U}{\partial R} = 0, \quad \frac{\partial U}{\partial M_2} = \pi/2 - \sigma$$

この 2 式より

$$\frac{Pr^2}{EI} = \frac{4\sigma^2(\sin\sigma - \sigma\cos\sigma)(\pi/2-\sigma)}{\pi^2(\sigma/4)\sin 2\sigma - \sin^2\sigma + \sigma^2/2} \tag{4.77}$$

となる．水平方向の軸の長さは

$$a = \frac{\pi r}{2\sigma}(1-\cos\sigma) - f_1$$

により得られる．ここで，f_1 は点 C の（微小変形理論による）たわみであり，

$$f_1 = \frac{\pi r}{2\sigma}\left(\frac{2Pr^2}{EI}\frac{\Lambda_2}{\sigma^2} - \alpha\Lambda_4 \sin^2\sigma\right)$$

と求められる．ここで，

$$\begin{aligned}\alpha &= \frac{Pr^2}{EI}\frac{\pi^2}{4}\frac{\Lambda_1}{\sigma^2\sin^2\sigma} + \frac{(\pi/2)-\sigma}{\sigma}\\ &= \left(\frac{\Lambda_1^2}{\Lambda_3\sigma\sin^4\sigma - \Lambda_1^2} + 1\right)\left(\frac{\pi}{2\sigma} - 1\right)\end{aligned}$$

であり，Λ_1, Λ_2 および Λ_4 は 3.1 節で示した式と同じ式である．以上で，a を σ の関数として表したことになる．また，任意位置 ϕ における曲げモーメントは

$$M_\phi = M_1 + M_{2\phi}$$

と表される．すなわち，

$$M_\phi = \frac{EI}{r}\left\{\frac{2\sigma}{\pi}(1+\alpha) - \frac{Pr^2}{EI}\frac{\pi}{2\sigma}\left[\cos(\sigma-\phi) - \cos\sigma\right]\right\}$$

点 A（$\phi = 0$）における曲げモーメントは

$$M_A = \frac{2EI}{\pi r}(1+\alpha)\sigma$$

となる．この曲げモーメントは $\alpha = -1$ でゼロになるから

$$\frac{\Lambda_1}{\Lambda_3\sin^4\sigma} = \pi/2 \tag{4.78}$$

を得る．

式（4.78）の根のうちの最小根は $\sigma = 1.98$ である．式（4.78）より

$$\frac{Pr^2}{EI} = 1.464$$

と得る．厳密な解析によれば，その点の曲率（および曲げモーメント）は圧縮力が $P = 1.39EI/r^2$ であるときにゼロとなる．したがって，近似解は正解より 5% だけ大きい．

近似解法は

$$\frac{Pr^2}{EI} < 1.464$$

であるときに，引張り力および圧縮力の両方の場合に用いることができ，変曲点が存在するときには適用できない．

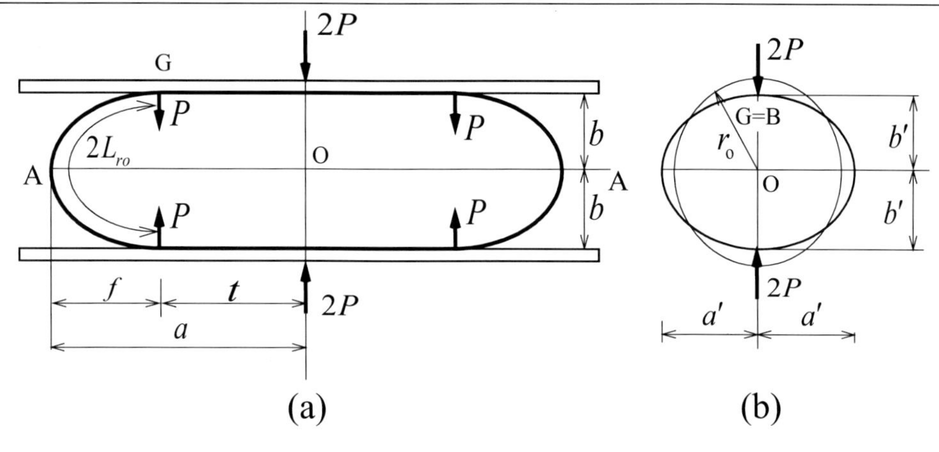

図 4.29

4.9 2 枚の板によって圧縮されるたわみやすい円輪

集中荷重 $2P$ の代わりに，2 枚の水平な板によって円輪が圧縮される場合を考えよう（図 4.29 参照）．$P < 1.39EI/r^2$ の荷重の場合には，板は 1 点のみで円輪に接する．$P > 1.39EI/r^2$ となれば，**4 分円**の変形形状は，平板と接している直線部 t と長さが $L_{r0} = \pi r/2 - t$ である曲線部から成り立つ．平板と円輪との間に作用する反力は P であり，直線部の端点 G に作用する．

同じ大きさの**曲げ剛性** EI を有し，円周の長さが $4L_{r0}$ である円状のはりを考える．この**等価円輪**（reduced ring）の半径は

$$r_0 = r - 2t/\pi$$

である．力の作用点の曲率がゼロになるまで，半径方向の 2 つの力でこの円輪を圧縮するものとする．この荷重に対応する変形形状を図 4.29(b) 示す．図中の半径 r_0 の等価円輪の 4 分円は，平板間に置かれた無負荷時の長さ L_{r0} の円輪と同一である [5]．したがって

$$\frac{Pr^2}{EI}\left[1 - \frac{4}{\pi}\cdot\frac{t}{r} + \frac{4}{\pi^2}\cdot\frac{t^2}{r^2}\right] = 1.39$$

となる．この t/r の 2 次方程式の解は

$$\frac{t}{r} = \frac{\pi}{2}\left[1 - 1.18\left(\frac{EI}{Pr^2}\right)^{\frac{1}{2}}\right]$$

である．等価円輪の半径の式は

$$\frac{t}{r} = \frac{\pi}{2}\left(1 - \frac{r_0}{r}\right)$$

なので

$$\frac{r_0}{r} = 1.18\left(\frac{EI}{Pr^2}\right)^{\frac{1}{2}} \tag{4.79}$$

となる．

点Bの曲率がゼロとなるときは

$$\frac{b}{r} = 0.7185$$

となる（4.6節参照）から，等価円輪に対しては

$$\frac{b'}{r_0} = 0.7185$$

となる．したがって

$$\frac{b'}{r} = 0.846\left(\frac{EI}{Pr^2}\right)^{\frac{1}{2}} \text{ すなわち } P = \frac{0.7157}{(b')^2}EI \tag{4.80}$$

を得る．さらに

$$\frac{a}{r} = \frac{t}{r} + \frac{f}{r_0} \cdot \frac{r_0}{r} = \frac{\pi}{2} - 0.441\left(\frac{EI}{Pr^2}\right)^{\frac{1}{2}}$$

を得る．ここで，点Bの曲率がゼロのときには

$$\frac{a'}{r_0} = \frac{f}{r_0} = 1.199$$

となることを利用している．

最も重要な式は式（4.79）である．この式は，通常の円輪から等価円輪に移行する遷移点を示しているからである．r_0 がわかれば，$r = r_0$ および $p = \sin(\pi/4)$ と置き換えそして楕円の方程式を考えれば，すべてのたわみ角や変形量は通常の円輪の式から計算される．

最大曲げモーメントは点Aにおいて生じ，その値は

$$M_A = \sqrt{2PEI} \tag{4.81}$$

である．

無次元量 a/r および b/r を $Pr^2/(EI)$ の関数としてプロットした図を図4.30に示す．

4.10 板ばね

長さ $2L$ の同じ2枚の円弧状の板ばねが図4.31のように向き合っていて，その両端に摩擦のない状態でヒンジされている場合を考える．荷重 $2P$ は点Aと点Cの中間に作用している．はじめに引張り力の場合を考え，点Bで固定され自由端で P を受ける，上側の右半分のはりを考える．これより，この初期曲率を持ったはりは，初めに直線であったはり（このはりには，図4.32に示すように剛体レバーを介して荷重が作用している）に置き換えられる．この片持ちはりを**基本はり**（basic strut）へ変換した図を図4.32に示す．はじめに，その剛体レバーの端部に微小な荷重が負荷される．$e = 1/(rk^2)$（ここで，

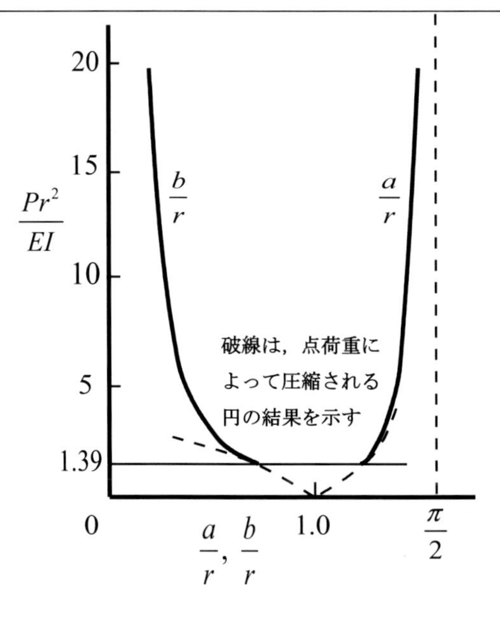

図 4.30

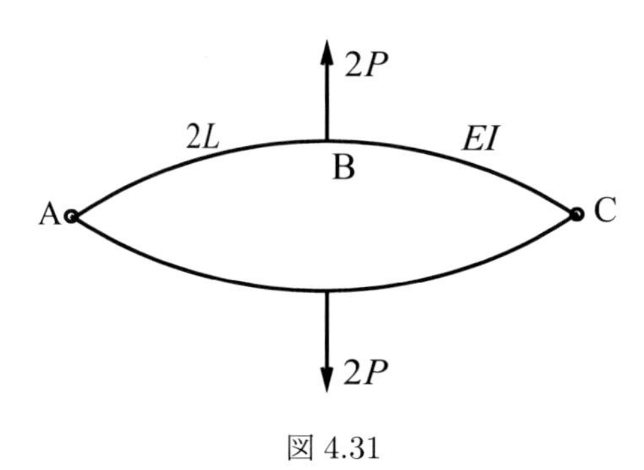

図 4.31

r は板ばねの曲率半径）および $k = \sqrt{P/(EI)}$ なので，微小な荷重は，レバーの長さが長いことを意味している．したがって，少なくとも初めはノーダルエラスティカを考える必要がある．

p の解を導くための式は

$$L = p\big[F(p, \theta_C/2) - F(p, \pi/4)\big]/k \tag{4.82}$$

である．ここで，

$$\sin(\theta_C/2) = \left[\left(\frac{1}{p}\right)^2 - \left(\frac{1}{2kr}\right)^2\right]^{\frac{1}{2}}$$

と表される．これは

$$e = \frac{1}{rk^2} = \frac{2}{kp}\big[1 - p^2 \sin^2(\theta_C/2)\big]^{\frac{1}{2}}$$

の関係式より導かれる．

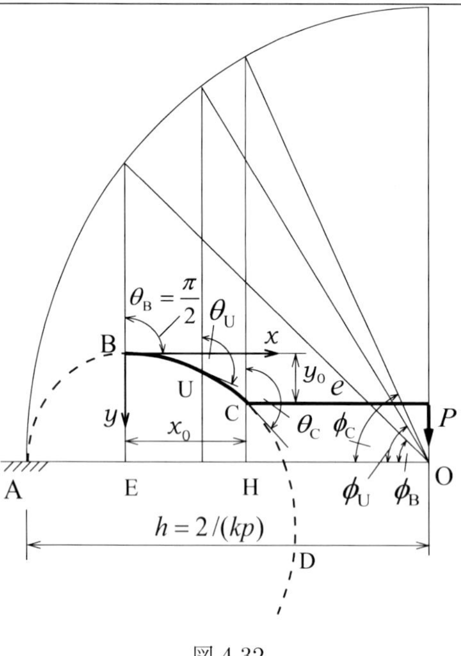

図 4.32

式（4.82）の適用範囲を考えるに当たって，P を次第に増加させると e が短くなることおよび θ_C が増大することにつながる点に留意すべきである．図 4.32 において，点 C は点 D に向かって移動し，θ_C は π に近づく．この場合，

$$e = \frac{2}{kp}\left(1 - p^2\right)^{\frac{1}{2}}$$

となり，したがって

$$p = \frac{2rk}{\left[1 + (2rk)^2\right]^{\frac{1}{2}}} \tag{4.83}$$

を得る．p と k の関係は

$$L = p\left[K(p) - F(p, \pi/4)\right]/k \tag{4.84}$$

により与えられる．

式 (4.84) が誘導される理由が図 4.33 に明瞭に示されている．式 (4.84) および式 (4.82) が適用可能な境界値を見出すために，式（4.83）および式（4.84）を同時に満たす荷重 P の最小値を計算しよう．この値を P_b とすると，P を増大させて P_b を超えても θ_C は π のままである．したがって，変形形状は式（4.84）によって決められる．

以上より，任意点のたわみ角や変形量は，ノーダルエラスティカ の式を用いて弧の長さ s の関数として表すことができる．特に点 C のたわみ x_0, y_0 が興味深い．$P < P_0$ の

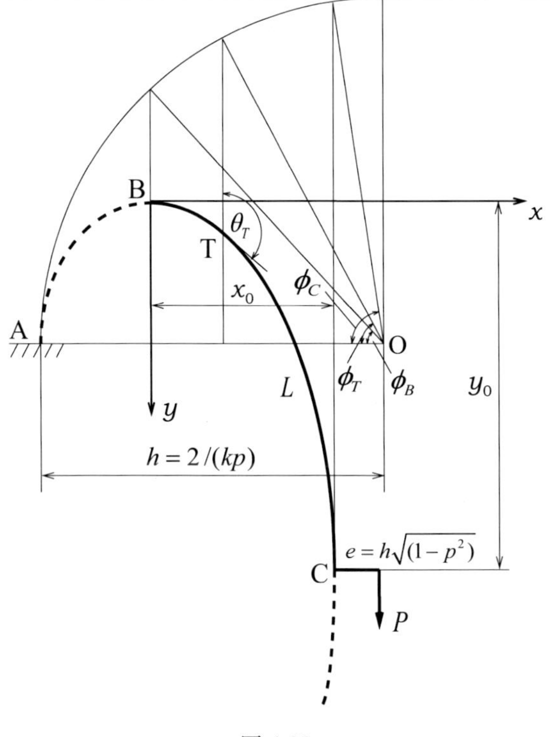

図 4.33

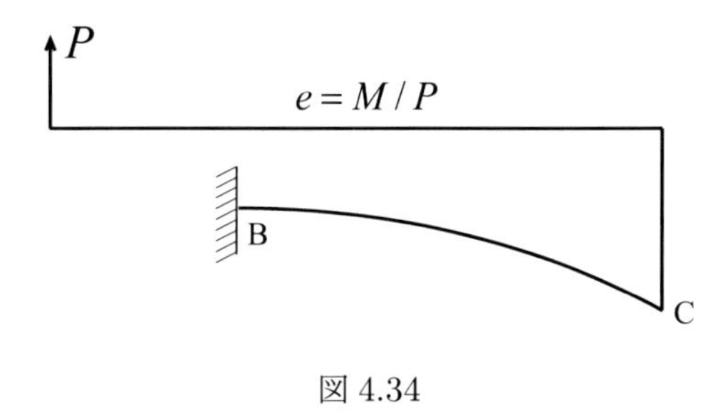

図 4.34

ときは，

$$\left.\begin{aligned} x_0 &= 2\big[(1-p^2/2)^{\frac{1}{2}} - p/(2rk)\big]/(kp), \\ y_0 &= 2\big\{E(p,\pi/4) - E(p,\theta_C/2) \\ &\quad + (1-p^2/2)[F(p,\theta_C/2) - F(p,\pi/4)]\big\}/(kp) \end{aligned}\right\} \tag{4.85}$$

である．ここで，$\theta_C/2$ は式（4.82）から求められる．

$P > P_b$ の場合には，点 C の座標は

$$\left.\begin{aligned} x_0 &= 2\big[(1-p^2/2)^{\frac{1}{2}} - p/(2rk)\big]/(kp), \\ y_0 &= 2\big\{E(p,\pi/4) - E(p) + (1-p^2/2)[K(p) - F(p,\pi/4)]\big\}/(kp) \end{aligned}\right\} \tag{4.86}$$

となる．

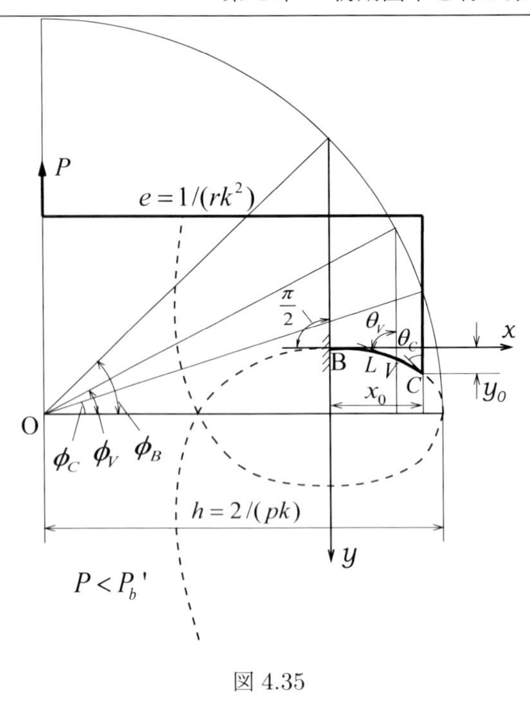

図 4.35

もしも，板ばねが圧縮状態にあるなら力 P は上向きに作用する（図 4.34 参照）．したがって，剛体レバーは図 4.32 に示すのとは反対方向に移動する．荷重 P を小さい値から始めると，大きなレバーの長さ e を必要とし，この板ばねは図 4.35 に示すような**ノーダルエラスティカ**になる．板ばねの長さ L と母数 p の関係は

$$\left.\begin{aligned} &L = p\big[F(p,\pi/4) - F(p,\theta_C/2)\big]/k, \\ \text{ここで}\quad &\sin(\theta_C/2) = \left[\left(\frac{1}{p}\right)^2 - \left(\frac{1}{2rk}\right)^2\right]^{\frac{1}{2}} \end{aligned}\right\} \tag{4.87}$$

となる．P の大きさを徐々に増加させると，点 C に向かって荷重点が移動し（図 4.35 参照），p の増加につながる．$p=1$ のときに極限値に達し，このときは，式（4.87）より

$$L = \left\{F(\pi/2,\pi/4) - F\left[\pi/2,\cos^{-1}\left(\frac{1}{2rk}\right)\right]\right\}\Big/k$$

すなわち

$$0.8814 - L\left(\frac{P_b'}{EI}\right)^{\frac{1}{2}} = \lambda\left\{\cos^{-1}\left[\frac{1}{2r}\left(\frac{EI}{P_b'}\right)^{\frac{1}{2}}\right]\right\} \tag{4.88}$$

となる．

式（4.88）は，**ノーダルエラスティカ**と**波状エラスティカ**の境界を表す引張り力である P_b' を求める式でもある (10)．

P が P_b' よりも大きくなったときには，以下の 2 つのケースを考慮する必要がある．その 1 つは，e が短くなることで変形曲線を仮想的に伸ばした線を P の作用線が横切る場合

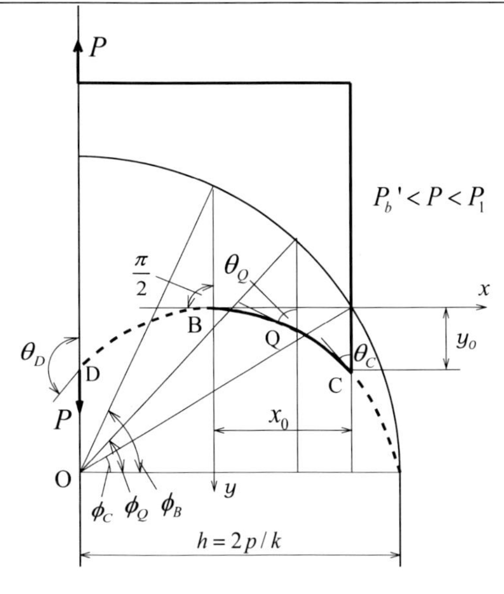

図 4.36

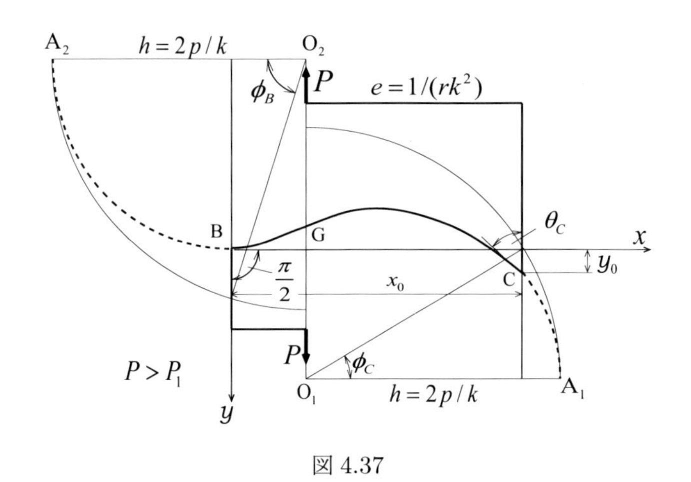

図 4.37

（図 4.36 参照）で，2 つ目は，e がさらに短くなって P の作用線がはり自身を横切る場合である（図 4.37 参照）．図 4.37 および図 4.38 に示されたこれらの 2 つの場合の境界は，P の作用線が点 B を通ったときに達する．したがって

$$L = \left[K(\pi/4) - F(\pi/4, \phi_C)\right]/k \tag{4.89}$$

と表される．ここで，$\cos\phi_C = 1/(\sqrt{2}rk)$ である．

式（4.89）は，このときの関係を示した図 4.38 をもとに

$$p = \frac{\sqrt{2}}{2}, \qquad \frac{1}{rk^2} = \frac{2p}{k}\cos\phi_C$$

の関係を考慮して得られる．

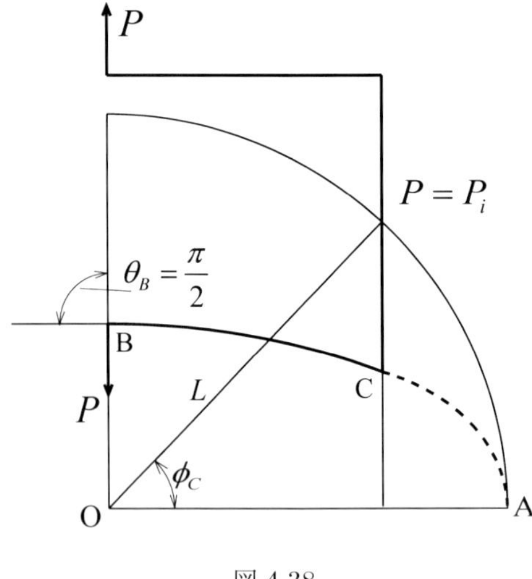

図 4.38

図 4.36 および図 4.37 に示した 2 つのケースの境界荷重である $P = P_i$ を求めるには k を知っておく必要がある．P_i に関しては

$$L\left(\frac{P_i}{EI}\right)^{\frac{1}{2}} = 1.8541 - F\left\{\pi/4,\ \cos^{-1}\left[\frac{1}{r}\left(\frac{EI}{2P_i}\right)^{\frac{1}{2}}\right]\right\} \tag{4.90}$$

が成り立つ．

したがって，圧縮状態では荷重 P は，次の 3 つの状態

$$0 < P \leq P_b',$$
$$P_b' < P \leq P_i,$$
$$P > P_i$$

が考えられる．もしも，$0 < P \leq P_b'$ であれば，点 C の座標は

$$x_0 = 2\left[p/(2rk) - \sqrt{1 - p^2/2}\right]/(kp),$$
$$y_0 = \frac{2}{kp}\big\{E(p, \pi/4) - E(p, \theta_C/2) + (1 - p^2/2)[F(p, \theta_C/2) - F(p, \pi/4)]\big\}$$

となる．ここで，$\theta_C/2$ および p は，式（4.87）より得られる．

このほかの変形後の座標やたわみ角を求める場合にはノーダルエラスティカの式を利用する．

もしも，$P_b' < P < P_i$ であれば，変形形状は変曲点のない波状エラスティカ状になる．この変形のもとでの母数 p は

$$L = \frac{1}{k}\left\{F\left[p, \sin^{-1}\left(\frac{0.707}{p}\right)\right] - F\left[p, \cos^{-1}\left(\frac{1}{2rkp}\right)\right]\right\} \tag{4.91}$$

の解として求められる．また，点 C の座標は

$$\left.\begin{aligned} x_0 &= 2p\big[1/(2rkp) - (1 - 1/(2p^2))^{\frac{1}{2}}\big]/k, \\ y_0 &= 2\big[E(p,\phi_B) - F(p,\phi_B) \\ &\quad + F(p,\phi_C) - 2E(p,\phi_C)\big]/k \end{aligned}\right\} \tag{4.92}$$

と得られる．ここで，

$$\cos\phi_B = \big(1 - 1/(2p^2)\big)^{\frac{1}{2}}, \quad \cos\phi_C = 1/(2rkp)$$

である．

最後に，$P > P_i$ ならば，板ばねは点 G において変曲点 を有する（図 4.37 参照）．変形曲線 A_2BGCA_1 は点 G に関して対称となり，母数 p は両者に対して同一値をとる．この母数は

$$L = \big[2K(p) - F(p,\phi_B) - F(p,\phi_C)\big]/k \tag{4.93}$$

から計算される． ここで，

$$\phi_B = \sin^{-1}\left(\frac{0.707}{p}\right), \quad \phi_C = \cos^{-1}\left(\frac{1}{2rkp}\right)$$

である．

点 C の座標は

$$\left.\begin{aligned} x_0 &= 2p\big(1/(2rkp) + \cos\phi_B\big)/k, \\ y_0 &= \big[4E(p) - 2E(p,\phi_B) - 2E(p,\phi_C) - Lk\big]/k \end{aligned}\right\} \tag{4.94}$$

となる．

板ばねが点 B（図 4.31 参照）で互いに接するまでに必要な力は，式（4.93）と以下の式を連立させて得られる．

$$4E(p) - 2E\left[p, \sin^{-1}\left(\frac{0.707}{p}\right)\right] = Lk + 2E\left[p, \cos^{-1}\left(\frac{1}{2rkp}\right)\right] \tag{4.95}$$

以上より，p と $k = k_0$ がわかれば，この値を代入して

$$2P_0 = 2k_0^2 EI$$

により，板ばねが閉じる荷重を求められる．

以上で議論したすべての式は，端点におけるたわみ角と座標であった．この手順と同様に，任意位置の角 θ を与えれば，その値に対応する ϕ，円弧長さ s およびその位置での座標が求められる．

一例として，以下のデータが与えられた板ばねを考える．

$$r = 7.5\ \text{in.}(= 190.5\text{mm}), \quad L = 6.5\ \text{in.}(= 165.1\text{mm}),$$
$$EI = 10\ \text{lb in.}^2(= 2.87 \times 10^5\ \text{N/mm}^2)$$

表 4.3　引張りを受ける板ばねの力，母数および変形量 [10]

形状	P(lb)	p	θ_C	x_0(in.)	y_0(in.)	h(in.)	備考
0	0.00	sin 0°	139°6’	5.71	2.636	∞	初期円輪
1	0.0143	sin 30°	140°22’	5.64	2.661	105.8	p および P は式（4.82）より計算される
2	0.056	sin 50°	144°54’	5.51	3.00	34.9	
3	0.078	sin 55°	147°12’	5.43	3.14	27.66	
4	0.111	sin 60°	150°18’	5.31	3.29	21.85	
5	0.165	sin 65°	153°48’	5.11	3.66	17.18	
6	0.275	sin 70°	160°00’	4.74	3.84	12.83	
7	0.578	sin 75°	172°08’	3.98	4.54	8.61	
8	0.995	sin 78°	180°00’	3.52	4.88	6.48	
9	1.18	sin 80°	180°00’	3.37	4.97	5.92	p および P は式（4.84）より計算される
10	2.05	sin 85°	180°00’	2.38	5.17	4.42	
11	4.9	sin 89°	180°00’	1.75	5.67	2.86	
12	8.99	sin 89°48’	180°00’	1.34	5.85	2.11	
13	11.07	sin 89°54’	180°00’	1.22	5.96	1.90	

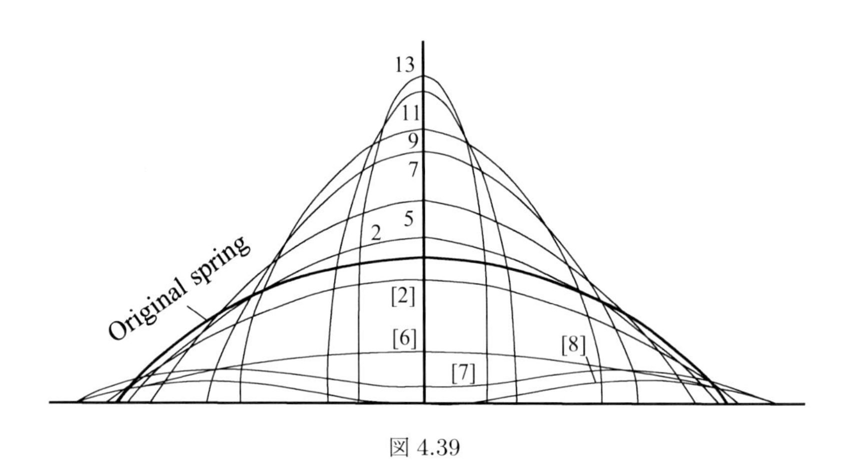

図 4.39

引張荷重の場合には，式（4.83）および式（4.84）より $P_b = 0.995$ lb（= 4.43 N）を得る．引張り荷重 P を $P < 0.995$ lb および $P > 0.995$ lb の場合分けをすれば，引張り域での変形形状がわかる．荷重と変形後の座標を表 4.3 に示す．また，対応する変形形状を図 4.39 に示す．

圧縮力の場合には，荷重範囲は以下のように分けられる．

$$0 < P \leq 0.0525 \text{ lb} = P_b'$$
$$0.0525 \text{ lb} < P \leq 0.208 \text{ lb} = P_i$$
$$P > 0.208 \text{ lb}$$

これらの P の値は式（4.88）および式（4.90）より得られる．荷重と座標の大きさを表 4.4 にまとめ，またそれぞれの荷重に対応する変形形状を図 4.39 に示す．圧縮および引張り荷重域における数値計算を容易にするために，母数 p に適当な値を与え，その値に対応する P を計算して表を完成している．

表 4.4　圧縮を受ける板ばねの力，母数および変形量 (10)

形状	P(lb)	p	x_0(in.)	y_0(in.)	h(in.)	備考
1	0.0373	sin 60°	5.84	2.40	37.8	ノーダルエラスティカ
2	0.0525	sin 90°	5.90	2.25	27.6	
3	0.0545	sin 80°	5.91	2.22	26.7	波状エラスティカ
4	0.0614	sin 70°	5.92	2.195	23.98	（変曲点なし）
5	0.0760	sin 60°	6.11	2.15	19.88	
6	0.208	sin 45°	6.40	0.95	9.80	
7	0.275	sin 46°	6.44	0.32	8.66	波状エラスティカ
8	0.312	sin 47°10'	6.48	0.00	8.30	（変曲点あり）

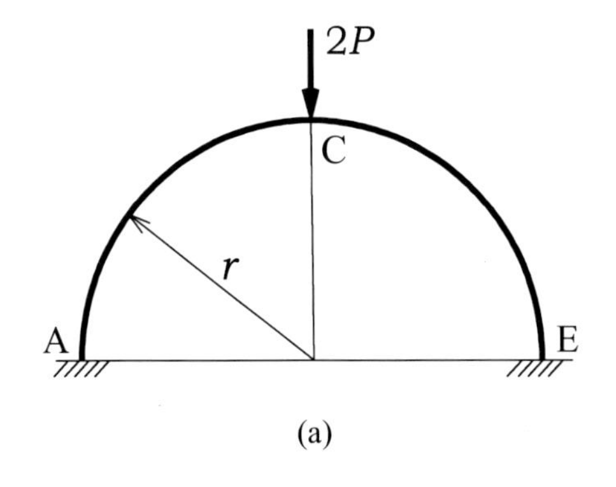

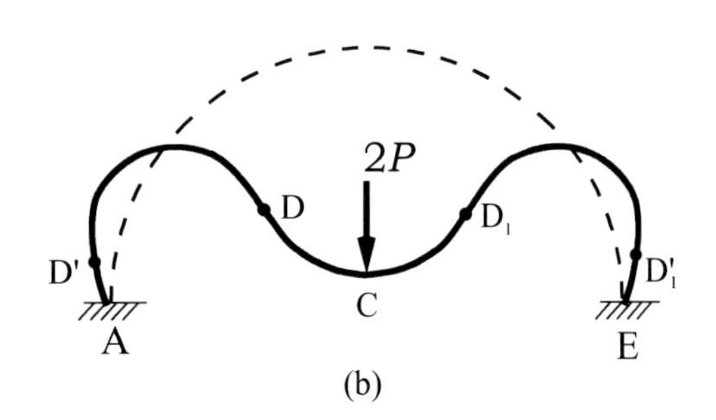

図 4.40

4.11 両端固定の半円輪

本章で議論した以上の問題では，変曲点が 1 つである変形形状を調べている．円輪は，ある圧縮荷重値を超えるときには 4 つの変曲点を有するが，対称性があるために，1 つの変曲点を持つ問題に置き換えられている．しかしながら，変曲点の数が 1 つ以上の問題も存在する．たとえば，両端が固定され，対称軸上に $2P$ の圧縮荷重を受ける半円輪を考える（図 4.40(a) 参照）．この問題を解くために，Biezeno と Koch ら [11]，また Wijngaarden[3] によって，収束の遅い級数を用いる方法が用いられた．以下に述べる手法には，圧縮された円輪の幾何学的性質を利用するという利点がある．ある荷重段階において，変形形状には 4 つの変曲点が存在することに気づくだろうが，4.7 節の問題とは異なり 2 つだけの **4 分円**が存在することになる．したがって各々の 4 分円は 2 つの変曲点を有することになる（図 4.40(b) を参照）．

本解法は，小さな荷重を負荷することから始まる．AC を 4 分円の変形形状とする（図

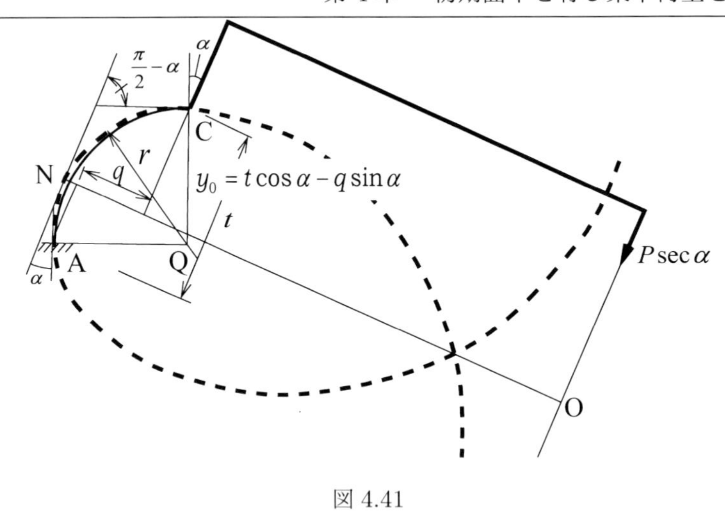

図 4.41

4.41 参照）．変形後の形状は，長さが $\pi r/2$ のまま，点 C における傾きが水平そして AQ が半径 r に等しい，という条件を満たす必要がある．2 番目および 3 番目の条件を満たすために，曲げモーメント M と水平力 H が必要になる．荷重 P と H が存在するということは，点 C に作用する荷重が鉛直方向に対して α なる角度だけ傾くことを，また，曲げモーメント M は剛体レバー上に作用している $P\sec\alpha$ なる力と等価であることを意味している（図 4.41 参照）．荷重 P が小さい場合にはレバー長が大きくなり，これによって NC および NA 部分が基礎 NO 上に対称に置かれたノーダルエラスティカの一部となる．変形を表す母数 p と 4 分円の長さとの関係は

$$\pi r/2 = p\Big\{F\big[p, (\pi/4 - \alpha/2)\big] + F(p, \alpha/2)\Big\}\Big/k \tag{4.96}$$

により表される．ここで，

$$k = \left(\frac{P\sec\alpha}{EI}\right)^{\frac{1}{2}}$$

である．この式には，2 つの未知数 p と α が含まれている．そこで，もう 1 つの式として $AQ = r$ が必要となる．図 4.41 より

$$r = t\sin\alpha + q\cos\alpha \tag{4.97}$$

という関係があることがわかる．ここで，t および q は基準線 NO に関する点 C，点 A の垂直，水平座標の和および差であり，ノーダルエラスティカの基礎式を適用することによって p および α の関数で表すことができる．もしも，荷重が $P = 0$ から増えていくとすれば，母数 p はゼロからその最大値である 1 まで変化する．

したがって，母数が 1 になるとき（ノーダルエラスティカ状態にある）の荷重 P が，式 (4.96) および式 (4.97) の適用限界を示すことになる．

荷重 P がこれ以上に増加すると，仮想延長したはりが $P\sec\alpha$ の作用線と交わるような変形状態になる（図 4.42 参照）．この力はもちろんレバー上に作用している．

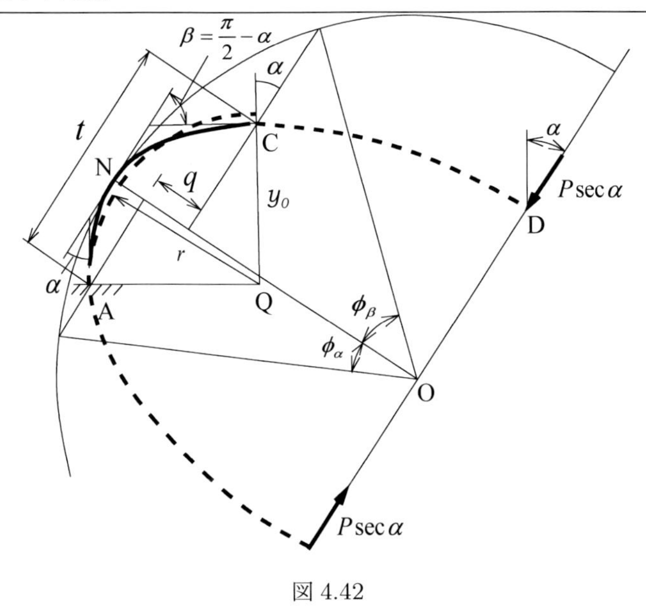

図 4.42

$NC+NA$ の長さは

$$\pi r/2=\big[F(p,\phi_\beta)+F(p,\phi_\alpha)\big]/k \tag{4.98}$$

となる．ここで，

$$k=\left(\frac{P\sec\alpha}{EI}\right)^{\frac{1}{2}},\quad \phi_\alpha=\frac{\sin(\alpha/2)}{p},\quad \phi_\beta=\frac{\sin(\pi/4-\alpha/2)}{p}$$

である．

もう 1 つの方程式は，先と同じく

$$r=t\sin\alpha+q\cos\alpha$$

であり t および q は前と同じ意味であるが，点 C と点 A の座標は今度は**波状エラスティカ**の式から計算される．図 4.42 に示した変形状態となるには，$P\sec\alpha$ の増加に対して p を減少させる必要がある．このときの荷重 P は点 C に次第に近づいていき，最後には点 C に達する．点 C に達した場合（図 4.43 参照）には，点 C の曲率はゼロとなり，この結果，これ以上に変形が進むときには，点 C 近傍において変曲点を持つようになる．この場合には $p=\sin(\pi/4-\alpha/2)$ なので，変曲点を持たない**波状エラスティカ**の母数の範囲は

$$1>p>\sin(\pi/4-\alpha/2)$$

となる．点 C で曲率がゼロになるときの荷重 P は

$$\pi r/2=\big[K(p)+F(p,\phi_\alpha)\big]/k$$

を解くことによって得られる．ここで，

$$p=\sin(\pi/4-\alpha/2),\quad \sin\phi_\alpha=\frac{\sin(\alpha/2)}{\sin(\pi/4-\alpha/2)}$$

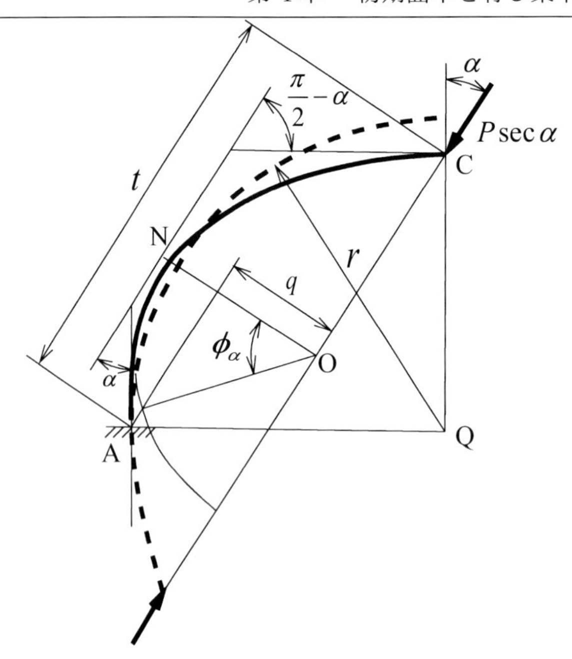

図 4.43

である．

荷重が増加すると，荷重点近くに変曲点が生じる段階に達する（図 4.44 参照）．このときの支配方程式は

$$\pi r/2 = \left[2K(p) - F(p, \phi_{\pi/2-\alpha}) + F(p, \phi_\alpha)\right]/k \tag{4.99}$$

であり，$AQ = r$ と表されるもう 1 つの方程式とともに解析される．変曲点が 1 つであるこの変形は，荷重 P や α の増加によって，$P\sec\alpha$ の作用線が点 A を通り越すようになるまで持続する．もしも，α が増えてもこの力の作用線がこれ以上傾かないのであれば，変形形状は 2 つの変曲点を持つことになる．したがって，式（4.99）は，p の値が

$$\sin(\pi/4 - \alpha/2) < p < \sin(\alpha/2)$$

を満たす場合に利用できる．

2 つの変曲点を持つ変形形状を図 4.45 に示す．この状態は，たわみが増大しつつ p が最大値（$\sin(\alpha/2)$ と 1 の間の任意点）に達するまで継続し，そこで $p = \sin(\alpha/2)$ に引き戻される．点 A に近い 2 番目の変曲点は，$P\sec\alpha$ の作用線が 2 点で交わるかぎりにおいてのみ存在し続ける．点 C のたわみが増加すると，$P\sec\alpha$ の作用線が点 A の下側を通り，A 点近くの変曲点が固定点のほうに戻りついには消失する．図 4.45 において，p およ

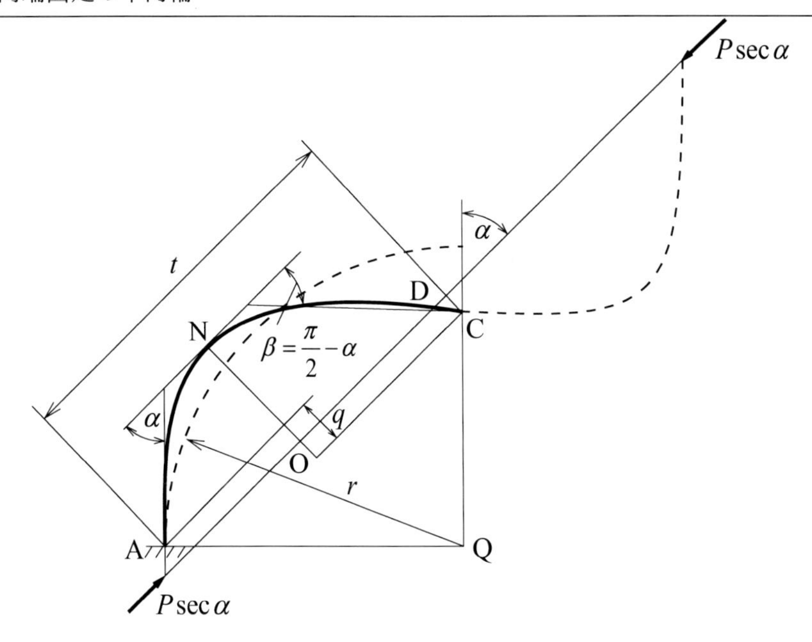

図 4.44

び α を求めるのに必要な式は

$$\left.\begin{aligned} &\pi r/2 = \bigl[4K(p) - F(p,\phi_\alpha) - F(p,\phi_\beta)\bigr]/k, \\ &t\sin\alpha + q\cos\alpha = r, \\ &\sin\phi_\alpha = \bigl[\sin(\alpha/2)\bigr]/p, \quad \sin\phi_\beta = \bigl[\sin(\pi/4 - \alpha/2)\bigr]/p \end{aligned}\right\} \tag{4.100}$$

である．ここで，

$$t = \bigl\{8E(p) - 4K(p) - [2E(p,\phi_\alpha) - F(p,\phi_\alpha)] - [2E(p,\phi_\beta) - F(p,\phi_\beta)]\bigr\}/k$$

および

$$q = 2p(\cos\phi_\beta - \cos\phi_\alpha)/k$$

である．

点 C のたわみは

$$y_0 = t\cos\alpha - q\sin\alpha \tag{4.101}$$

である．

先に述べたように，2 つの変曲点が生じる段階では，p は $p = \sin(\alpha/2)$ から始まり $p_{\max}$ に達し，そして $p = \sin(\alpha/2)$ に戻る．点 A 近くの 2 番目の変曲点はこのとき消失し，変形形状はもう一度，1 つの変曲点を有する（図 4.46 参照）．この最後の段階は，母数 p の

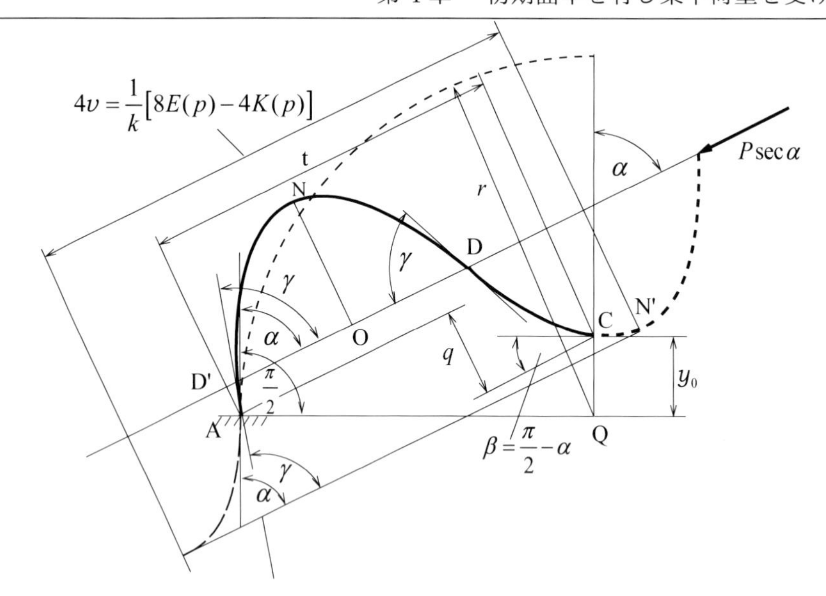

図 4.45

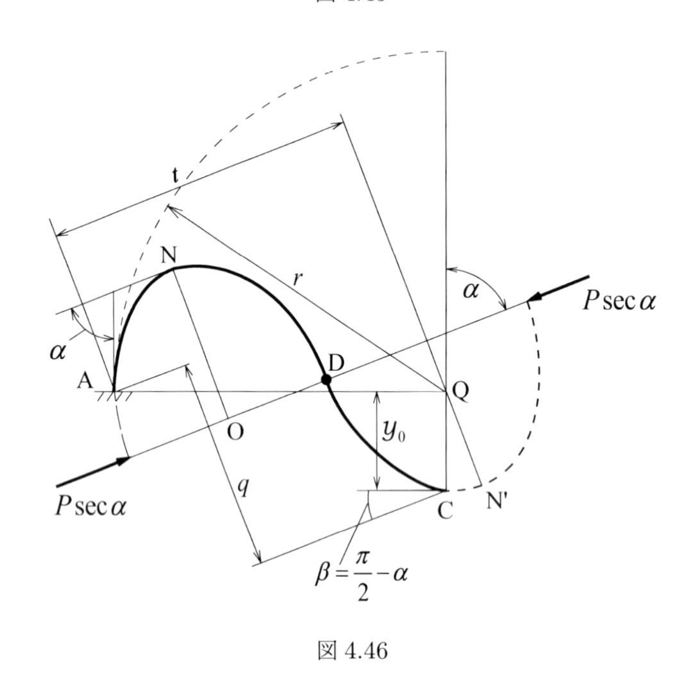

図 4.46

減少と荷重 P の増加によって特徴づけられる．その支配方程式は

$$\left.\begin{aligned}\pi r/2 &= \Big\{2K(p) + F\Big[p, \sin^{-1}\Big(\frac{\sin(\alpha/2)}{p}\Big)\Big] \\ &\quad - F\Big[p, \sin^{-1}\Big(\frac{\sin(\pi/4-\alpha/2)}{p}\Big)\Big]\Big\}\Big/k, \\ r &= t\sin\alpha + q\cos\alpha\end{aligned}\right\} \tag{4.102}$$

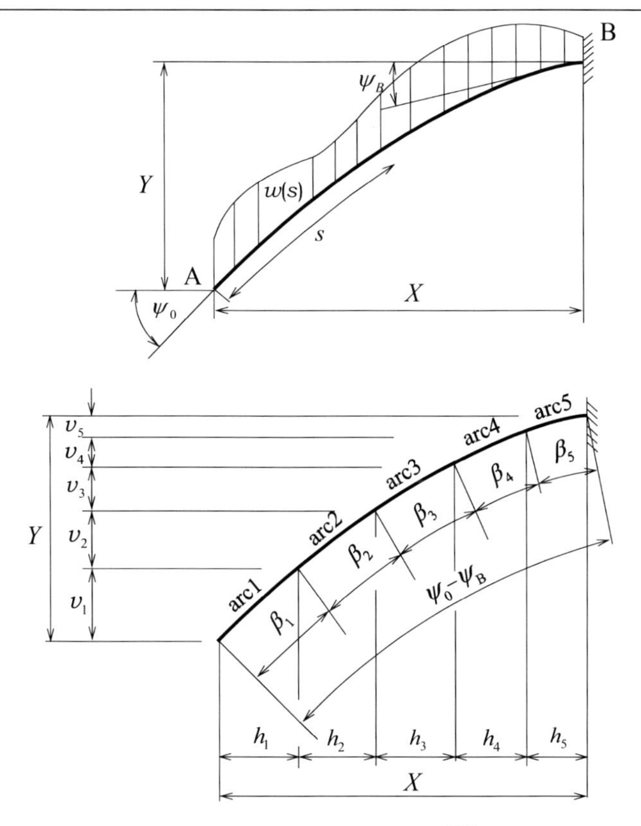

図 4.47　Seames および Conway[12] による

である．

4.12 集中荷重を受ける曲がりはりの数値解析

直線状のはりや円弧はりを除いて，はりのたわみを記述する支配方程式はすぐには解けないことを 4.1 節で指摘した．無負荷状態のはりが，この 2 つの範疇のいずれにも属しないときには，閉形解を得ることがきわめて困難であり，数値解析を行う必要が生じる[12]．以下，その数値解析の手順を考える．通常の解析に従うと，曲率は

$$\frac{1}{r} = \frac{M}{EI} + \frac{1}{R}$$

である．ここで，r は負荷を受けたときの**曲率半径**，R は無負荷状態での曲率半径である．

初めは直線であり，変形形状が図 4.47 で示されるはりを考える．変形したはりの軸を，断面の各点で互いに接する n 個の円弧に置き換えて考える．すると円弧の変形形状を考

えると，i 番目の円弧に対して

$$
\left.\begin{aligned}
&\frac{1}{r_i}=\frac{M_i'}{EI},\\
&s_i=\beta_i r_i,\\
&h_i=r_i\left[\sin\Bigl(\psi_0-\sum_{j=1}^{i-1}\beta_j\Bigr)-\sin\Bigl(\psi_0-\sum_{j=1}^{i}\beta_j\Bigr)\right],\\
&v_i=r_i\left[\cos\Bigl(\psi_0-\sum_{j=1}^{i}\beta_j\Bigr)-\cos\Bigl(\psi_0-\sum_{j=1}^{i-1}\beta_j\Bigr)\right]
\end{aligned}\right\}\tag{4.103}
$$

が成り立つ．

ここで，分割された n 個の円弧に対し，添え字 i は自由端から始まって 1 から n までをとる．M_i' は平均曲げモーメントであり，負荷荷重の形に依存する．

数値計算は，自由端のたわみ角 ψ_0 の値を仮定することから始まる．その後，$h_1, h_2, \cdots$ を任意に定める．r_i, β_i, v_i, および s_i は式（4.103）より計算される．負荷後の変形は

$$
\left.\begin{aligned}
&Y=\sum_{j=1}^{n}v_j,\quad X=\sum_{j=1}^{n}h_j,\quad L=\sum_{j=1}^{n}s_j,\\
&\psi_0-\psi_B=\sum_{j=1}^{n}\beta_j
\end{aligned}\right\}\tag{4.104}
$$

により決定される．

ここで用いる手法は，**試行錯誤的な方法**（trial and error type）である．というのも，計算が正しく行われるかどうかは，はじめに ψ_0 を正しく評価できるかにかかっているからである．ψ_0 を正しく仮定した場合には

$$
\sum_{j=1}^{n}s_j\approx L
$$

となる．もしも，$\displaystyle\sum_{j=1}^{n}s_j$ と L の差があまりにも大きいときには，ψ_0 の大きさを変えて計算を新たにやり直す．以上の手順を以下の例題に従って示す．

水平に置かれた真っ直ぐな片持ちはりを考える．はりの長さを $L=8.25$ in.（$=209.6$ mm)，自由端に荷重 $P=1$ lb ($=4.45$ N) が作用し，曲げ剛性は $EI=20$ lb in.^{2} ($=574.1$ Nmm^2）とする．

i 番目の円弧に作用する平均曲げモーメントは

$$
M_i'=P(h_1+h_2+h_3+\cdots+h_{i-1}+h_i/2)
$$

である．$\psi_0=0.8$ と仮定し，区間幅を $h_1=h_2=h_3=\cdots=h_i=1$ とする．表 4.5 に計算の過程を示す．

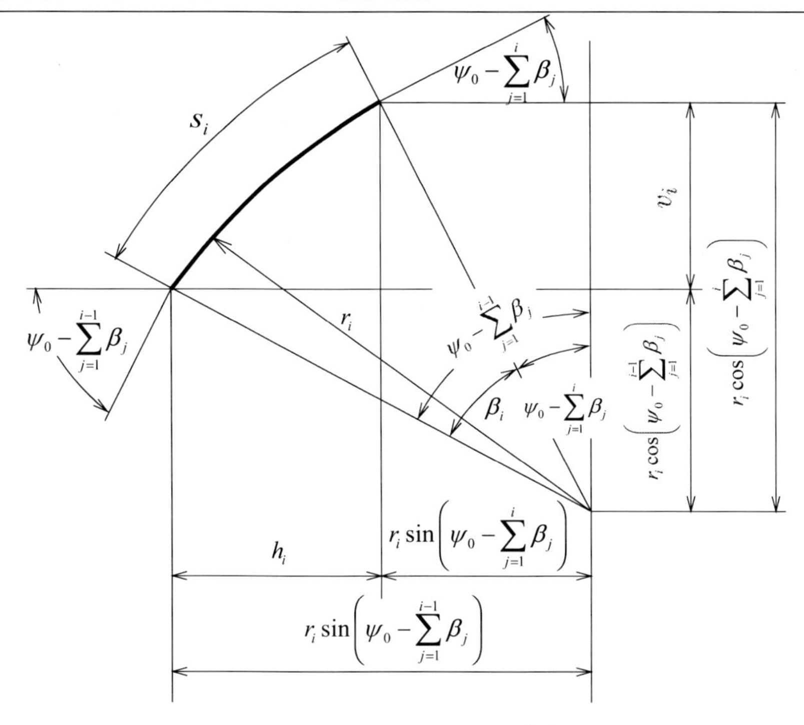

図 4.48　Seames および Conway[(12)] による

はじめに自由端から計算を始め，次いで $1/r$, r, h/r および $\psi_0-\sum_{j=1}^{n}\beta_j$ を記入する．その後，

$$\sin\left(\psi_0-\sum_{j=1}^{i}\beta_j\right)=-\frac{h}{r}+\sin\left(\psi_0-\sum_{j=1}^{i-1}\beta_j\right)$$

を計算する．5 列目の最初の値は ψ_0 となることに注意し，ψ_i は

$$\left(\psi_0-\sum_{j=1}^{i-1}\beta_j\right)-\left(\psi_0-\sum_{j=1}^{i}\beta_j\right)$$

から計算する．12 列目は 11 列目と 10 列目の差に等しい．要素の円弧長さ $s_i=\psi_i r_i$ は，最後の列に与えられる．円弧から円弧への計算を続けて行っていくと，h_6 が 1 in. となっていない（表 4.5 の最後の行を参照）．これは，h の最後の項であるが

$$\frac{h_6}{r_6}>\left[\sin\left(\psi_0-\sum_{j=1}^{5}\beta_j\right)-\sin\left(\psi_0-\sum_{j=1}^{6}\beta_j\right)\right]$$

の関係があるからである．ここで，この不等式の右辺 2 項目の括弧内の正弦項はゼロである．このことは $h_6<1$ in. となることを示している．一方，

$$\frac{h_6}{r_6}=\sin\left(\psi_0-\sum_{j=1}^{5}\beta_j\right)=\frac{M_6'}{EI}h_6$$

となるので，

$$\sin\Big(\psi_0 - \sum_{j=1}^{5}\beta_j\Big) = \frac{P}{EI}(5 + h_6/2)h_6$$

の関係より h_6 の解を求める．これより $h_6 = 0.3615$ を得る．

すべての結果を表に記入し，最後の列の和をとると

$$L = \sum_{j=1}^{6} s_j = 6.4226 \text{ in. } (= 163.1\text{mm})$$

を得るが，一方で正しい長さは $L = 8.25$ in.（$= 209.6$ mm）である．このことは，ψ_0 として仮定した値（=0.8）が小さすぎたことを意味する．

次の試みとして，$\psi_0 = 1.05$ と仮定する．この端点における新しいたわみ角に基づく計算結果を表 4.6 に記入している．この ψ_0 の値に対しては

$$\sum_{j=1}^{6} s_j = 8.2169 \text{ in.} (= 208.7 \text{ mm})$$

を得る．この値は，正しい値 $L = 8.25$ in.（$= 209.6$ mm）に十分近い．また，

$$Y = \sum_{j=1}^{6} v_j = 5.182 \text{ in.} (= 131.6 \text{ mm}), \quad X = \sum_{j=1}^{6} h_j = 5.891 \text{ in.} (= 149.6 \text{ mm})$$

を得る．

本例題の片持ちはりの厳密解は（式（2.24），式（2.29）および式（2.30）を用いて），$\psi_0 = 1.047, Y = 5.23$ in.（$= 132.8$ mm），$X = 5.88$ in.（$= 149.4$ mm）である．

さらに，円弧状の初期曲率を有する片持ちはりの数値計算の例題を考える．ふたたび，たわみ曲線を断面が互いに接する多数の円弧によって近似する（図 4.47，図 4.48 を参照）．式（4.103）は，第 1 項を

$$\frac{1}{r_i} = \frac{M_1'}{EI} + \frac{1}{R_0}$$

と変更すればそのまま利用することができる．ここで，R_0 は無負荷状態のときの半径である．

表 4.5　Seames および Conway[12] による（単位は lb，in.）

列番号	1	2	3	4	5	6	7
弧番号	h	$1/r$	r	h/r	$\psi_0 - \sum_{j=1}^{i-1} \beta_j$	$\sin\left[\psi_0 - \sum_{j=1}^{i-1} \beta_j\right]$	$\sin\left[\psi_0 - \sum_{j=1}^{i} \beta_j\right]$
1	1	0.02500	40.0000	0.02500	0.80000	0.71736	0.69236
2	1	0.07500	13.3333	0.07500	0.76475	0.69236	0.61736
3	1	0.12500	8.0000	0.12500	0.666538	0.61736	0.49236
4	1	0.17500	5.7143	0.17500	0.51460	0.49236	0.31736
5	1	0.22500	4.4444	0.22500	0.32294	0.31736	0.09236
6	0.3615	-	3.914	0.09236	0.09249	0.09236	0.0000

列番号	8	9	10	11	12	13	14
弧番号	$\psi_0 - \sum_{j=1}^{i} \beta_j$	β_j	$\cos\left[\psi_0 - \sum_{j=1}^{i-1} \beta_j\right]$	$\cos\left[\psi_0 - \sum_{j=1}^{i} \beta_i\right]$	v/r	v	s
1	0.76475	0.03525	0.69671	0.72156	0.02485	0.99400	1.4100
2	0.666538	0.09937	0.72156	0.78668	0.06512	0.86836	1.3250
3	0.51460	0.15078	0.78668	0.87049	0.08410	0.67284	1.2062
4	0.32294	0.19166	0.87049	0.94831	0.07782	0.44467	1.0952
5	0.09249	0.23045	0.94831	0.99573	0.04742	0.21075	1.0242
6	0.00000	0.09249	0.99573	1.00000	0.00427	0.01662	0.3620
							$\sum_{j=1}^{6} s_j = 6.4226$

表 4.6　（単位は lb，in.）

列番号	1	2	3	4	5	6	7
弧番号	h	$1/r$	r	h/r	$\psi_0 - \sum_{j=1}^{i-1}\beta_j$	$\sin\left[\psi_0 - \sum_{j=1}^{i-1}\beta_j\right]$	$\sin\left[\psi_0 - \sum_{j=1}^{i}\beta_j\right]$
1	1	0.02500	40.0000	0.02500	1.05000	0.86748	0.84248
2	1	0.07500	13.3333	0.07500	1.00182	0.84248	0.76748
3	1	0.12500	8.0000	0.12500	0.87499	0.76748	0.64248
4	1	0.17500	5.7143	0.17500	0.69784	0.64248	0.46748
5	1	0.22500	4.4444	0.22500	0.48637	0.46748	0.24248
6	0.891	-	3.6745	0.24248	0.24493	0.24248	0.00000
	$\sum_{j=1}^{6} h_j = 5.891$						

列番号	8	9	10	11	12	13	14
弧番号	$\psi_0 - \sum_{j=1}^{i}\beta_j$	β_i	$\cos\left[\psi_0 - \sum_{j=1}^{i-1}\beta_j\right]$	$\cos\left[\psi_0 - \sum_{j=1}^{i}\beta_j\right]$	v/r	v	s
1	1.00182	0.04818	0.49748	0.53877	0.04129	1.65160	1.9272
2	0.87499	0.12683	0.53877	0.64100	0.10223	1.36306	1.69110
3	0.69784	0.17715	0.64100	0.76623	0.12523	1.00184	1.4172
4	0.48637	0.21147	0.76623	0.88404	0.11781	0.67320	1.2084
5	0.24493	0.24144	0.88404	0.97015	0.08611	0.38270	1.0731
6	0.00000	0.24493	0.97015	1.00000	0.02985	0.10968	0.8999
		1.05000				$\sum_{j=1}^{6} v_j = 5.18208$	$\sum_{j=1}^{6} s_j = 8.2169$

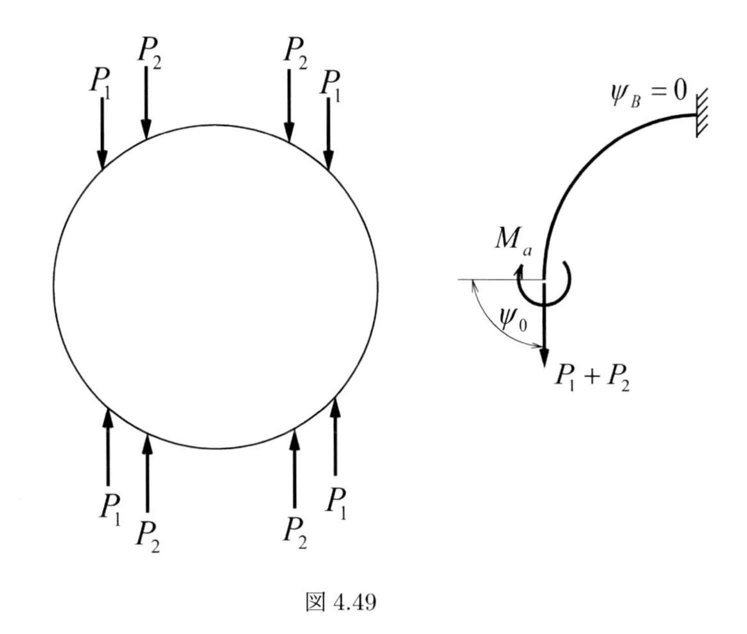

図 4.49

自由端における水平および垂直変位は

$$H = R_0 \sin\left(\frac{L}{R_0}\right) - \sum_{j=1}^{n} h_j,$$

$$V = \sum_{j=1}^{n} v_j - R_0\left[1 - \cos\left(\frac{L}{R_0}\right)\right]$$

により得られる．この計算は真直はりと同じように進められる．この近似解法が正しく進められるかどうかは ψ_0 を正しく仮定するかどうかによる．まず，$h_1 = h_2 = \cdots = 1$ in.（$= 25.4$ mm）とする．i 番目の要素の平均曲げモーメントは，先の例と同じく

$$M_i' = P(h_1 + h_2 + h_3 + \cdots + h_{i-1} + h_i/2)$$

であることに注意する．本問題と直線状はりとの違いは $1/r$ の評価の仕方である．ψ_0 を正しく仮定すれば

$$\sum_{j=1}^{n} s_j = L$$

となる．

変形後の形状を一連の連続した円弧で近似する方法は，閉じた円弧はりにも適用してもよい．対称な荷重を受ける円輪の場合には，1 つの **4 分円**だけを考えればよい（図 4.49 参照）．**不静定モーメント** M_a は未知であるが，ψ_0 は既知でありその値は $\pi/2$ に等しい．したがって，ψ_0 の初期値をどう選ぶかという手順は不要である．一方で，M_a を正しく仮

定するという手順が必要であり，

$$\sum_{j=1}^{n} s_j \neq \pi R_0/2$$

であれば修正しなければならない．i 番目の曲げモーメントは

$$M_i' = P(h_1 + h_2 + h_3 + \cdots + h_{i-1} + h_i/2) - M_a$$

であり，このほかの計算は円弧状片持ちはりと同様である．

一例として，図 4.16(a) に示す閉じた円弧はりを考える．その寸法，物理量は，$R_0 = 10$ in.（= 254 mm），$P = 0.2$ lb（= 0.89 N），$EI = 20$ lb in.^{2} （= 574.1 Nmm^2）とする．すでに 2 回の**試行錯誤的な方法**の計算を行い，その結果，M_a は 0.6 lb in.（= 67.8 Nmm）よりわずかに大きい値を得たものと仮定する．そこで，$M_a = 0.61$ lb in.(= 68.95 Nmm) の初期値を仮定し計算を進める．$h_1 = h_2 = \cdots = 1$ in.（= 25.4 mm）とし，表 4.7 を準備する．最初の行では

$$\psi_0 - \sum_{j=1}^{n} \beta_j = \pi/2 = 1.57080$$

となることに留意する．最後の円弧 h_9 の水平成分は

$$\sin\left(\psi_0 - \sum_{j=1}^{8} \beta_j\right) = \left[\frac{P}{EI}(8 + h_9/2) - \frac{M_a}{EI}\right] h_9 + \frac{h_9}{R_0}$$

から求まり，$h_9 = 0.8069$ in. (= 20.50 mm）を得る．10 列目を加えると

$$L = \sum_{j=1}^{9} s_j = 15.69 \text{ in.}(= 396.2 \text{ mm}) \approx \pi R_0/2$$

となり $M_a = 0.61$ が正しいことがわかる．変形後の半径の水平成分は

$$\sum_{j=1}^{9} h_j = 8.8069 \text{ in.}(= 223.7 \text{ mm})$$

と求められる．一方，11 列目から半径の垂直成分は

$$\sum_{j=1}^{9} v_j = 11.0867 \text{ in.}(= 281.6 \text{ mm})$$

と得られる．4.6 節で得られた正解によれば，水平，垂直成分はそれぞれ 8.74 in.（= 222 mm)，11.20 in.（= 284.5 mm）である．

表 4.7　Seames および Conway[12] による（単位は lb，in.）

列番号	1	2	3	4	5	6	7
弧番号	h	M'/EI	$1/r$	h/r	$\psi_0-\sum_{j=1}^{i-1}\beta_j$	$\sin\left[\psi_0-\sum_{j=1}^{i-1}\beta_j\right]$	$\sin\left[\psi_0-\sum_{j=1}^{i}\beta_j\right]$
1	1	-0.0255	0.07450	0.07450	1.57080	1.00000	0.92550
2	1	-0.0155	0.08450	0.08450	1.18237	0.92550	0.84100
3	1	-0.0055	0.09450	0.09450	0.99931	0.84100	0.74650
4	1	0.0045	0.10450	0.10450	0.84279	0.74650	0.64200
5	1	0.0145	0.11450	0.11450	0.69710	0.64200	0.52750
6	1	0.0245	0.12450	0.12450	0.55566	0.52705	0.40300
7	1	0.0345	0.13450	0.13450	0.41480	0.40300	0.26850
8	1	0.0445	0.14450	0.14450	0.27184	0.26850	0.12400
9	0.8069	-	0.15367	0.12400	0.12433	0.12400	0.00000

列番号	8	9	10	11	12	13	14
弧番号	$\psi_0-\sum_{j=1}^{i-1}\beta_j$	β_i	s	$\cos\left[\psi_0-\sum_{j=1}^{i-1}\beta_j\right]$	$\cos\left[\psi_0-\sum_{j=1}^{i}\beta_j\right]$	v/r	v
1	1.18237	0.38843	5.2138	0.00000	0.37873	0.37873	5.0836
2	0.99931	0.18306	2.1664	0.37873	0.54090	0.16217	1.9192
3	0.84279	0.15652	1.6563	0.54090	0.66538	0.12448	1.3172
4	0.69710	0.14569	1.3942	0.66538	0.76671	0.10133	0.9697
5	0.55566	0.14144	1.2353	0.76671	0.84955	0.08284	0.7235
6	0.41480	0.14086	1.1314	0.84955	0.91519	0.06565	0.5273
7	0.27184	0.14296	1.0628	0.91519	0.96327	0.04808	0.3575
8	0.12433	0.14751	1.0208	0.96327	0.99228	0.02901	0.1385
9	0.00000	0.12433	0.8091	0.99228	1.00000	0.00772	0.0502
			$L=\Sigma s=15.69$ in.				

4章の参考文献

(1) Mitchell, T. P., The nonlinear bending of thin rods, *J. Appl. Mech.*, 26, *Trans. ASME*, 81, Ser. E(1959), p.40.

(2) Conway, H. D., The nonlinear bending of thin circular rods, *J. Appl. Mech.*, 23, *Trans. ASME*, 78, Ser. E(1956), p.7.

(3) van Wijngaarden, A., Large distortions of circular rings and straight rods, *Proc. Acad. Sci. Amst.*, 49 (1946), p.648.

(4) Hymans, F., Flat springs with large deflections, *J. Appl. Mech.*, 13, *Trans ASME*, 68, Ser. E(1946), p.223.

(5) Sonntag, R., Zur Theorie des geschlossenen Kreisringes mit großer Formänderung, *Ingen-Arch.*, 13 (1943), p.380.

(6) Biezeno, C. B., and Koch, J. J., The circular ring under the combined action of compressive and bending loads, *Proc. Acad. Sci. Amst.*, 49 (1946), p.3.

(7) Frisch-Fay, R., The deformation of elastic circular rings, *Aust. J. Appl. Sci.*, 11 (1960), p.329.

(8) Carrier, G. F., On the buckling of elastic rings, *J. Math. Phys.*, 26 (1947), p.94.

(9) Biezeno, C. B., and Koch, J. J., The generalized buckling problem of the circular ring, *Proc. Acad. Sci. Amst.*, 48 (1945), p.445.

(10) Frisch-Fay, R., The flexible leaf spring, *Aust. J. Appl. Sci.*, 11 (1960), p.341.

(11) Biezeno, C. B., and Koch, J. J., On the nonlinear deflection of a semicircular ring clamped at both ends, *Proc. Acad. Sci. Amst.*, 49 (1946), p.139.

(12) Seames, A. E., and Conway, H. D., A numerical procedure for calculating the large deflections of straight and curved beams, *J. Appl. Mech.*, 24, *Trans. ASME*, 79, Ser. E(1957), p.289.

4章の追加参考文献

(13) 佐藤 喜一, 幅が一様に変化する片持円弧ばねの大たわみ, 日本機械学会論文集, 27巻, 182号 (1961), pp.1537-1545.

(14) Wu, C. H., and Plunkett, R., On the contact problem of thin circular rings, *J. of Appl. Mech.*, Vol.32, 1(1965), pp.11-20, doi:10.1115/1.3625706.

(15) Shinohara, A., Large deflection of a circular C-shaped spring, *Int. J. of Mech. Sci.*, Vol.21, 3(1979), pp.179-186.

(16) Sheinman, I., Large deflection of curved beam with shear deformation, *J. of the Engng., Mech. Div.*, Vol.108, 4(1982), pp.636-647.

(17) Srpicic, M., and Saje, M., Large deformations of thin curved plane beam of constant initial curvature, *Int. J. of Mech. Sci.*, Vol.28, 5(1986), pp.275-287.

(18) Wang, C. Y., Post-buckling of a clamped-simply supported elastica, *Int. J. of Non-Lin. Mech.*, Vol.32, 6(1997), pp.1115-1122.

(19) 金 銃, 堀江 三喜男, 池上 皓三, 位置決め機構用大変形弾性ヒンジの変位解析, 日本機械学会論文集, C 編, 64 巻, 622 号 (1998), pp.2218-2223.

(20) Plaut, R. H., Suherman, S., Dillard, D. A., Williams, B. E., and Watson, L. T., Deflections and buckling of a bent elastica in contact with a flat surface, *Int. J. of Solids and Struct.*, Vol.36, 8(1999), pp.1209-1229.

(21) 井関 日出男, 円弧断面帯板の単純曲げにおける座屈後挙動：第 1 報, エネルギー法による近似変形解析, 日本機械学会論文集, A 編, 69 巻, 680 号 (2003), pp.794-799.

(22) Gonzalez, C., and LLorca, J., Stiffness of a curved beam subjected to axial load and large displacements, *Int. J. of Solids and Struct.*, Vol.42(2005), pp.1537-1545.

(23) Nallathambia, A. K., Raob, C. K., and Srinivasanb, S. M., Large deflection of constant curvature cantilever beam under follower load, *Int. J. of Mech. Sci.*, Vol.52-3(2010), pp.440-445.

(24) Levyakov, S. V., Elastica solution for thermal bending of a functionally graded beam, *Acta Mech.*, Vol.224, 8(2013), pp.1731-1740, DOI: 10.1007/s00707-013-0834-1.

第5章

分布荷重を受ける場合のべき級数の応用

5.1 基礎方程式

これまでに用いられてきた片持ちはりに関する解法は，**完全楕円積分**や**不完全楕円積分**を応用した手法，あるいは近似解を与える数値的手法に基づいている．本章では，はりの弾性変形形状の解析に**べき級数**（power series）を用いる． この方法によれば望みうる精度の解を得ることができる．また，初等理論に用いられている解に似た形での解も得ることができる．すなわち，解は，荷重やはりの長さおよび**曲げ剛性**を変数とした形式で与えられる．べき級数を使えば，母数 p を求めるのに面倒な**超越方程式**（transcendental equation）の求解をせずに済ますことができる．この解法は，ある場合，特に基礎微分方程式が閉じた解を有していない場合などには，唯一の解析的な手法となる．

図 2.2 に示した水平な片持ちはりを考えよう．この問題の基礎方程式は，式 (2.10) より

$$\frac{d^2\psi}{ds^2} = -k^2\cos\psi \tag{5.1}$$

である．ψ_0 を自由端におけるたわみ角，s を自由端から測った弧長とする（図 2.2 では，弧長 s は固定端から測っている）．境界条件は

$$\left(\frac{d\psi}{ds}\right)_{s=0} = 0,\quad (\psi)_{s=0} = \psi_0,\quad (\psi)_{s=L} = 0$$

と表される．次にたわみ角 ψ を弧長 s の関数として表すことを考える．この関数を**マクローリン級数展開**すれば

$$\psi(s) = \psi(0) + s\psi'(0) + \frac{s^2}{2!}\psi''(0) + \frac{s^3}{3!}\psi'''(0) + \cdots \tag{5.2}$$

となる．境界条件式の第 1 式，第 2 式より

$$\psi(0) = \psi_0,\quad \psi'(0) = 0$$

となるから，この 2 番目の式を式（5.1）に代入すると

$$\psi''(0) = -k^2 \cos\psi_0$$

を得る．式（5.1）を微分すると

$$\psi''' = \psi' k^2 \sin\psi$$

となるが，これより

$$\psi'''(0) = 0$$

を得る．再び微分すると

$$\psi^{(4)} = k^2 \left[\psi'' \sin\psi + (\psi')^2 \cos\psi\right]$$

したがって

$$\psi^{(4)}(0) = -k^4 \sin\psi_0 \cos\psi_0$$

となる．さらに微分を続けると

$$\begin{aligned}
&\psi^{(5)}(0) = 0, \\
&\psi^{(6)}(0) = k^6(3\cos^3\psi_0 - \sin^2\psi_0 \cos\psi_0), \\
&\psi^{(7)}(0) = 0, \\
&\psi^{(8)}(0) = k^8(33\sin\psi_0 \cos^3\psi_0 - \sin^3\psi_0 \cos\psi_0)
\end{aligned}$$

を得る．これより，式（5.2）は s^8 までを含む項により表すことができ

$$\begin{aligned}
\psi = \psi_0 &- \frac{k^2 \cos\psi_0}{2} s^2 - \frac{k^4 \sin 2\psi_0}{48} s^4 \\
&+ k^6 \left[\frac{\cos^3\psi_0}{240} - \frac{\sin^2\psi_0 \cos\psi_0}{720}\right] s^6 \\
&+ k^8 \left[\frac{11 \sin\psi_0 \cos^3\psi_0}{13440} - \frac{\sin^3\psi_0 \cos\psi_0}{40320}\right] s^8 + \cdots
\end{aligned} \tag{5.3}$$

となる．さらに s^2, s^4, $s^6, \cdots$ に関する係数として a_2, a_4, $a_6, \cdots$ を導入すると

$$\psi = \psi_0 + \beta$$

と表される．ここで，

$$\beta = a_2 s^2 + a_4 s^4 + a_6 s^6 + \cdots$$

である．$(\psi)_{s=L} = 0$ なので，自由端におけるたわみ角は

$$\psi_0 = -\sum_{n=1}^{\infty} a_{2n} L^{2n} \tag{5.4}$$

となる．たわみが小さいときには，ψ_0 も小さく，$\sin\psi_0 \approx \psi_0$, $\cos\psi_0 \approx 1$ と表される．級数の式（5.4）の第 1 項だけをとると

$$\psi_0 = k^2 L^2/2 = PL^2/(2EI)$$

となり，これは初等理論によるたわみ角と一致する．この片持ちはりの任意位置における曲げモーメントは

$$
\begin{aligned}
M = EI\frac{d\psi}{ds} &= EI(2a_2 s + 4a_4 s^3 + 6a_6 s^5 + \cdots) \\
&= EI\sum_{n=1}^{\infty} 2na_{2n}s^{2n-1}
\end{aligned}
\tag{5.5}
$$

と表される．

この片持ちはりの自由端を直交座標の原点とすると，垂直方向のたわみは，$dy/ds = \sin\psi$ であることを利用して

$$
y = \int_0^s dy = \int_0^s \sin\psi\ ds = \int_0^s (\sin\psi_0\cos\beta + \cos\psi_0\sin\beta)ds \tag{5.6}
$$

と得られる．

同様に，水平方向の変位は

$$
x = \int_0^s dx = \int_0^s \cos\psi\ ds = \int_0^s (\cos\psi_0\cos\beta - \sin\psi_0\sin\beta)ds \tag{5.7}
$$

となる．

$\cos\beta$ を級数展開し，$\int\cos\beta\ ds$ の式を項別積分することを考える．s^9 までの項を考えると

$$
\begin{aligned}
&\int_0^s \left(1 - \frac{\beta^2}{2} + \frac{\beta^4}{24} - \cdots\right)ds \\
&= \int_0^s \left[1 - \frac{a_2^2 s^4}{2} - a_2 a_4 s^6 - \left(\frac{a_4^2}{2} + a_2 a_6 - \frac{a_2^4}{24}\right)s^8\right]ds \\
&= s - \frac{a_2^2}{10}s^5 - \frac{a_2 a_4}{7}s^7 - \left(\frac{a_4^2}{18} + \frac{a_2 a_6}{9} - \frac{a_2^4}{216}\right)s^9
\end{aligned}
\tag{5.8}
$$

を得る．

同様に，$\sin\beta$ を s^8 までを含むように級数展開し，項別積分をすると

$$
\int_0^s \sin\beta\ ds = \frac{a_2}{3}s^3 + \frac{a_4}{5}s^5 + \left(\frac{a_6}{7} - \frac{a_2^3}{42}\right)s^7 + \left(\frac{a_8}{9} - \frac{a_2^2 a_4}{18}\right)s^9 \tag{5.9}
$$

となる．

もしも，$a_2, a_4, a_6, \cdots$ などが ψ_0 や P/EI の項により求められ，これらの値を式 (5.8) および式 (5.9) に代入すれば，$\psi = \psi(s)$ により表された任意点の水平および垂直変位式が得られる．すなわち，式 (5.6) および式 (5.7) によって変形後の座標 (x, y) が得られる．最大たわみは $s = L$ を代入して計算される．たわみが小さいとしたときの最大たわみは

$$
\begin{aligned}
y_0 = y_{\max} &= \sin\psi_0\int_0^L \cos\beta\ ds + \cos\psi_0\int_0^L \sin\beta\ ds \\
&= \psi_0\left[L - \frac{k^4L^5}{40}\right] - \frac{k^2}{6}L^3 = \frac{PL^3}{3EI} - \left(\frac{P}{EI}\right)^3\frac{L^7}{80}
\end{aligned}
\tag{5.10}
$$

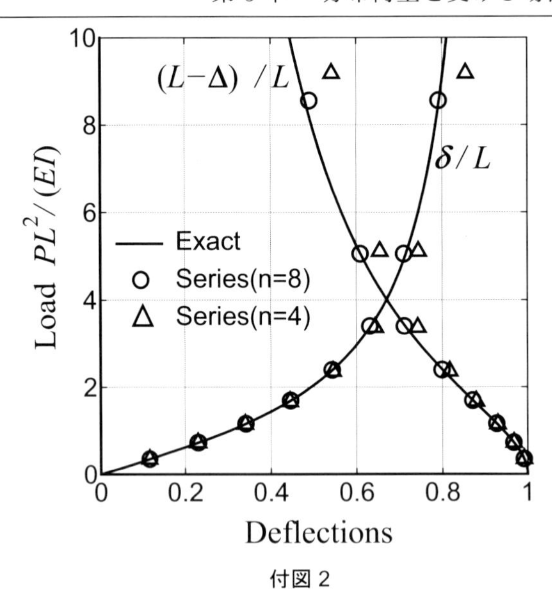

付図 2

となる．この結果の第1項は，微小変形理論に一致する*1．

5.2 自重による柱の座屈

通常，ある種の構造の弾性安定に関する問題は，たとえば曲率に対して近似式を適用するなどの近似理論の枠組みで解析される．ここでは，はじめにこの種の問題をその近似理論を用い，その後に厳密解法を適用して詳しく解析する．

下端で固定され，先端が自由でありかつ等分布荷重 w を受ける図5.1に示すような垂直な柱を考える．近似理論に基づく基礎方程式は

$$EI\frac{d^2y}{dx^2} = -M \tag{5.11}$$

である．ここで，(x, y) 座標の原点は固定端とする．この問題は，Greenhill(1) によって初めて解を得られたが，この問題を最初に考察したのは Euler(2) であった．単位体積当たりの重量を1として，Euler は以下の方程式を考えた．

$$EI\frac{d^2y}{dx^2} + Axy = 0$$

もしも，$m = EI/A$（ここで A を柱の断面積とする）ならば，柱が曲がる限界高さは

$$0 = 1 - \frac{l^3}{4!m} + \frac{1\cdot 4\cdot l^6}{7!m^2} - \frac{1\cdot 4\cdot 7\cdot l^9}{10!m^3} + \frac{1\cdot 4\cdot 7\cdot 10\cdot l^{12}}{13!m^4} - \cdots$$

*1 訳注：以上のべき級数法を用いて，片持ちはりの先端たわみを実際に計算した結果を，付図2に示す．この図は2章の図2.3に重ねて結果を示したもので，級数の総数を $n = 4$, $n = 8$ の2通りに変化させて示した図である．荷重の増加とともに級数解が楕円積分解から離れていくこと，また，$n = 8$ の場合には十分に楕円積分解を近似していることがわかる．

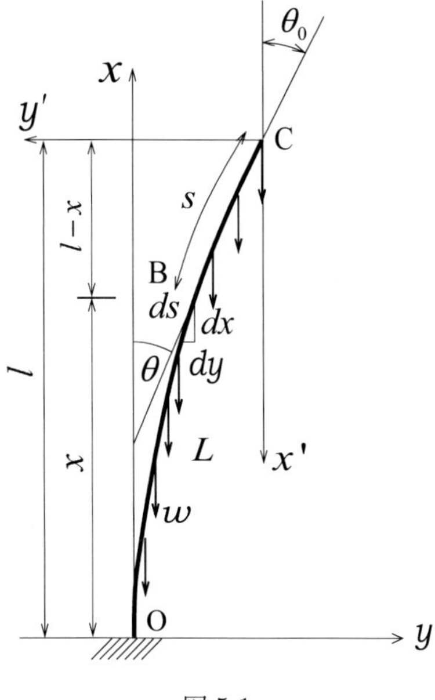

図 5.1

の最小根である．しかし，この方程式は実数根を持たず，Euler は柱の高さはその安定には寄与しないという無意味な解に行き着いた．その後，柱はそれ自身の重量で曲がると仮定して変形曲線を見いだし，Euler は解の導出に成功した．

Euler によって与えられた方程式を微分し，

$$dy/dx = u, \quad z = x/m^{1/3}$$

を用いると，

$$\frac{d^2u}{dz^2} + zu = 0$$

を得る．この方程式の一般解は

$$u = \sqrt{z}[C_1 J_{1/3}(2z^{3/2}/3) + C_2 J_{-1/3}(2z^{3/2}/3)]$$

である．ここで，$C_1 = 0$ であるから，

$$\frac{dy}{dx} = C_2 \frac{1}{3\Gamma(2/3)}\left(1 - \frac{z^3}{2\cdot 3} + \frac{z^6}{2\cdot 3\cdot 5\cdot 6} - \frac{z^9}{2\cdot 3\cdot 5\cdot 6\cdot 8\cdot 9} + \cdots\right)$$

となる．この式を積分すれば

$$y = C_2 \frac{1}{3\Gamma(2/3)}\left(x - \frac{x^4}{4!m} + \frac{4x^7}{7!m^2} - \frac{4\cdot 7x^{10}}{10!m^3} + \cdots\right)$$

を得るが，これは Euler の結果 (3) と一致する．

さて，基礎方程式（5.11）に戻り，この式を x で微分すると

$$EI\frac{d^3y}{dx^3} = -S = -w(L-x)\sin\theta \tag{5.12}$$

を得る．ここで，初等理論ではたわみが小さいとしているから，$l \approx L$ となる．また，同じ理由で

$$\sin\theta \approx \tan\theta = \frac{dy}{dx} = u(z) \tag{5.13}$$

が成り立つ．ここで，

$$z = l - x \approx L - x \approx s$$

である．

式（5.12）と式 (5.13）を組み合わせて

$$EI\frac{d^2}{dx^2}u(z) = -w(L-x)u(z) \tag{5.14}$$

を得る．さらに，$w/(EI) = m^2$ とおくと

$$\frac{d^2u}{dz^2} + m^2zu = 0 \tag{5.15}$$

と表される．

この微分方程式の一般解は

$$u(z) = \sqrt{z}\Big[C_1J_{1/3}\Big(\frac{2}{3}mz^{3/2}\Big) + C_2J_{-1/3}\Big(\frac{2}{3}mz^{3/2}\Big)\Big] \tag{5.16}$$

である．ここで，$J_{1/3}$ は，1/3 次の**第 1 種のベッセル関数**（Bessel function of the first kind）である[*2]．なお，固定端のたわみ角がゼロであることおよび自由端の曲率もゼロであることに注意すると，境界条件式は

$$\left(\frac{dy}{dx}\right)_{x=0} = 0,\ \text{または，}[u(z)]_{z=L} = 0$$

および

$$\left(\frac{d^2y}{dx^2}\right)_{x=L} = 0,\ \text{または，}\left(\frac{du}{dz}\right)_{z=0} = 0$$

[*2] 訳注：一般に，次数 n の**第 1 種のベッセル関数** $J_n(x)$ は，

$$y'' + \frac{1}{x}y' + \left(1 - \frac{n^2}{x^2}\right)y = 0$$

を満たす関数として定義される．また，この微分方程式を満たすもう 1 つの解を**第 2 種のベッセル関数** $Y_n(x)$ と呼び，これは**ノイマン関数**と呼ばれることもある．第 1 種のベッセル関数 $J_n(x)$ は級数解で表され，$\Gamma(n)(=(n-1)!)$ をガンマ関数として

$$J_n(x) = \sum_{k=0}^{\infty}\frac{(-1)^k}{k!\,\Gamma(n+k+1)}\left(\frac{x}{2}\right)^{n+2k}$$

で表される．

なお，式（5.16）の導出過程は，https://en.wikipedia.org/wiki/Self-buckling に詳しく記述されているので，興味のある方はこのページを参考にするとよい．

となる．この 2 番目の境界条件から $C_1 = 0$ が導かれる．また，1 番目の境界条件を実際に代入すると

$$C_2\sqrt{L}J_{-1/3}(2mL^{3/2}/3) = 0$$

もしも，$C_2 = 0$ とすると，柱は垂直のままで座屈を生じない．したがって

$$J_{-1/3}(2mL^{3/2}/3) = 0 \tag{5.17}$$

となる．ここで，$J_{-1/3} = 0$ を満たす最小根は 1.866 であるから

$$(wL)_{cr} = 7.84\frac{EI}{L^2} \tag{5.18}$$

となる．$\theta_{x=0} = \theta_0$ と式（5.16）より

$$\theta_0 = C_2\frac{(m/3)^{-1/3}}{\Gamma(2/3)}$$

を得るが，式（5.17）を m について解き，この値を θ_0 に関する式に代入すると

$$C_2 = \frac{1.32\theta_0}{\sqrt{L}}$$

と求められる．

以上の結果は初等理論に基づいており，このために微小変形の範囲のみで有効である．集中荷重を受ける柱の座屈の近似理論において自由端の水平移動距離が未定であるのと同様に，自重を受ける柱の座屈の近似理論では，θ_0 は小さな値であるが未定である．1.7 節では，集中荷重を受けるはりの座屈問題を解析し，曲げに関する厳密な方程式を適用して，$P > P_{cr}$ の荷重範囲で自由端の水平移動距離を一意に決定できることがわかった．これと同様に，自重による柱の座屈に関する厳密解を適用することにより，θ_0 は未定ではなく，wL の関数であることを以下に示す．

厳密な理論に従ってこの問題を解くために，はじめに座標系を (x', y') に変換する（図 5.1 参照）．この柱のつり合いを表す式（2.8）を用いることを考える．$\theta = \pi/2 - \psi$ に注意し，

$$S_0 = T_0 = q_x = 0, \quad q_y = w$$

であるから，式（2.8）は

$$EI\frac{d^2(\pi/2-\theta)}{ds^2} = -ws\cos(\pi/2-\theta)$$

すなわち

$$EI\frac{d^2\theta}{ds^2} = -ws\sin\theta \tag{5.19}$$

となる．以下の無次元量

$$c = \left(\frac{EI}{w}\right)^{1/3}, \quad q = \frac{s}{c}$$

を導入すると

$$\frac{d^2\theta}{ds^2} = \frac{1}{c^2}\frac{d^2\theta}{dq^2}$$

となるから，式（5.19）は

$$\frac{d^2\theta}{dq^2} = -q\sin\theta \tag{5.20}$$

となる．境界条件は

$$\left(\frac{d\theta}{ds}\right)_{s=0} = 0,\quad \text{すなわち}\quad \frac{1}{c}\left(\frac{d\theta}{dq}\right)_{q=0} = 0$$

および

$$(\theta)_{q=0} = \theta_0$$

である．式（5.20）は有限項の解を持たない．このために，近似解として，未知関数 $\theta(q)$ をマクローリン級数展開し，境界条件に従って θ', θ'', $\cdots$ を求めることを考える．すると，

$$\begin{aligned}
&\theta'(0) = 0,\\
&\theta''(0) = 0,\\
&\theta'''(0) = -\sin\theta_0,\\
&\theta^{(4)}(0) = 0,\\
&\theta^{(5)}(0) = 0,\\
&\theta^{(6)}(0) = 2\sin 2\theta_0,\\
&\theta^{(7)}(0) = 0,\\
&\theta^{(8)}(0) = 0,\\
&\theta^{(9)}(0) = 70\sin^3\theta_0 - 14\cos\theta_0\sin 2\theta_0
\end{aligned}$$

を得る．$q^3 = r$ とし，これらの導関数をマクローリン級数に代入すると

$$\begin{aligned}
\theta(q) = \theta_0 - \frac{r}{6}\sin\theta_0 + \frac{r^2}{360}\sin 2\theta_0 + \frac{r^3}{5184}\sin^3\theta_0 \\
- \frac{r^3}{25920}\cos\theta_0\sin 2\theta_0 + \cdots
\end{aligned} \tag{5.21}$$

となる．

初等理論によれば，座屈は θ_0 が小さいときに生じる．この場合は，$\sin\theta_0 \approx \theta_0$, $\cos\theta_0 \approx 1$ である．この関係を式（5.21）に代入し，$(\theta)_{q=L/c} = 0$ に留意すると

$$1 - \frac{r_L}{6} + \frac{r_L^2}{180} - \frac{r_L^3}{12960} + \cdots = 0 \tag{5.22}$$

となる．ここで，$r_L = \dfrac{L^3}{c^3} = \dfrac{wL^3}{EI}$ である．

次に，式（5.17）のベッセル関数をべき級数展開することを考える．すると

$$J_{-1/3}(2mL^{3/2}/3) = \frac{(mL^{3/2}/3)^{-1/3}}{\Gamma(2/3)}\Big\{1 - \frac{(mL^{3/2}/3)^2}{2/3} + \frac{(mL^{3/2}/3)^4}{2!\frac{2}{3}\cdot\frac{5}{3}} - \frac{(mL^{3/2}/3)^6}{3!\frac{2}{3}\cdot\frac{5}{3}\cdot\frac{8}{3}} + \cdots\Big\}$$

となり，この級数の括弧内は

$$1 - \frac{m^2L^3}{2\cdot 3} + \frac{m^4L^6}{2\cdot 3\cdot 5\cdot 6} - \frac{m^6L^9}{2\cdot 3\cdot 5\cdot 6\cdot 8\cdot 9} + \cdots = 0 \tag{5.23}$$

と表される．$m^2 = w/EI$ なので，級数の式（5.22）および式（5.23）は等しいことがわかる．しかし，この等式は θ_0 が小さい場合のみに成立する．そこでは $\sin\theta_0$ の高次の級数展開項が無限に小さくなるからである．式（5.23）の最小根は，

$$r_L = \frac{wL^3}{EI} = 7.81$$

である．もしも，級数式（5.23）に

$$\frac{m^8L^{12}}{2\cdot 3\cdot 5\cdot 6\cdot 8\cdot 9\cdot 11\cdot 12}$$

を加えるとすると $r_L = 7.84$ を得て，これは初等理論に基づく座屈荷重と一致する．

たわみを求めるための厳密な微分方程式（5.20）を用いる場合には，変数 $(wL)_{cr}$ の持つ概念は通常の意味では無意味である．この場合の柱は，wL が座屈荷重に達しても座屈しないし，また，柱はわずかに曲がるが不定のままでもない．wL が $(wL)_{cr}$ を超えて増加する場合には，θ_0 は

$$\theta_0 - \frac{r_L}{6}\sin\theta_0 + \frac{r_L^2}{360}\sin 2\theta_0 + \frac{r_L^3}{5184}\sin^3\theta_0 - \frac{r_L^3}{25920}\cos\theta_0\sin 2\theta_0 = 0$$

から計算できる．もしも，Δ を 1 に比べて小さな量として

$$\frac{wL}{(wL)_{cr}} = n = 1 + \Delta \tag{5.24}$$

とすれば，

$$\theta_0 \approx 2.1\sqrt{\Delta}$$

として得られる．

この近似式は，式（5.24）の左辺の第 4 項を省略し，$\sin\theta_0$ を $\theta_0 - \theta_0^3/6$ まで展開（その結果，r_L^4 までを含むことになる）することにより得られる．したがって，

もしも　$\Delta = 0.001$ なら，　$\theta_0 = 0.067$
同様に　$\Delta = 0.01$ なら，　$\theta_0 = 0.21$

となる [(4)]．

θ_0 がわかれば，式（5.21）より任意の無次元座標 q のもとでの（したがって任意の座標 s のもとでの）$\theta(q)$ が計算できる．変形後の座標は

$$\begin{aligned} x' &= \int_0^s \cos\theta \, ds = c\int_0^q \cos\theta \, dq, \\ y' &= \int_0^s \sin\theta \, ds = c\int_0^q \sin\theta \, dq \end{aligned} \tag{5.25}$$

によって計算される．

これまで扱ったケースでは，ds はパラメータ（たとえばたわみ角など）を含んだ形で示されたが，今回は，dq は θ やほかの変数を含んだ形で表すことができない．したがって，式（5.25）を解くには数値積分が必要になる．あるいは，$\sin\theta$ や $\cos\theta$ を級数展開し，級数形でたわみを求めることも考えられる．この手法は次の節で示される．

5.3 分布荷重を受ける水平な片持ちはり

前節で述べたように，分布荷重を受けるはりの問題は閉形解を得るのにかなり困難であることがわかった．また，この種の問題を扱った研究のすべては近似解法だけを用いている[(5)]．本問題の解を得るために用いる記号を図 5.2 に示す．

$\theta_0 - \pi/2 = \alpha$ であることに注意すると，式（5.21）より

$$\begin{aligned} \theta(n) = &(\alpha + \pi/2) - \frac{n}{6}\sin(\alpha + \pi/2) + \frac{n^2}{360}\sin(2\alpha + \pi) + \frac{n^3}{5184}\sin^3(\alpha + \pi/2) \\ &- \frac{n^3}{25920}\cos(\alpha + \pi/2)\sin(2\alpha + \pi) + \cdots \end{aligned} \tag{5.26}$$

を得る．ここで，$n = s^3/c^3$ である．

式（5.26）を整理すると

$$\begin{aligned} \theta(n) = &(\alpha + \pi/2) - \frac{n}{6}\cos\alpha - \frac{n^2}{360}\sin 2\alpha + \frac{n^3}{5184}\cos^3\alpha \\ &- \frac{n^3}{25920}\sin\alpha\sin 2\alpha + \cdots \end{aligned} \tag{5.27}$$

また，この式と境界条件式 $(\theta)_{x=L} = \pi/2$ より

$$\alpha - \frac{n_L}{6}\cos\alpha - \frac{n_L^2}{360}\sin 2\alpha + \frac{n_L^3}{5184}\cos^3\alpha - \frac{n_L^3}{25920}\sin\alpha\sin 2\alpha + \cdots = 0 \tag{5.28}$$

となり，この式より α を求めることができる．ここで，$n_L = L^3/c^3$ である．

この片持ちはりの変形後の座標は

$$\begin{aligned} x' &= \int_0^s \cos\theta \, ds = -\int_0^s \sin\psi \, ds, \\ y' &= \int_0^s \sin\theta \, ds = \int_0^s \cos\psi \, ds \end{aligned} \tag{5.29}$$

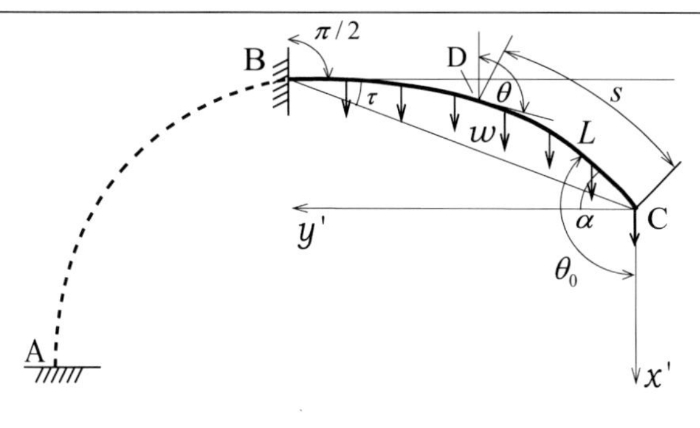

図 5.2

により求められる．

さて，式（5.27）から

$$\psi = \alpha + \beta$$

ここで，

$$\beta = a_3 s^3 + a_6 s^6 + a_9 s^9 + \cdots = \sum_{k=1}^{\infty} a_{3k} s^{3k}$$

であり(6)，s の係数は

$$a_3 = -\frac{w}{EI}\ \frac{\cos\alpha}{2\cdot 3},$$

$$a_6 = -\left(\frac{w}{EI}\right)^2 \frac{\sin\alpha\cos\alpha}{2\cdot 3\cdot 5\cdot 6},$$

$$a_9 = \left(\frac{w}{EI}\right)^3 \left[-\frac{\sin^2\alpha\cos\alpha}{2\cdot 3\cdot 5\cdot 6\cdot 8\cdot 9} + \frac{5}{2}\cdot\frac{\cos^3\alpha}{2\cdot 3\cdot 5\cdot 6\cdot 8\cdot 9}\right], \cdots$$

と表される．これより，式（5.29）と $\sin\beta$ および $\cos\beta$ の級数展開から，以下のような変形後の座標位置を得る．

$$\begin{aligned} -x' =& \sin\alpha\ s - \frac{w}{EI}\ \frac{\cos^2\alpha}{24}\ s^4 - \left(\frac{w}{EI}\right)^2 \frac{\sin\alpha\cos^2\alpha}{360}\ s^7 \\ & -\frac{13}{129600}\left(\frac{w}{EI}\right)^3 \sin^2\alpha\cos^2\alpha\ s^{10} \\ & +\frac{1}{10368}\left(\frac{w}{EI}\right)^3 \cos^4\alpha\ s^{10} \end{aligned} \tag{5.30}$$

$$\begin{aligned} y' =& \cos\alpha\ s + \frac{w}{EI}\ \frac{\sin 2\alpha}{48}\ s^4 + \left(\frac{w}{EI}\right)^2 \frac{\sin\alpha\sin 2\alpha}{2520}\ s^7 \\ & - \left(\frac{w}{EI}\right)^2 \frac{\cos^3\alpha}{504}\ s^7 - \frac{49}{259200}\left(\frac{w}{EI}\right)^3 \sin\alpha\cos^3\alpha\ s^{10} \\ & + \left(\frac{w}{EI}\right)^3 \frac{\sin^3\alpha\cos\alpha}{129600}\ s^{10} \end{aligned} \tag{5.31}$$

もしも，$s = L$ とし α が微小とすれば，式（5.28）より

$$\alpha = \frac{wL^3}{6EI}$$

を得て，これは初等理論による結果と一致する．このときの垂直変位は

$$-x' = \alpha L - \frac{wL^4}{24EI} = \frac{wL^4}{8EI}$$

となり，やはり初等理論と一致する．

曲げモーメントも次のようなべき級数で表される．

$$M = EI\frac{d\psi}{ds} = EI(3a_3s^2 + 6a_6s^5 + 9a_9s^8 + \cdots)$$
$$= EI\sum_{k=1}^{\infty} 3ka_{3k}\ s^{3k-1}$$

先の計算より

$$\alpha = -\sum_{k=1}^{\infty} a_{3k}L^{3k}$$

である．α が小さいときには，$\tan\alpha = \dfrac{wL^3}{6EI}$ であり，直線 BC（図 5.2 参照）の傾き角は

$$\tan\tau = -\frac{x'}{L} = \frac{wL^3}{8EI}$$

となる．以上より

$$\tau = \frac{3\alpha}{4} \tag{5.32}$$

を得る．

Bickley によれば [7]，**微小変形理論**から導かれた式（5.32）は，$0° < \alpha < 20°$ ではよく当てはまり，$\alpha > 20°$ になると厳密解から離れていく．しかし，$\alpha = 70°$ のときでも，τ/α は，正解の 3/4 より 8% 大きいだけである．初等理論は，α が小さく $\cos\alpha \approx 1$ の範囲で適用可能である．この範囲のもとで，式（5.27）の級数において最初の 2 項を採用した場合と最初の 5 項を採用した場合との差は，$L/c = 1$ のときには 0.12% である．L/c が小さくなると，この差はさらに小さくなる．

自重でたわむ水平な片持ちはりが高さ $2b$ で任意の幅の矩形断面を有するものとし，単位体積当たりの重量を σ とすれば，$L/c < 1$ と $f < f_{\text{yield}}$ の条件は，

$$\zeta > \left(\frac{3}{\eta}\right)^{\frac{1}{2}}, \quad \zeta > \frac{3L\sigma}{2f_y}$$

である．ここで，$\zeta = b/L, \eta = E/(\sigma L)$ である．もしも，$\zeta < (3/\eta)^{\frac{1}{2}}$ のときには，初等理論で扱うにはたわみが大きすぎ，非線形理論の枠組みで解析する必要がある．

以上の解析の応用例として，水平な固定端を持ち，部材がその固定端からせり出てくるタイプのたわみやすい片持ちはりを考える．このはりは一様で $c = (EI/w)^{1/3}$ とする．固定端から少しずつ部材がせり出してくる突き出しはりの変形形状を図 5.3 に示す．このはりの長さは，自由端でのたわみ角が $\alpha = 10°, 20°, \cdots$ となるように選ばれている．自由

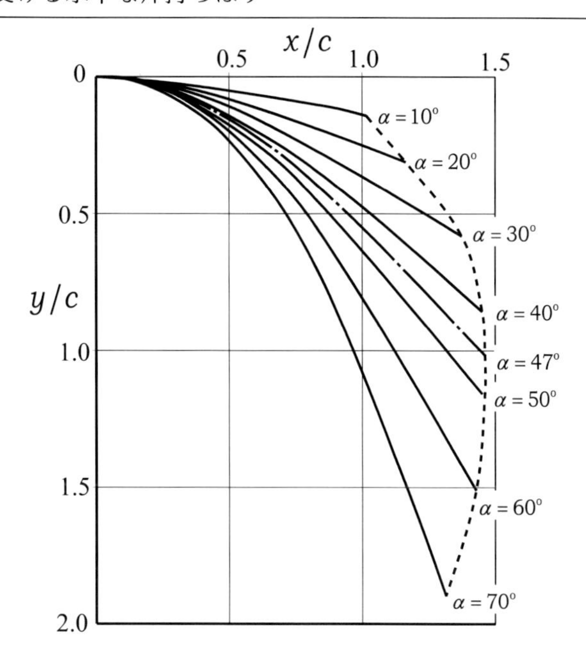

図 5.3　Lippman, Mahrenholtz および Johnson ら [8] による

端と O からの距離が最も遠いのは，$\alpha \approx 47^\circ$, $x/c = 1.45$, $y/c = 1.03$ および $L/c = 1.84$ のときである．これらの結果は，アナログコンピュータにより得られた [8]．

次に，長さ L の片持ちはりを考える．このはりの曲げ剛性は一定とし等分布荷重 w が増加するものとする．このはりの計算結果を図 5.4 に示す．

また，自由端の変位を，図 5.5 のグラフに示す．はりの全長 L で割った無次元変位 δ/L, $(L-\Delta)/L$ および δ'/L（δ' は初等理論によるたわみ）が無次元荷重 wL^3/EI の関数としてて図にプロットされている．

片持ちはりが円形状の初期たわみを有しているときには，等分布荷重を受ける場合のはりの研究によれば，真直な片持ちはりと同様な手順で解析できる．R を負荷前の半径とすると，$s = 0$ の位置における境界条件は

$$\frac{d\psi}{ds} = \pm\frac{1}{R}$$

であることに留意する．この境界条件の符号は，はりが上に凸か下に凸かに依存する．下に凸である場合には，負荷後の形状は変曲点を持つ可能性がある．たわみ角を

$$\psi = \sum_{n=0}^{\infty} a_n s^n$$

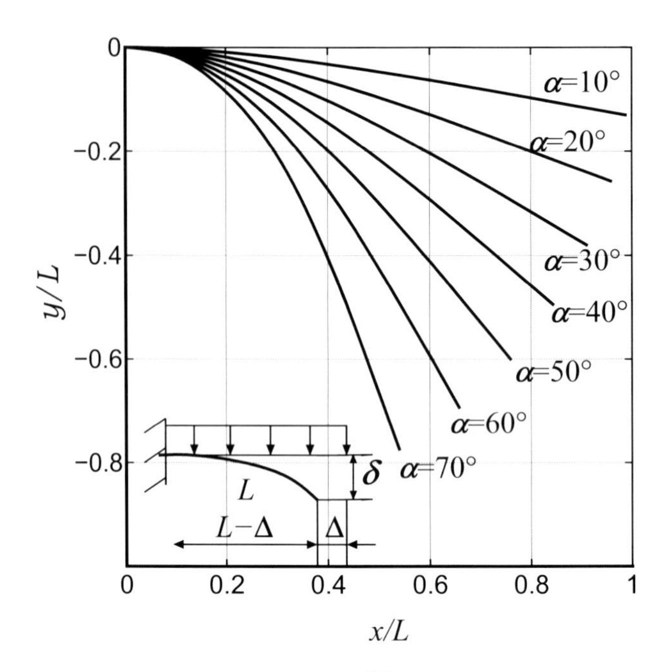

図 5.4　Bickley[7] による

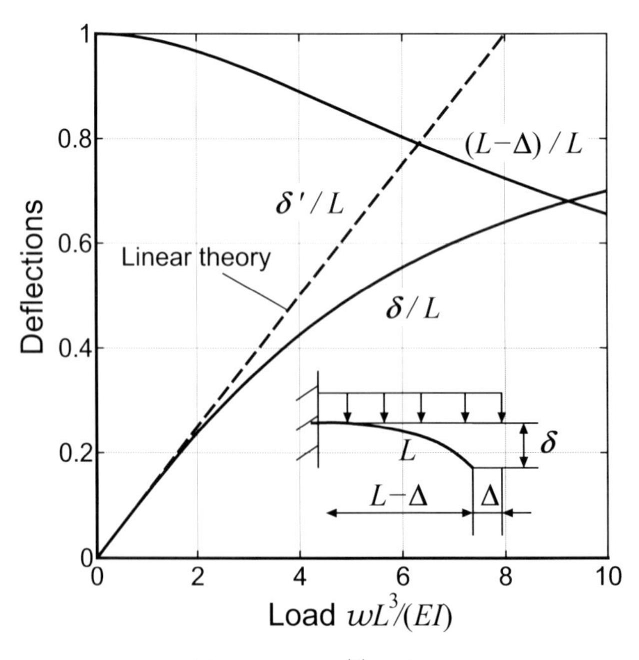

図 5.5　Rohde[6] による

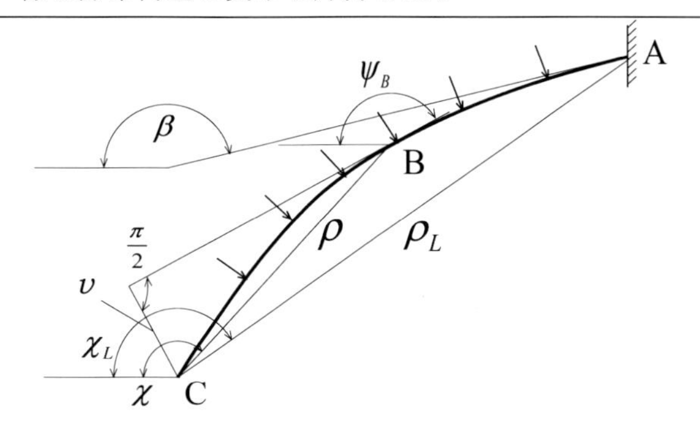

図 5.6

とおくと，その係数は

$$
\begin{aligned}
&a_0 = \alpha, \quad a_1 = -\frac{1}{R}, \quad a_2 = 0, \\
&a_3 = \frac{1}{6}\frac{w}{EI}\cos\alpha, \quad a_4 = \frac{1}{12R}\frac{w}{EI}\sin\alpha, \quad a_5 = -\frac{1}{40R^2}\frac{w}{EI}\cos\alpha, \\
&a_6 = -\left(\frac{w}{EI}\right)^2\frac{\sin 2\alpha}{360} - \frac{1}{180R^3}\frac{w}{EI}\sin\alpha, \quad \cdots
\end{aligned}
$$

と得られる [9]．これらの係数と真直はりから得られる係数とを比較すると，a_2 を除いて a_n はゼロでない値をとること，また，$n \geq 4$ のすべての a_n が初期半径 R を含んでいることがわかる．もしも

$$
\frac{d^2\psi}{ds^2} = \sum_{n=2}^{\infty} n(n-1)a_n s^{n-2} \neq 0
$$

ならば，負荷後の形状には変曲点がない．

変曲点を有する場合には，問題は長さが s_1 および s_2 の 2 つの真直な片持ちはりの組み合わせとして扱うことができる．そのはりの 1 つは分布荷重 w を受け，もう 1 つのはりは，分布荷重のほかに，s_1 の位置に $W = ws_1$ の集中荷重と $M = EI/R$ の曲げモーメントを受けるはりである．ここで，s_1 は自由端から変曲点の位置までのはりに沿った長さである．2 つの片持ちはりの接続部のたわみ角 ψ_0 が求まり，さらに $s_1 + s_2 = L$ を満たすのであれば，この問題の解が得られる．

5.4 法線方向に一様な分布荷重を受ける片持ちはり

式 (4.2) を詳しく調べると，分布荷重を受けるはりの非線形曲げ問題は，一般には，集中荷重を受ける場合に比べてより複雑になることがわかる．本節では，閉形解が得られる特別な場合を考える．

変形後のたわみ曲線に沿って等分布荷重が垂直に作用する真直な片持ちはりを考える [10]．**極座標** (polar coordinate) (ρ, χ) の原点は自由端にあるものとする（図 5.6 参

照）．すると点Bの曲げモーメントは，

$$M_B = w\rho^2/2$$

と表される．したがって，極座標では，

$$\frac{1}{r} = \frac{M}{EI} = \frac{1}{\rho}\frac{dv}{d\rho} = \frac{w\rho^2}{2EI} \tag{5.33}$$

となる．ここで，

$$v = \rho\Big[1 + \Big(\frac{1}{\rho}\frac{d\rho}{d\chi}\Big)^2\Big]^{-\frac{1}{2}}$$

である．式（5.33）を積分すると，直ちに

$$v = \frac{w\rho^4}{8EI} \tag{5.34}$$

を得る．たわみ形状は

$$3\chi = \sin^{-1}(n\nu^3) - 4\sin^{-1}(n\nu_L^3) + 3\beta \tag{5.35}$$

$$F(p, \Omega) = 2\sqrt[4]{3}\sqrt[3]{n} \tag{5.36}$$

から決定される．ここで，

$$p = \frac{1}{2} - \frac{1}{4}\sqrt{3} = \sin 3°54',$$

$$\Omega = \cos^{-1}\left[\frac{1-(\sqrt{3}+1)n^{2/3}\nu_L^2}{1+(\sqrt{3}-1)n^{2/3}\nu_L^2}\right],$$

$$\nu = \frac{\rho}{L}, \quad \nu_L = \frac{\rho_L}{L}, \quad n = \frac{wL^3}{8EI}$$

である．式（5.36）を**試行錯誤的な方法**（trial and error method）で解くと ρ_L が得られ，式（5.35）より χ と ρ の関係が求められる．また，

$$\chi_L = \beta - \sin^{-1}(n\nu_L^3)$$

の関係も得る．$\rho = \rho_B$ とすると，点Bにおける角度も

$$\psi_B = \chi_B + \sin^{-1}\Big(\frac{w\rho_B^3}{8EI}\Big)$$

と得られる．

もしも，法線方向荷重を受ける片持ちはり形状が与えられ変形前の形状を知りたいときは，**極慣性モーメント法**（polar inertia method）[11] を用いてもよい．この方法を以下に説明する．

$z = z(s)$ を負荷前の形状とし，$r(s)$ を任意点の曲率，および負荷を受けたはりの形状を $Z = Z(S)$，曲率を $R(S)$ とする（図5.7参照）．点Bにおける曲げモーメントは

$$M_B = wC^2/2$$

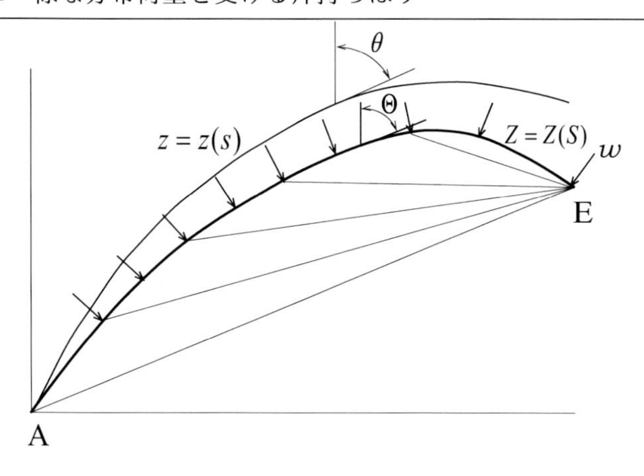

図 5.7

となる．ここで，$C = C(S)$ は弦の長さである．**オイラーの法則**（Euler's law）によれば

$$\frac{1}{r} = \frac{1}{R} + \frac{wC^2}{2EI} \tag{5.37}$$

である．C および R は S の関数だから，式（5.37）は負荷前に成り立つ方程式である．式（5.37）は

$$\frac{d\theta}{dS} = \frac{d\Theta}{dS} + \frac{wC^2}{2EI}$$

とも書き表される．ここで，θ は負荷前のたわみ角，Θ は負荷後のたわみ角である．さらに，はりは伸びないものとするから $ds = dS$ である．この式を積分して

$$\theta = \Theta + \frac{w}{2EI}\int_0^S C^2\ dS \tag{5.38}$$

を得る．式（5.38）の積分項の物理的な意味は，点 E を含む面を垂直に通る軸に関する AB 部分の極慣性モーメントを表す．そこで，式（5.38）は，$b = w/(2EI)$, $I_p = I_p(S)$ とおけば

$$\theta = \Theta + bI_p$$

と表される．

複素平面を用いれば，負荷前の曲線は，$z = x + iy$ として

$$z = f(Z) = e^{ibI_p}dZ \tag{5.39}$$

と表され，式（5.37）の積分は複素積分により評価される．

5.5 ハート型のはり

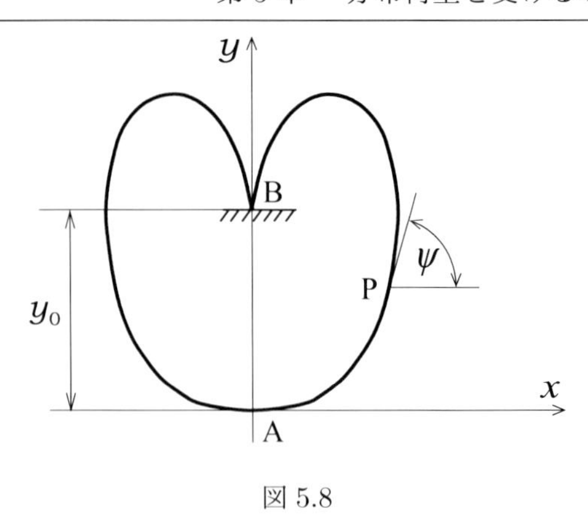

図 5.8

非常にたわみやすい材料の弾性特性を調べるのに，片持ちはり状ではほとんど垂直に垂れ下がってしまう場合，図 5.8 に示すハート型をしたループ形状のものが用いられることがある．$2L$ をループの長さとする．ループのつり合い式は，式（2.8）より

$$\frac{d^2\psi}{dq^2} = t_0 \sin\psi - q\cos\psi \tag{5.40}$$

と表される[(7)]．ここで，T_0 を点 A における軸力として

$$q = \frac{s}{c}, \quad c = \left(\frac{EI}{w}\right)^{1/3}, \quad t_0 = \frac{T_0}{wc}$$

である．

前もって境界条件が与えられる自由端が存在しないために，この微分方程式の解は片持ちはりの場合よりも複雑である．各種の t_0 の値がループの形状を決定し，この t_0 は c に依存している．数値積分をするために，点 A において

$$\frac{d\psi}{dq} = c\frac{M_0}{EI}, \quad \text{点 A にて}$$

の関係を必要とする．ここで，M_0 は点 A における曲げモーメントであるが，これは以下の試行錯誤的な方法により求める．はじめに各種の t_0 の値に応じた M_0 を仮定すれば，ψ を $2\pi/3$ までの範囲で上式の積分を行うことができる．このあとに

$$\xi = \frac{x}{c} = \int_0^{q_1} \cos\psi \, dq$$

を求める．ここで，$q_1 = (q)_{\psi=2\pi/3}$ である．もしも，M_0 の値が正しく仮定されているなら，パラメータ ξ はゼロとなる．ξ がゼロでなければ M_0 を修正して同じ計算を繰り返す．

測定可能な量は，L, y_0 および w である．c を求めるためのグラフを図 5.9 に示す．この図を利用すると，実験結果から材料の曲げ剛性を評価することが可能となる．

種々の t_0 の値に応じた変形図を図 5.10 に示す．この結果は，最初は Bickley[(7)] によって解析され，その後に，同様な変形形状がコンピュータ上のディスプレイに得られた[(8)]．

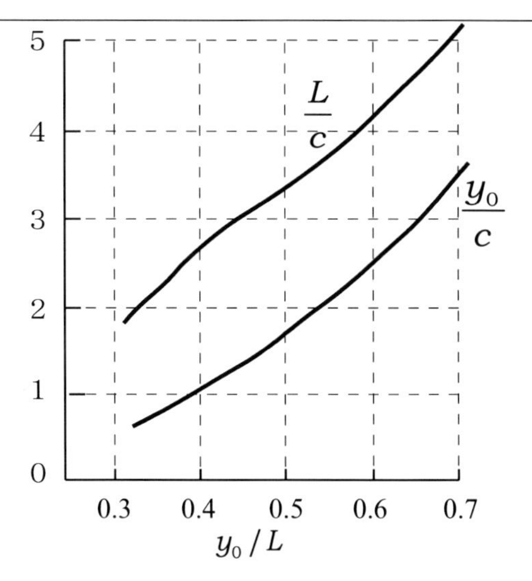

図 5.9　Bickley[7] に基づく

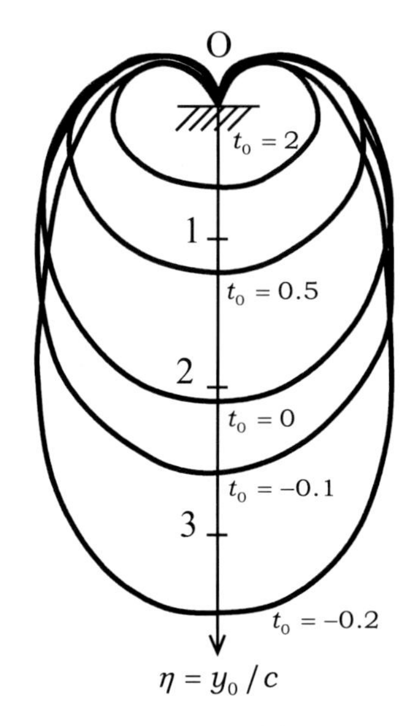

図 5.10　Bickley[7] による

さらに詳しい解析を行うと，$t_0 \approx -0.37$ 以下でループが形成されないことがわかる．これは，長いループでは L/y_0 が 1 に近づくということから説明される．t_0 に対する y_0/L の変化（ここで，y_0 は $c\int_0^{q_1} \sin\psi \, dq$ から計算される）をプロットすると，図 5.11 のようなグラフを得る．このグラフから，t_0 に下限があることが説明できる．

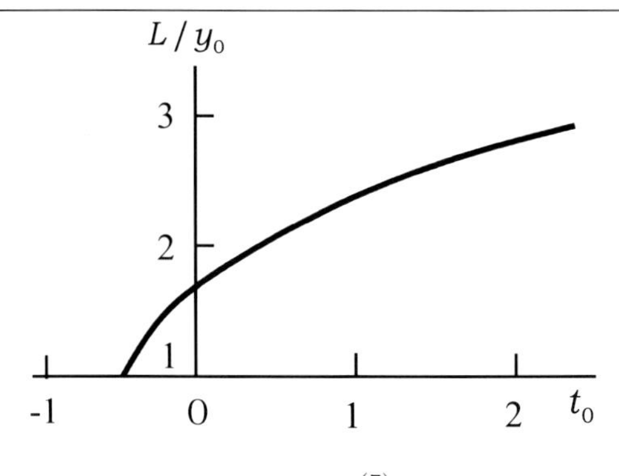

図 5.11 Bickley[7] による

5.6 等分布荷重を受ける単純支持はり

対称性から，はりの右側だけを解析する（図 5.12 を参照）．はりの長さを $2L$ とすると，本問題は，下方に等分布荷重 w および上方に wL の点荷重が作用する長さ L の片持ちはりに読み替えることができる．これらの 2 つの荷重を別々に取り扱うことにすれば，この片持ちはりは 5.1 節および 5.3 節でそれぞれ取り上げている．しかし，ここではたわみが大きい場合を考えているので，それらを重ね合わせることはできない．

はりの基礎方程式は

$$EI\frac{d^2\psi}{ds^2} = w(L-s)\cos\psi \tag{5.41}$$

である．ここで，s は点 C（支持点）から測るものとする．ψ を s の級数形で表すと[12],[13]

$$\psi(s) = a_0 + a_1 s + a_2 s^2 + a_3 s^3 + \cdots \tag{5.42}$$

となる．

支持点（$s=0$）における境界条件

$$(\psi)_{s=0} = \psi_0, \quad \left(\frac{d\psi}{ds}\right)_{s=0} = 0$$

より，式（5.42）は

$$\psi(s) = \psi_0 + \beta, \quad ここで，\ \beta = a_2 s^2 + a_3 s^3 + a_4 s^4 + \cdots$$

と表される．さらに，式（5.41）より

$$EI(2a_2 + 6a_3 s + 12a_4 s^2 + 20a_5 s^3 + \cdots) = w(L-s)\cos(\psi_0+\beta) \tag{5.43}$$

となる．

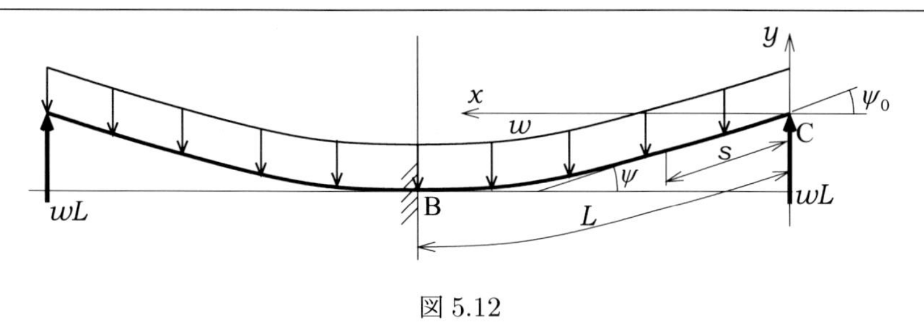

図 5.12

$\sin\beta$ および $\cos\beta$ の項を s について級数展開し，式（5.43）の係数を比較すると

$$
a_2 = \frac{wL}{2EI}\cos\psi_0,\quad a_3 = -\frac{w}{6EI}\cos\psi_0,
$$
$$
a_4 = -\frac{w^2L^2}{48(EI)^2}\sin 2\psi_0,\quad a_5 = \frac{w^2L}{60(EI)^2}\sin 2\psi_0,
$$
$$
a_6 = -\frac{w^3L^3}{240(EI)^3}\cos^3\psi_0 - \frac{w^2}{360(EI)^2}\sin 2\psi_0 + \frac{w^3L^3}{720(EI)^3}\sin^2\psi\cos\psi_0,\quad \cdots
$$

を得る．$(\psi)_{s=L} = 0$ なので，$k_w = \dfrac{wL^3}{EI}$ として

$$
-\psi_0 = k_w\frac{\cos\psi_0}{3} - k_w^2\frac{\sin\psi_0\cos\psi_0}{72} - k_w^3\frac{\cos^3\psi_0}{240} + k_w^3\frac{\sin^2\psi_0\cos\psi_0}{720} + \cdots \qquad (5.44)
$$

となる．この第 1 近似として

$$
\psi_0 = \frac{wL^3}{3EI}
$$

が得られるが，これは**微小変形理論**による結果と一致する．

任意点の変位は，

$$
y = \int_0^s \sin(\psi_0 + \beta)\ ds,\quad x = \int_0^s \cos(\psi_0 + \beta)\ ds
$$

により計算される．また，最大たわみは，

$$
\begin{aligned}
y_B &= \int_0^L \sin(\psi_0 + \beta)\ ds \\
&= L\left[\sin\psi_0 + \frac{k_w}{8}\cos^2\psi_0 - \frac{k_w^2}{60}\sin\psi_0\cos^2\psi_0 + \cdots\right]
\end{aligned} \qquad (5.45)
$$

となる．ψ_0 が小さい場合には，

$$
y_B = -L\frac{wL^3}{3EI} + \frac{wL^4}{8EI} = -\frac{5}{24}\frac{wL^4}{EI}
$$

である[*3]．

[*3] 訳注：長さが L で等分布荷重 w を受ける両端支持はりの中心のたわみ δ_B および支持点のたわみ角 θ_C

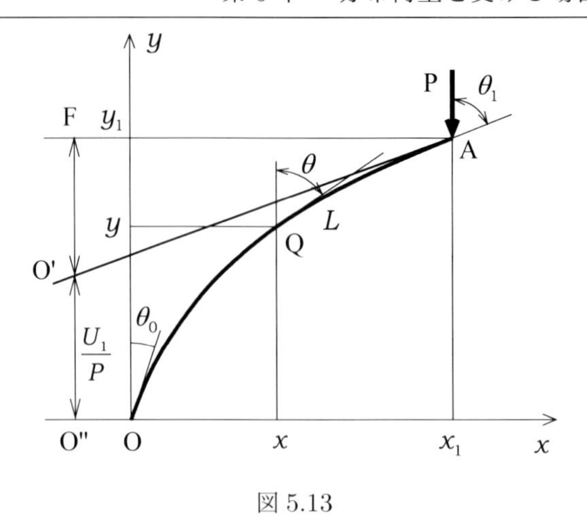

図 5.13

5.7 図式解法によるたわみの計算

下端で θ_0 の角度で固定され，自由端で垂直荷重 P を受ける図 5.13 に示す柱を考える．楕円積分を用いる代わりに，非線形常微分方程式を満たす特別な関数を用いてこの問題を解くことができる．すなわち，その偏導関数が変形後の座標を表す関数を見いだすという手法である [14]．以下のその手順を述べる．

柱 OA の長さを L とすると，この長さは $O'A$ でも与えられる．L, EI, P および θ_0 を用いて，従属変数である未知数 x_1, y_1, θ_1 および U_1 を求めることを考える．ここで，U_1 は柱の**ひずみエネルギー**である．はじめに，

$$P(x_1 - x) = EI\sin\theta\frac{d\theta}{dx} \tag{5.46}$$

の関係から，これを積分して

$$Px_1^2 = 2EI(\cos\theta_0 - \cos\theta_1) \tag{5.47}$$

という 1 つ目の関係式を得る．積分定数は以下の境界条件

$$(\theta)_{x=x_1} = \theta_1,\quad (\theta)_{x=0} = \theta_0$$

から決定されている．2 つ目の関係式は，柱のひずみエネルギーから決定する．ds の長さを有するはり要素のひずみエネルギー は

$$dU = \frac{EI}{2}\left(\frac{d\theta}{ds}\right)^2 ds$$

は，**微小変形理論**によれば

$$\delta_B = \frac{5wL^4}{384EI},\quad \theta_C = \frac{wL^3}{24EI}$$

により求められる．ここで，$L \to 2L$ とおくと，それぞれ y_B および ψ_0 に一致する．（ここで，y_B の負号ははりの右端を原点に定めたため）

である．この式と式（5.46）を組み合わせ，境界条件の第 1 式を適用すると，$x_1 - x$ の項を消去して

$$dU = P(dy - \cos\theta_1 ds) \tag{5.48}$$

を得る．式（5.48）をはりの全長にわたって積分すると

$$U_1 = P(y_1 - L\cos\theta_1) \tag{5.49}$$

となり，未知数を求めるための 2 つ目の式を得る．

図 5.13 より

$$\frac{U_1}{P} = y_1 - L\cos\theta_1 = O''F - O'F$$

となる．したがって，点 A における接線に沿って O′A= L と伸ばすと，軸力 P の向き（すなわち垂直方向）への OO′ の射影は U_1/P となる．式（5.48）を考えると，ひずみエネルギーに対する同様な幾何学的解釈が柱のどの部分においても成立することがわかる．

次に，P と θ が変化した場合を考える．その結果，U_1 も変化するが，この変動分を ΔU_1 とする．この変動分の大きさは，点 A において P による仕事および点 O において曲げモーメント Px_1 による仕事に等しい．したがって

$$\Delta U_1 = -P\Delta y_1 - Px_1\Delta\theta_0$$

ここで，負号はひずみエネルギーは増える一方で y_1, θ_0 は減少することを意味する．

さて，U_1 の P による，また θ_0 による微分を考えると

$$\frac{\partial U_1}{\partial P} = -P\frac{\partial y_1}{\partial P} \tag{5.50}$$

および

$$\frac{\partial U_1}{\partial \theta_0} = -P\frac{\partial y_1}{\partial \theta_0} - Px_1 \tag{5.51}$$

を得る．

式（5.47），式（5.49），式（5.50）および式（5.51）は，未知数 x_1, y_1, U_1 および θ_1 の計算のための 4 つの基礎的な関係式である．独立変数 P および θ_0 の代わりに

$$t = L(P/EI)^{\frac{1}{2}}, \quad \alpha = \cos\theta_0 \tag{5.52}$$

を，さらに従属変数として

$$X = \frac{x_1}{L}, \quad Y = \frac{y_1}{L}, \quad Z = \cos\theta_1, \quad W = \frac{U_1}{PL} \tag{5.53}$$

を導入する．これらの式（5.52）および式（5.53）を式（5.47），式（5.49）に代入すると

$$\left.\begin{aligned} t^2X^2 &= 2(\alpha - Z), \\ W &= Y - Z \end{aligned}\right\} \tag{5.54}$$

を得る．

式（5.50）より

$$\frac{\partial U_1}{\partial P} = L\Big[W\frac{\partial P}{\partial t} + P\frac{\partial W}{\partial t}\Big]\frac{\partial t}{\partial P}, \quad -P\frac{\partial y_1}{\partial P} = -\frac{EI}{L}t^2\frac{\partial Y}{\partial t}\frac{\partial t}{\partial P}$$

となる．ここで，$\dfrac{\partial P}{\partial t} = 2t\dfrac{EI}{L^2}$ に留意すると

$$2W = -t\Big[\frac{\partial W}{\partial t} + \frac{\partial Y}{\partial t}\Big] \tag{5.55}$$

を得る．

式（5.51）を解くと

$$\frac{\partial U_1}{\partial \theta_0} = -LP\frac{\partial W}{\partial \alpha}\sin\theta_0$$

すなわち，

$$-P\frac{\partial y_1}{\partial \theta_0} = LP\frac{\partial W}{\partial \alpha}\sin\theta_0$$

を得る．したがって

$$X = \beta\Big[\frac{\partial W}{\partial \alpha} + \frac{\partial Y}{\partial \alpha}\Big] \tag{5.56}$$

となる．ここで，$\beta = \sin\theta_0 = (1-\alpha^2)^{\frac{1}{2}}$ である．

次のステップは，変数 α と t の関数である S を求めることである．その結果，未知数 X, Y, Z および W がこの関数 S によって表されるようになる．

S を以下のように定義する．

$$S = S(\alpha, t) = t(1 + Y + W) = \Big(L + y_1 + \frac{U_1}{P}\Big)\Big(\frac{P}{EI}\Big)^{\frac{1}{2}} \tag{5.57}$$

S の偏微分は，式（5.54），式（5.55）および式（5.56）を用いて

$$\frac{\partial S}{\partial t} = 1 + Y + W + t\Big(\frac{\partial Y}{\partial t} + \frac{\partial W}{\partial t}\Big) = 1 + Z \tag{5.58}$$

および

$$\frac{\partial S}{\partial \alpha} = \frac{\partial Y}{\partial \alpha} + \frac{\partial W}{\partial \alpha} = t\frac{X}{\beta} \tag{5.59}$$

である．

これより，S およびその偏微分項を用いて，未知数は

$$\left.\begin{aligned} X &= \frac{\partial S}{\partial \alpha}\cdot\frac{\beta}{t}, \\ Y &= \frac{1}{2}\Big(\frac{S}{t} + \frac{\partial S}{\partial t} - 2\Big), \\ Z &= 1 - \frac{\partial S}{\partial t}, \\ W &= \frac{1}{2}\Big(\frac{S}{t} - \frac{\partial S}{\partial t}\Big) \end{aligned}\right\} \tag{5.60}$$

と表される．

以上より，問題は関数 $S = S(\alpha, t)$ を求めることに還元される．式（5.58）および式（5.59）を

$$t^2X^2 = 2(\alpha - Z)$$

に代入すると

$$\frac{\partial S}{\partial t} = 1 + \alpha - \frac{\beta^2}{2}\left(\frac{\partial S}{\partial \alpha}\right)^2 \tag{5.61}$$

を得る．$S(\alpha, t)$ はこの非線形方程式を満たす必要はある．S の境界条件は

$$S(\alpha, 0) = 0,\ \text{および}\ \ S(-1, t) = 0$$

であるが，この 1 番目の式は式（5.57）に基づいている．2 番目の式は以下の理由に基づく．$\cos\theta_0 = -1$ のとき $\theta_0 = \pi$，したがって

$$S = \frac{t}{L}\left(L + y_1 + \frac{U_1}{P}\right)$$

となるが，$\theta_0 = \pi$ ならば L は $-y_1$ に等しく U_1/P はゼロである．この式の括弧内もまたゼロになるからである．

α をパラメータとし，$S(\alpha, t)$ を t の関数として図 5.14 に示す．問題となっている曲線に接線を引くことにより，S および $\partial S/\partial t$ の値がこの曲線から得られる．$\partial S/\partial \alpha$ は図から直接に得られないが，X は $\partial S/\partial \alpha$ だけに依存しているから，式（5.60）から Z が得られれば

$$t^2X^2 = 2(\alpha - Z)$$

より X を計算する．式（5.61）より，図 5.14 のすべての曲線の原点での傾きは $1 + \alpha$ となる．

垂直な柱の場合は，$\theta_0 = 0, \alpha = 1$ であり，$P < P_{cr}$ なら柱は垂直なままである．すなわち，$\theta_1 = Z = 0$ および式（5.60）より

$$\frac{\partial S}{\partial t} - 1 = 0$$

したがって，点 0 と点 E の間はその曲線は直線となる．また，$P = t^2EI/L^2 = P_{cr}$であるから，点 E は $S(1, \pi/2)= t(1 + Y + W) = \pi$ の位置となる．

図 5.14 を利用する手順は以下のようである．はじめに $t = L(P/EI)^{\frac{1}{2}}$ を求める．与えられた θ_0 に応じた適切な曲線を選び左側のスケールに基づいて S を求める．$S(\alpha, t)$ における接線は $\partial S/\partial t$ を与える．式 (5.60) から，Y および Z を求める．最後に，式 (5.54) から X を計算する．

本手法と 1 章および 2 章で述べた手法と比較するために，$L^2/(EI)$ の値が大きい垂直な柱を考える．もしも，L が無限大となるときには θ_1 は π になり，したがって $Z = -1$ となる．式（5.54）より

$$t^2X^2 = 4,\ \ \text{すなわち}\ \ x_1 = 2(EI/P)^{\frac{1}{2}}$$

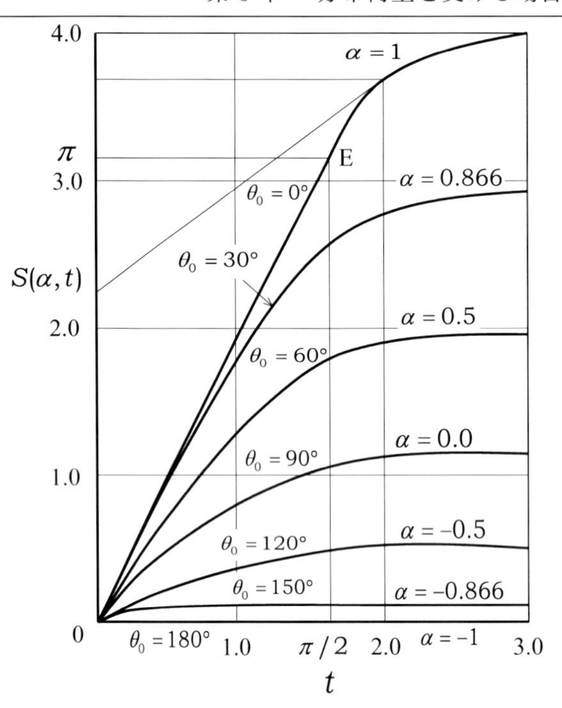

図 5.14　Beth および Wells(14) に基づく

を得るが，これは式（1.23）と一致する．

L が有限の大きさの場合，柱がはじめに垂直ならば $\theta_1 < \pi$ である．この場合には，式（5.54）より

$$X^2 = \frac{2(1-\cos\theta_1)}{t^2}, \text{すなわち}\quad x_1 = \left[\frac{2(1-\cos\theta_1)EI}{P}\right]^{\frac{1}{2}}$$

を得る．$\cos\theta_1 = 1 - 2p^2$(ここで，$p = \sin(\theta_1/2)$) なので

$$x_1 = 2p(EI/P)^{\frac{1}{2}}$$

となり，これは 1.3 節で得られた h と同じ結果でもある．

$S(\alpha, t)$ は，α の関数である係数を持つべき級数で表すことができる．座標 x, y また $\cos\theta_1$ は，P によるべき級数で表わすことができる．これゆえ，X, Y および Z は，t の偶数のべき乗を含むことになる．式（5.60）から，S は t の奇数のべき乗だけを有することが明らかである．$S(\alpha, 0) = 0$ という条件から，S は t の正のべき乗だけを持つことにも留意すべきである．というのも，負のべき乗を有するとすると，$[S(\alpha, t)]_{t=0} \neq 0$ となるからである．したがって，S は

$$S = a_0 t + a_1 t^3 + a_2 t^5 + \cdots = \sum_{n=0}^{\infty} a_n(\alpha) t^{2n+1} \tag{5.62}$$

と表される．S の偏微分は

$$\frac{\partial S}{\partial t} = a_0 + \sum_{n=1}^{\infty}(2n+1)a_n t^{2n}$$

$$\frac{\partial S}{\partial \alpha} = b_0 t + b_1 t^3 + b_2 t^5 + \cdots = \sum_{n=0}^{\infty} b_n t^{2n+1}$$

$$\left(\frac{\partial S}{\partial \alpha}\right)^2 = b_0^2 t^2 + 2b_0 b_1 t^4 + (2b_0 b_1 + b_1^2)t^6 + \cdots = \sum_{m=0}^{n-1} b_m b_{n-1-m} t^{2n}, \quad n = 1, 2, 3, \cdots$$

である．ここで，$b_n = \dfrac{\partial a_n}{\partial \alpha}$ である．これらの偏微分を式（5.61）に代入し，代入後の式における t^{2n} の係数を比較すると

$$a_0 = 1 + \alpha, \text{ および } a_n = \frac{\alpha^2 - 1}{2(2n+1)} \sum_{m=0}^{n-1} b_m b_{n-1-m}, \quad n = 1, 2, 3, \cdots$$

を得る．これらの式よりそれぞれ $a_1, a_2, a_3, \cdots$ および $b_1, b_2, b_3, \cdots$ を得ることができ，その結果は

$$\begin{aligned} &b_0 = 1, \quad a_1 = \frac{\alpha^2 - 1}{6}, \ b_1 = \frac{\alpha}{3}, \\ &a_2 = \frac{\alpha^2 - 1}{2 \cdot 5}\left(\frac{\alpha}{3} + \frac{\alpha}{3}\right) = \frac{\alpha(\alpha^2 - 1)}{15}, \quad b_2 = \frac{\partial a_2}{\partial \alpha} = \frac{3\alpha^2 - 1}{15}, \\ &a_3 = \frac{\alpha^2 - 1}{2 \cdot 7}\left[2\frac{3\alpha^2 - 1}{15} + \left(\frac{\alpha}{3}\right)^2\right] = (\alpha^2 - 1)\frac{23\alpha^2 - 6}{630}, \cdots, \end{aligned}$$

となる．$S(\alpha, t)$ のべき級数は，これより

$$S = (1 + \alpha)t + \frac{\alpha^2 - 1}{6}t^3 + \frac{\alpha^2 - 1}{15}\alpha t^5 + \frac{\alpha^2 - 1}{630}(23\alpha^2 - 6)t^7 + \cdots \tag{5.63}$$

となる．この級数は，$S(\alpha, t = 0) = 0$, $S(\alpha = -1, t) = 0$ となっているから境界条件を満たしている．

式（5.60）を用いると，べき級数で表した座標が得られ

$$\left.\begin{aligned} &X = \beta \sum_{n=0}^{\infty} b_n t^{2n}, \\ &Y = \frac{1}{2}\left[\sum_{n=0}^{\infty} a_n t^{2n} + a_0 + \sum_{n=1}^{\infty}(2n+1)a_n t^{2n}\right] - 1 \\ &\quad = \alpha - (1 - \alpha^2)\left(\frac{t^2}{3} + \frac{\alpha}{5}t^4 + \frac{46\alpha^2 - 12}{315}t^6 + \cdots\right), \\ &Z = \alpha + \sum_{n=1}^{\infty}(2n+1)a_n t^{2n} = \alpha - (1 - \alpha^2)\times \\ &\frac{1}{2}t^2\left(\frac{\alpha}{3}t^4 + \frac{23\alpha^2 - 6}{90}t^6 + \cdots\right) \end{aligned}\right\} \tag{5.64}$$

となる．自由端で P_{cr} を受ける垂直な柱の場合には

$$t = \pi/2, \quad \theta_0 = 0, \quad \alpha = 1, \quad \beta = 0$$

であるので

$$X = \frac{x_1}{L} = 0, \quad Y = \frac{y_1}{L} = 1$$

を得る．

以上の結果は $t < \pi/2$ なら正しいが，$t > \pi/2$ のときには柱は不安定になる．しかし，ここではつり合いを乱す外力が作用しないので X, Y は垂直線の状態を示すことになる．

自由端に荷重 P を受ける水平な片持ちはりの場合には，

$$\theta_0 = \pi/2, \quad \alpha = 0, \text{ および } \beta = 1$$

であるので

$$X = 1 - \frac{t^4}{15} + \frac{36}{2835}t^8 - \cdots, \quad Y = -\frac{t^2}{3} + \frac{12}{315}t^6 + \cdots$$

であり，自由端の垂直変位は

$$y_1 = -\frac{PL^3}{3EI} + \frac{12}{315}\left(\frac{P}{EI}\right)^3 L^7 + \cdots$$

と表される．この式の第1項は**微小変形理論**による結果と一致する．

5.8 分布荷重を受けるはりの数値解析

この種のはりのたわみの解析は，すでに 4.12 節で説明しているが，そこでは集中荷重を受ける場合の手法を説明した．はりが等分布荷重を受ける際にも同じような流れで以下に説明する．なお，平均曲げモーメント M_i' に対する特別な配慮が必要である．

分布荷重 $w = w(s)$ を受ける図 4.47 に示すはりを考える．$w_1, w_2, w_3, \cdots$ を弧 $1, 2, 3, \cdots$ に作用する平均荷重の大きさとする．i 番目の要素に作用する平均曲げモーメントは

$$\left.\begin{aligned} M_i' = {} & w_1 s_1(h_1/2 + h_2 + h_3 + \cdots + h_{i-1} + h_i/2) \\ & + w_2 s_2(h_2/2 + h_3 + \cdots + h_{i-1} + h_i/2) \\ & + w_3 s_3(h_3/2 + h_4 + \cdots + h_{i-1} + h_i/2) \\ & + \cdots\cdots\cdots\cdots\cdots\cdots\cdots \\ & + w_{i-1} s_{i-1}(h_{i-1}/2 + h_i/2) \\ & + \frac{w_i s_i^2}{8}\cos\left(\psi_0 - \sum_{j=1}^{i-1}\beta_j\right) \end{aligned}\right\} \tag{5.65}$$

と求められる．M' は h および s の両方の関数であるので，繰り返しの最初のステップにおける s の値を

$$h \Bigg/ \left[\cos\left(\psi_0 - \sum_{j=1}^{i-1}\beta_j\right)\right]$$

と近似すると [15]

$$
\begin{aligned}
M'_{i\ \mathrm{approx}} = {} & w_1 s_1(h_1/2 + h_2 + h_3 + \cdots + h_{i-1} + h_i/2) \\
& + w_2 s_2(h_2/2 + h_3 + \cdots + h_{i-1} + h_i/2) \\
& + w_3 s_3(h_3/2 + h_4 + \cdots + h_{i-1} + h_i/2) \\
& + \cdots\cdots\cdots\cdots\cdots\cdots\cdots \\
& + w_{i-1} s_{i-1}(h_{i-1}/2 + h_i/2) \\
& + w_i h_i^2 \Big/ \left[8\cos\left(\psi_0 - \sum_{j=1}^{i-1} \beta_j \right) \right]
\end{aligned}
$$

となる．

計算の手順は以下のようである．h_1 の大きさを仮定し（たとえば 1 in.），$M'_{i\ \mathrm{approx}}$ を

$$
\frac{w_1 h_1^2}{8\cos\psi_0}
$$

より求める．ここで，ψ_0 ははり端点のたわみ角であり，差し当たって未知（適当な値を仮定して計算を進める）である．この後，$1/r_1$, r_1 および h_1/r_1 を求める．これには ψ_0, $\sin\psi_0$，そして

$$
\sin\left(\psi_0 - \sum_{j=1}^{1} \beta_j \right) = \sin\psi_0 - \frac{h_1}{r_1}, \quad \psi_0 - \sum_{j=1}^{1} \beta_j,
$$

$$
\psi_j = \psi_0 - \left[\psi_0 - \sum_{j=1}^{1} \beta_j \right] \quad \text{（4.12 節を参照）}
$$

などを用いて計算する．最後に，$s_1 = r_1\beta_1$ を得る．この s_1 は正確な曲げモーメントを求めるための式（5.65）に用いる．次に

$$
M'_1 = \frac{w_1 s_1^2}{8} \cos\psi_0
$$

を用いて，円弧部 1(b) の $1/r_1$, r_1 および h_1/r_1 を再計算する．s が一定値になるまで以上の過程が繰り返される．

もしも

$$
\frac{h_k}{r_k} > \sin\left(\psi_0 - \sum_{j=1}^{k-1} \beta_j \right)
$$

のときは，最後の円弧まで達したときに h_k が大きすぎるように選ばれたことになる．h_k は

$$
\sin\left(\psi_0 - \sum_{j=1}^{k-1} \beta_j \right) = \frac{M'_k}{EI} h_k
$$

を解いて得られる．また，ψ_0 が正しく選ばれるとすると，$\displaystyle\sum_{j=1}^{n} s_j = L$ となる．

一例として，長さ 3.48 in.（= 88.4 mm），曲げ剛性 $EI = 20$ lb in.^{2}（= 0.0574 Nm^2），等分布荷重 $w = 2$ lb/in.（= 350.3 N/m）の片持ちはりを考える．これまでの解析に基づいて，$\psi_0 = 0.6$ がおそらく正解に近いだろうということから計算を始める．$\psi_0 = 0.6$ に基づいた計算を表 5.1 に示す．この表より

$$\sum_{j=1}^{4} s_j = 3.47 \text{ in.}(= 88.1 \text{ mm}) \approx L, \quad Y = \sum_{j=1}^{4} v_j = 1.47 \text{ in.}(= 37.3 \text{ mm}),$$
$$X = \sum_{j=1}^{4} h_j = 3.09 \text{ in.}(= 78.5 \text{ mm})$$

を得る．

もしも，片持ちはりが初期曲率を有している場合には，各々の円弧部の負荷前の曲率半径 R_i を前もって知っている必要がある．計算手順は真直はりで説明したのと同様であり，円弧状はりの平均曲げモーメントの計算も同様である．また，M' は s および h の関数なので，平均曲げモーメントが繰り返しの最初のステップで用いられる．計算は表 5.1 に従うが，

$$\frac{1}{r_i} = \frac{M_i'}{EI}$$

の代わりに

$$\frac{1}{r_i} = \frac{M_i'}{EI} + \frac{1}{R_i}$$

を用いる必要がある．

表 5.1 Seames および Conway[10] による（単位は lb，in.）

列番号	1	2	3	4	5	6	7
弧番号	h	$1/r$	r	h/r	$\psi_0-\sum_{j=1}^{i-1}\beta_j$	$\sin\left[\psi_0-\sum_{j=1}^{i-1}\beta_j\right]$	$\sin\left[\psi_0-\sum_{j=1}^{i}\beta_j\right]$
1a	1	0.01515	66.027	0.01515	0.60000	0.56464	0.54949
1b	1	0.01498	66.756	0.01498	0.60000	0.56464	0.54966
2a	1	0.13539	7.3860	0.13539	0.58196	0.54966	0.41427
2b	1	0.13408	7.4582	0.13408	0.58196	0.54966	0.41558
3a	1	0.36899	2.7101	0.36899	0.42858	0.41558	0.04659
3b	1	0.36743	2.7216	0.36743	0.42858	0.41558	0.04817
4	0.0893	-	1.8548	0.04815	0.04817	0.04815	0.00000
列番号	8	9	10	11	12	13	14
弧番号	$\psi_0-\sum_{j=1}^{i-1}\beta_j$	β_i	$\cos\left[\psi_0-\sum_{j=1}^{i-1}\beta_j\right]$	$\cos\left[\psi_0-\sum_{j=1}^{i}\beta_j\right]$	v/r	v	s
1a	0.58176	0.01824	-	-	-	-	1.2050
1b	0.58196	0.01804	0.82534	0.83537	0.01003	0.66956	1.2043
2a	0.42714	0.15482	-	-	-	-	1.1435
2b	0.42858	0.15338	0.83537	0.90956	0.07419	0.55332	1.1439
3a	0.04661	0.38197	-	-	-	-	1.0352
3b	0.04817	0.38401	0.90956	0.99884	0.08928	0.24298	1.0353
4	0.00000	0.04817	0.99884	1.00000	0.00116	0.00215	0.0893

5章の参考文献

(1) Greenhill, A. G., On height consistent with stability, *Proc. Camb. Phil. Soc.*, 4 (1881).
(2) Euler, *Mém. Acta. Acad. St-Petersb.*, (1780).
(3) Todhunter, J., and Pearson, K., *History of the Theory of Elasticity*, Cambridge(1886).
(4) Frisch-Fay, R., The analysis of a vertical and horizontal cantilever under a uniformly distributed load, *J. Franklin Inst.*, 271(1961), p.192.
(5) Hummel, F. H., and Morton, W. B., *loc. cit.,* p.72.
(6) Rohde, F. V., Large deflections of a cantilever beam with a uniformly distributed load, *Quart., Appl. Math.,* 11(1953), p.337.
(7) Bickley, W. G., The heavy elastica, *Phil., Mag.*, Ser. 7, 17(1934), p.603.
(8) Lippmann, H., Mahrenholtz, O., and Johnson, W., Thin heavy elastic strips at large deflection, *Int. J. Mech. Sci.,* 2(1961), p.294.
(9) Sato, K., Large deflections of a circular cantilever beam, *Ingen-Arch.*, 27 (1959), p.195.
(10) Mitchell, T. P., *loc. cit.*, p.161.
(11) Truesdell, C., A new chapter in the theory of the elastica, *Proc. First Midwestern Conf. Solid Mech.*, (1955), p.52.
(12) Sundara Raya Iyengar, K. T., Large deflections of cantilever beams, *J. Indian Inst. Sci.*, Annual Report of Civil and Hydraulic Engineering Section(1954), p.27.
(13) Sundara Raya lyengar, K. T., and Lakshmana Rao, S. K., Large deflections of simply supported beams, *J. Franklin Inst.*, 259(1955), p.523.
(14) Beth, R. A., and Wells, C, P., Finite deflections of a cantilever strut, *J. Appl. Phys.,* 22(1951), p.742.
(15) Seames, A. E., and Conway, H. D., *loc. cit.*, p.161.

5章の追加参考文献

(16) Frisch-Fay, R., The analysis of a vertical and a horizontal cantilever under a uniformly distributed load, *J. of Frank. Inst.*, Vol.271, 3(1961), pp.192-199.

(17) Sato, K., Large deflections of curved cantilever springs of trapezoidal profile, *Bull. of JSME*, Vol.5, Issue 19(1962), pp.402-411.

(18) 杉山 吉彦, 芦田 幸逸, 川越 治郎, 自重による長柱の座屈, 日本機械学会論文集, 第43巻, 376号 (1977), pp.4435-4443.

(19) Kooi, B. W., and Kuipers, M., A unilateral contact problem with the heavy elastica, *Int. J. of Non-Lin. Mech.*, Vol.4(1984), pp.309-321.

(20) Panayotounakos, D. E., and Theocaris, P. S., Large deflections of buckled bars under distributed axial load, *Int. J. of Solids and Struct.*, Vol.24, 12(1988), pp.1179-1192, doi:10.1016/0020-7683(88)90084-4.

(21) Belendez, T., Neipp, C., and Belendez, A., Large and small deflections of a cantilever beam, *Eur. J. Phys.*, Vol.23(2002), pp.371-379.

(22) Lee, K., Large deflections of cantilever beams of non-linear elastic material under a combined loading, *Int. J. of Non-Lin. Mech.*, Vol.37, 3(2002), pp.439-443.

(23) Goncalves, P. B., Jurjo, D. L. B. R., Magluta, C, Roitman, N., and Pamplona, D., Large deflection behavior and stability of slender bars under self weight, *Struct. Engng. and Mech.*, Vol.24, No.6(2006), pp.709-725, DOI: http://dx.doi.org/10.12989/sem.2006.24.6.709.

(24) Nallathambi, A. K., Rao, C. L., and Srinivasan, S. M., Large deflection of constant curvature cantilever beam under follower load, *Int. J. of Mech. Sci.*, Vol.52, 3(2010), pp.440-445.

第6章

棒の3次元変形

6.1 一般化した運動的類似

1.6節で，水平軸の回りに垂直面内で振れる振り子は，細長い棒（この細長い棒は，はじめは直線状で，端点に力や曲げモーメントを受けて主軸面内で曲がる）の**運動的類似**（kinematic analogy）であることを述べた．この際，トルクは作用していないから，棒の変形は面内変形である．Kirchhoff および後に Clebsch(1) は，負荷を受けないときには真直であった棒が，端点に作用する力や曲げモーメントおよびトルクで曲げられねじられた際の方程式は，固定点の回りで振動する剛体の運動方程式に類似していることを指摘した．同じ棒が，端点に作用する曲げモーメントやトルクを受けて曲げやねじりを生じたときは，重心 G の回りに回転する剛体と類似である．この場合には，棒の変形形状は空間曲線となり，これを解析するには3次元座標が必要となる．

無負荷状態では細長い棒は直線であり，その軸は Z 軸に一致するものとする．また，X, Y 軸は断面の主軸方向と同じものとする．力，曲げモーメントおよびトルク（あるいは，作用面が主軸面に一致していない力と曲げモーメント）が作用した後には，位置ごとに変形後の形状の向きが変わる．したがって，それぞれの断面に対して座標系を選ぶことが必要になる．棒の微小要素 ds の接線方向を Z' 軸とし，その断面の主軸と同じ方向に X' 軸および Y' 軸を一致させる．変形後の隣り合った断面は，2つの軸のまわりに曲げられまた3番目の軸のまわりにねじられるので，$X'Y'Z'$ 座標系（**移動座標系**（moving system）でもあるが）は，XYZ 座標系（**固定座標系**（fixed system））に関して位置が変化する．固定および移動座標系は，以下の方向余弦で関係づけられる．

	X	Y	Z
X'	l	m	n
Y'	l'	m'	n'
Z'	l''	m''	n''

(6.1)

これらの方向余弦は，3つの角度 θ, ψ および ϕ で表すことができる．図6.1からわかるように，θ は Z は Z' とのなす角，ψ は XZ 面と ZZ' 面とのなす角，および ϕ は ZZ 面と移動面 $Z'X'$ とのなす角である．これらのすべての角は，棒の端点からの距離 s の関数である．方向余弦は，

$$\left.\begin{aligned}
l &= -\sin\psi\sin\phi + \cos\psi\cos\phi\cos\theta, \\
l' &= -\sin\psi\cos\phi - \cos\psi\sin\phi\cos\theta, \\
l'' &= \sin\theta\cos\psi, \\
m &= \cos\psi\sin\phi + \sin\psi\cos\phi\cos\theta, \\
m' &= \cos\psi\cos\phi - \sin\psi\sin\phi\cos\theta, \\
m'' &= \sin\theta\sin\psi, \\
n &= -\sin\theta\cos\phi, \\
n' &= \sin\theta\sin\phi, \\
n'' &= \cos\theta
\end{aligned}\right\} \tag{6.2}$$

となる [(2)]．

棒には，両端に曲げモーメント $\mathbf{M}$ が作用しているものとする．曲げモーメント軸は，2つの**曲げ剛性**と**ねじり剛性**（torsional rigidity）の主軸がそれぞれ最大値および最小値を有する面内にあるものとする [(3)]． この場合には，棒の至る所でねじりだけではなく曲げを受ける．点Gまわりの剛体運動は，次のような**オイラーの式**（Euler's equation）で表される．

$$\left.\begin{aligned}
A\frac{du}{dt} + (B-C)vw = 0, \\
B\frac{dv}{dt} + (C-A)wu = 0, \\
C\frac{dw}{dt} + (A-B)uv = 0
\end{aligned}\right\} \tag{6.3}$$

ここで，A, B および C は主軸 X', Y' , Z' まわりの回転慣性モーメント，u, v ,w は任意時刻 t における X', Y' および Z' 軸まわりの角速度，Au, Bv, Cw は X', Y' および Z' 軸まわりの**トルクの力積**（impulse of torque）成分である．この力積成分は，運動座標軸のその時々の角速度 u, v および w を生じさせるものである．

式（6.3）は，もしも時刻 t を長さ s に，A，B を X'，Y' 軸まわりの曲げ抵抗に，および C を Z' 軸まわりのねじり抵抗に，u, v を X', Y' 軸に対する曲率成分 p, q に，w を

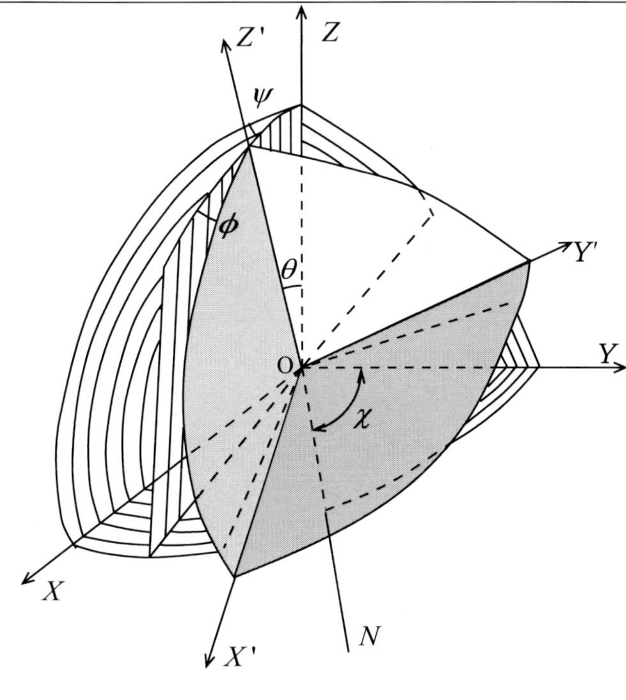

図 6.1

Z' 軸まわりのねじりに対する曲率に，そして最後に，Ap, Bq および Cr を X', Y', Z' 軸まわりに曲率を生じさせる曲げおよびねじりモーメント成分 $\mathbf{M}$ に置き換えて考えるのであれば，先に述べた棒の解として適用可能である．

回転体の A, B および C は，棒の曲げ剛性 EI_x, EI_y およびねじり剛性 αGA_c（円断面の場合には GI_p）に対応する．ここで，G は横弾性係数，A_c は断面積，I_p は縦軸まわりの極断面 2 次モーメントである．

曲率成分は，θ, ψ および ϕ の s に関する微分量で表され，

$$\left.\begin{aligned} p &= \frac{d\theta}{ds}\sin\phi - \frac{d\psi}{ds}\sin\theta\cos\phi, \\ q &= \frac{d\theta}{ds}\cos\phi + \frac{d\psi}{ds}\sin\theta\sin\phi, \\ r &= \frac{d\phi}{ds} + \frac{d\psi}{ds}\cos\theta \end{aligned}\right\} \tag{6.4}$$

を得る．

座標軸 X, Y, Z は固定され，一方で X', Y', Z' 軸は p, q , r の角速度で動いている

ので

$$\left.\begin{aligned} \frac{dl}{ds} &= l'r - l''q, \\ \frac{dm}{ds} &= m'r - m''q, \\ \frac{dn}{ds} &= n'r - n''q, \\ \frac{dl'}{ds} &= l''p - lr, \ \text{etc.} \end{aligned}\right\} \tag{6.5}$$

となり，以上で方向余弦の解を求めるために 9 つの式を得る．これらの方向余弦は，以下の直交関係式によって相互に関係づけられる．

$$\left.\begin{aligned} l &= m'n'' - n'm'', \\ m &= n'l'' - l'n'', \\ n &= l'm'' - m'l'', \\ &\text{etc.} \end{aligned}\right\} \tag{6.6}$$

棒上の点 Q の座標は，以下の微分方程式

$$dx = l''ds, \quad dy = m''ds, \quad dz = n''ds \tag{6.7}$$

を用いる．すなわち，式（6.7）を積分すると，固定座標系 X, Y, Z における座標 x, y, z が得られる．

6.2 曲率 p, q および r

3 組の曲率成分のベクトル和をとると，$\Theta = (p^2 + q^2 + r^2)^{\frac{1}{2}}$ となる．ここで，Θ は，この曲率 Θ に基づく各位置の曲率半径に沿って測った棒の任意点の全曲率の大きさである．また，$M = (A^2p^2 + B^2q^2 + C^2r^2)^{\frac{1}{2}} = \mathbf{M}$ も考えられ，これは，軸まわりのトルクに応じて生じる各位置の内部モーメントの大きさを示す．純曲げによる曲率は $\Theta' = (p^2 + q^2)^{\frac{1}{2}}$ により計算される．この大きさは，各位置の $X'Y'$ 面における曲率 Θ の成分の大きさとなる．

式（6.3）の各式に Ap, Bq および Cr を乗じて加えると

$$A^2p^2 + B^2q^2 + C^2r^2 = \text{const.} = \mathbf{M^2} \tag{6.8}$$

を得る．次に，式（6.3）の各式に l, l', l'' を乗じて加えると

$$Apl + Bql' + Crl'' = \text{const.} = \mathbf{M_1} \tag{6.9a}$$

となる．m, m', m'' および n, n', n'' に関しても同様に計算すると

$$\left.\begin{aligned} Apm + Bqm' + Crm'' &= \text{const.} = \mathbf{M_2} \\ Apn + Bqn' + Crn'' &= \text{const.} = \mathbf{M_3} = (\mathbf{M^2} - \mathbf{M_1^2} - \mathbf{M_2^2})^{\frac{1}{2}} \end{aligned}\right\} \tag{6.9b}$$

を得る．これらの式は，棒の端点で加えられたモーメントによって生ずる，任意点の内部抵抗モーメントが $\mathbf{M}$ に等しいことを述べている．

曲率成分 $p(s), q(s)$ および $r(s)$ からなる刻々の曲率軸について考える．これらのすべての軸は，**2 次の錐面**（cone of the second degree）$\mathbf{P}$ の母線に平行である [*1]．

これらの軸を集めると曲面 ($\mathbf{P}$) が生成される．これらの軸の曲率の中心の軌跡は，**超越線**（transcendental line）$\mathbf{p}$ となる．円錐 $\mathbf{P}$ を表す方程式は

$$Ap^2(Ah - \mathbf{M^2}) + Bq^2(Bh - \mathbf{M^2}) + Cr^2(Ch - \mathbf{M^2}) = 0 \tag{6.10}$$

ここで，

$$h = Ap^2 + Bq^2 + Cr^2$$

である．円錐 $\mathbf{P}$ は常に実数であるので，式（6.10）の差を表す 3 つの括弧の項はすべてが同一符号とはならない．もしも，曲げやねじり剛性が $A > B > C$ の大きさなら，$Ah - \mathbf{M^2} > \mathbf{0}$, $Ch - \mathbf{M^2}$ および $Bh - \mathbf{M^2} \leqslant \mathbf{0}$ である．Jacobi によれば，曲率成分は**楕円関数**によって表される．$A > B > C$ であり，かつ $Bh - \mathbf{M^2} > \mathbf{0}$ ならば楕円関数の母数は

$$\mu = \left[\frac{(A-B)(\mathbf{M}^2 - Ch)}{(B-C)(Ah - \mathbf{M^2})}\right]^{\frac{1}{2}} = \left[\frac{C(A-B)}{A(B-C)}\right]^{\frac{1}{2}} \tan\phi_0$$

となる [(4)]．ここで，ϕ_0 は負荷したモーメント $\mathbf{M}$ の軸と最小剛性の主軸とのなす角である．Jacobi によって考えられた問題は回転体についてであるが，角速度成分と曲率の間に存在するアナロジーにより次式（6.11）を利用することができる．

曲率成分は

$$\left.\begin{aligned} p &= \frac{\mathbf{M}}{A}\sin\phi_0 \ \mathrm{cn}\ u, \\ q &= \frac{\mathbf{M}}{A}\sin\phi_0 \left[\frac{A(A-C)}{B(B-C)}\right]^{\frac{1}{2}} \ \mathrm{sn}\ u, \\ r &= \frac{\mathbf{M}}{C}\cos\phi_0 \ \mathrm{dn}\ u \end{aligned}\right\} \tag{6.11}$$

である．

楕円関数の引数は $u = js$ である．ここで，s は自由端から現在問題としている点までの距離であり，j は

$$j = \frac{\mathbf{M}}{C}\left[\frac{(B-C)(A-C)}{AB}\right]^{\frac{1}{2}} \cos\phi_0$$

である．

[*1] 訳注：2 次の錐面とは，

$$x^2/a^2 + y^2/b^2 - z^2/c^2 = 0$$

で表される，2 次曲面の 1 つである．z 軸に垂直に切ると切り口はすべて楕円となる．また，原点を通る平面で切ると切り口はすべて 2 本の直線となり，この直線群が織り成す曲面（線織面）によって形成される．

条件 $A > B > C$, $Bh - \mathbf{M^2} > \mathbf{0}$ は，円錐 $\mathbf{P}$ を実数にする唯一の条件ではないということに注意すべきである．実際，実数の円錐 $\mathbf{P}$ を作り出す A, B, C と $\mathbf{M}$ の組み合わせについては 6 通り存在する．その場合には，p, q および r の表現内容は式（6.11）で示されたものとは異なる．

式（6.11）を調べると，p, q および r は，$4K(\mu)$ の周期関数であることがわかる．負号を無視すれば，式（6.11）は u と $u \pm 2K(\mu)$ に対して同じ値を与えることも明らかである．したがって，曲げやねじりの絶対値は，K/j の長さだけに対して計算する必要がある．ふたたび，$A > B > C$ および $Bh - \mathbf{M^2} > \mathbf{0}$ と仮定すると，曲率成分はパラメータ u に応じて以下のように変化する．

$u = 0$	$< K$	$= K$	$< 2K$	$= 2K$	$< 3K$	$= 3K$	$< 4K$	$= 4K$
$p_{\max}$	$+p$	0	$-p$	$p_{\min}$	$-p$	0	$+p$	$p_{\max}$
0	$+q$	$q_{\max}$	$+q$	0	$-q$	$q_{\min}$	$-q$	0
$r_{\max}$	$+r$	$+r_{\min}$	$+r$	$r_{\max}$	$+r$	$+r_{\min}$	$+r$	$r_{\max}$

ほかの 5 つの場合についても同じような表を作ることができる．

負荷を受ける棒のこのような挙動の重要な特徴を，それらの表から知ることができる．たとえば，ねじり剛性が 3 つの剛性の中で 2 番面の大きさなら，棒のねじり方向は同じ方向にはそのまま続かない．変形後の棒において，まったくねじれがない（曲げだけの）断面が存在し，この「ねじれの変曲点」から左右等距離にある断面では，同じ大きさで反対方向のねじれが生じている．

もしも，3 つの剛性のうちでねじれ剛性が最小であり，$Bh - \mathbf{M^2} > \mathbf{0}$ ならば，ねじりの強さの程度は正の最大値と最小値の間を変動するが，棒はいつも同じ方向にねじられる．もしも $Bh - \mathbf{M^2} < \mathbf{0}$ なら，ねじりの方向は交互に向きを変える．

次に曲げモーメントについて考える．曲げ剛性の 1 つ（たとえば A としよう）が 2 番目の大きさだとすると，X' 軸まわりの曲げモーメントの符号が交互に変わる．

もしも，C が 2 番目の大きさの曲げ剛性であるなら，曲げモーメントは，$u = 0, 2K$ $, 4K, \ldots$ の位置で最大値を持つ．また，Cが 3 つの剛性のなかで最小値ならば，その同じ位置でΘ' が最小値となる．ねじり剛性が最大ならば，$C > A + B$ または $C < A + B$ に応じて，$u = 0, 2K, 4K, \cdots$ で最大あるいは最小の曲げモーメントを生ずる．

6.3 円錐 P および H

時間 dt の間に物体は 瞬間中心軸 $G\Theta$ の回りに回転し，Θ_1 をその角速度とする．この場合には，$G\Theta_1$ に隣り合う軸 $G\Theta_2$ は $G\beta_2$ に位置を変え，その位置が回転の瞬間中心になる．物体は，今度は角速度 Θ_2 で $G\beta_2$ の回りに回転し，その一方，別な $G\Theta_3$ 軸が $G\Theta_2$

の回りに回転し，すぐに $G\beta_3$ に位置を変え，この $G\beta_3$ がまた新しい回転の瞬間中心軸になる．したがって，回転の瞬間中心軸（u, v, w の 3 成分を持つ）の円錐 $G\Theta_1\Theta_2\Theta_3\cdots$ は，別な円錐 $G\beta_1\beta_2\beta_3\cdots$ 上を滑ることなく転がり，また両方の円錐が，あらゆる瞬間で回転の瞬間中心軸である共通の円錐母線を有するということがわかる．これらの円錐をそれぞれ **P** および **H** と呼ぶ．

以上の議論を弾性棒に適用し，真直でねじれがない棒を取り上げ，すべての点 Q に曲率成分 p, q および r の合成成分を割り当てるとする．このことにより刻々の Θ の大きさや方向がわかることになる．したがって，$Q\Theta$ は微小要素 ds が変形する軸となる．自由端から始めて，棒要素 Q_1Q_2 を曲率 $Q_1\Theta_1$ のまわりに $\Theta_1 ds$ の大きさで回す．純曲げ軸の回りに $\Theta'_1 ds$ だけその要素を曲げ，また，要素 ds の軸すなわち Z' 軸のまわりに $r_1 ds$ だけその要素をねじることにより，これを実現する．その後，要素 Q_1Q_2 をその位置に固定し，変形 $\Theta_2 ds$ を曲率軸 $Q_2\Theta_2$ の回りの要素 Q_2Q_3 に与える．また，要素 Q_2Q_3 が固定され，要素 Q_3Q_4 が 合成成分 $\Theta_3 ds$ の大きさだけ $Q_3\Theta_3$ に沿って曲げおよびねじりを受ける．このようにして，はじめは真直でねじれのない棒は，ついには，曲げとねじりのもとでのつり合い変形状態に至る．先に述べた通り，軸 $Q_1\Theta_1$, $Q_2\Theta_2$, $Q_3\Theta_3, \cdots$ は，表面（**P**）を生成する．しかし，これらの軸は，その準線（directrix）が変形後の棒となっている，ゆがみを持った新しい表面上に存在している．このゆがんだ表面を (**H**) と呼ぶことにする．したがって，真直でねじれのない棒を最終的に曲がってねじれた形状へ変換することは，たわみやすい表面（**P**）を固定した表面（**H**）上で展開することにより可視化できる．この 2 つの表面は，展開の間，曲率の瞬間軸に沿って互いに接する．（**P**）および（**H**）の方向はそれぞれ真直棒の方向および曲がった変形棒の方向を向いている．

もしも，棒に曲げモーメントのみが作用するとすれば，表面（**P**）の母線は 2 次の円錐の母線に平行である一方で，表面（**H**）は超円錐の母線に平行となる．

6.4 弾性変形形状

p, q および r の周期は，μ の関数 $K(\mu)$ の周期とともに変化することを思い出して欲しい．したがって，パラメータが $4K(\mu)$ の倍数だけ異なる点のすべては同じ曲率を持ち，また，そのような点で区切られた弧の長さは合同である．

純曲げの際の曲率の大きさである $\Theta' = (p^2 + q^2)^{\frac{1}{2}}$ は，$p = q = 0$ の点以外は決してゼロにはならない．このことは，負荷された曲げモーメントの軸は真直棒の軸と一致すること，また，ねじられた棒が真直なままであることを意味する．したがって，この特別な場合を除き，変形曲線は変曲点を持たない．以下の議論では，負荷する曲げモーメント **M** の軸は，固定座標の軸 Z と一致し，**M** の属する平面は XY 面であるものとする．Y 軸については，自由端における断面の剛性のうちで 2 番目の大きさの剛性をもつ軸に一致するように選ぶ．

式（6.4）および式（6.5）より

$$m''\frac{dl''}{ds} - l''\frac{dm''}{ds} = np + n'q \tag{6.12}$$

となる．また，

$$n = Ap/\mathbf{M}, \quad n' = Bq/\mathbf{M}, \quad n'' = Cr/\mathbf{M} \tag{6.13}$$

も得られる．式（6.13）を式（6.12）に代入して計算すると

$$-(l'')^2\frac{d(m''/l'')}{ds} = \frac{Ap^2 + Bq^2}{\mathbf{M^2}} \tag{6.14}$$

を得る．しかしながら，

$$(l'')^2 + (m'')^2 = 1 - (n'')^2 = \frac{A^2p^2 + B^2q^2}{\mathbf{M^2}}$$

でもある．したがって，補助角 χ（図 6.1 を参照）を導入すると

$$l'' = (A^2p^2 + B^2q^2)^{\frac{1}{2}}\cos\chi/\mathbf{M},$$
$$m'' = (A^2p^2 + B^2q^2)^{\frac{1}{2}}\sin\chi/\mathbf{M}$$

となる．これらの値を式（6.14）に代入し，$u/j = s$ という記号を用いると

$$d\chi = -\frac{\mathbf{M}}{j}\Big(\frac{Ap^2 + Bq^2}{A^2p^2 + B^2q^2}\Big)du \tag{6.15}$$

となる．

この補助角 χ は，点 Q を含む固定面 XY と $X'Y'$ 平面との交線および固定軸 Y とのなす角度である．

式（6.7）より

$$z = \int n''ds = \frac{C}{\mathbf{M}j}\int r\ du \tag{6.16}$$

となる．この式では，r は，棒の主軸の剛性の相対的な大きさに応じて異なった値をとる．議論を $A > B > C$ かつ $Bh - \mathbf{M^2} > \mathbf{0}$ と限るとすると

$$r = \frac{\mathbf{M}}{C}\cos\phi_0 \ \mathrm{dn}\ u,$$

であり，さらに $\int \mathrm{dn}\ u\ du = \mathrm{am}\ u$ でもあるので，z は

$$z = \frac{\cos\phi_0}{j}\mathrm{am}\ u$$

と表される．しかしながら，j は ϕ_0, $\mathbf{M}$ および主剛性に依存している．j を以上の z の式に代入すると

$$z = \frac{C}{\mathbf{M}}\Big[\frac{AB}{(A-C)(B-C)}\Big]^{\frac{1}{2}}\mathrm{am}\ u \tag{6.17}$$

となる．関数 am u はフーリエ級数展開が可能である [5]．したがって

$$z = \frac{1}{D}\left[v + 4\sum_{\nu=1}^{\infty}\frac{q^{\nu}\sin(\nu v)}{(1+q^{2\nu})}\right] \tag{6.18}$$

ここで，

$$D = \frac{2\mathbf{M}}{C}\left[\frac{(A-C)(B-C)}{AB}\right]^{\frac{1}{2}}, \quad v = \pi u/K,$$
$$q = e^{-(\pi K'/K)} = nome\ q,$$

である*2．また K' は**第 1 種の完全楕円積分**であり，$\mu' = (1-\mu^2)^{\frac{1}{2}}$ を母数としている．

角度 χ については，重心の回りに固体が回転している場合には，χ は**交線**（nodal line）と Y 軸のなす角（図 6.1 参照）であることがわかっている．（交線 N は，トルクの作用面と $X'Y'$ 面の交わる線である）この角度は，Jacobi によって解析され [4]，

$$\chi = \chi' + j'u \tag{6.19}$$

と表される．ここで，

$$\chi' = \frac{1}{2i}\ln\frac{\vartheta_0(u+ia)}{\vartheta_0(u-ia)}, \quad j' = \frac{\mathbf{M}}{Aj} + \left(\frac{d}{dt}\ln\vartheta_0(it)\right)_{t=a}$$

である．また a は

$$a = \int_{\beta}^{\pi/2}\frac{d\phi}{\left[1-(k')^2\sin\phi\right]^{\frac{1}{2}}}, \quad ここで\ \sin\beta = \left[\frac{A(B-C)}{B(A-C)}\right]^{\frac{1}{2}}$$

である．χ を決定したので，l'' および m'' は困難なく得られる．Jacobi によれば，Z' の X および Y 軸に関する方向余弦は

$$\begin{aligned} l'' &= f\cos(j'u) + g\sin(j'u), \\ m'' &= -f\sin(j'u) + g\cos(j'u) \end{aligned} \tag{6.20}$$

である．ここで，

$$\begin{aligned} f &= \frac{\vartheta_2(0)}{2i\vartheta_2(ia)\vartheta_0(u)}\left[\vartheta_0(u+ia) - \vartheta_0(u-ia)\right], \\ g &= \frac{\vartheta_2(0)}{2\vartheta_2(ia)\vartheta_0(u)}\left[\vartheta_0(u+ia) + \vartheta_0(u-ia)\right] \end{aligned} \tag{6.21}$$

である．

---

*2 訳注：楕円関数論では，しばしばノーム (Nome) と呼ばれる特別な変数を使用し，通常 q なる文字をあてがう．これが変数 m の関数であると考えるとノーム関数の定義式

$$q(m) = \exp\left(-\pi\frac{K'(m)}{K(m)}\right)$$

のような**第 1 種の完全楕円積分**で表わされる．

式 (6.21) における**テータ関数** (theta function) ϑ_0 および ϑ_2 を無限級数に置き換えれば，XYZ 座標系による x および y 座標は，$x = \int l'' ds$, $y = \int m'' ds$ の積分により得られる [*3].

次の式

$$b = \frac{a}{K'}\ , \quad c = \frac{j' K}{\pi}$$

を利用すれば，座標 x, y は

$$\begin{aligned} x &= \frac{1}{D}\Big[\frac{2q^{b/2}}{c(1-q^b)}\sin(cv) + 2q^{b/2}\sum_{\nu=1}^{\infty}\frac{q^{\nu}\sin[(c-\nu)v]}{(c-\nu)(1-q^{2\nu+b})} \\ &\qquad - 2q^{-b/2}\sum_{\nu=1}^{\infty}\frac{q^{\nu}\sin[(c+\nu)v]}{(c+\nu)(1-q^{2\nu-b})}\Big], \\ y &= \frac{1}{D}\Big[\frac{4q^{b/2}}{c(1-q^b)}\sin^2(cv/2) + 4q^{b/2}\sum_{\nu=1}^{\infty}\frac{q^{\nu}\sin^2[v(c-\nu)/2]}{(c-\nu)(1-q^{2\nu+b})} \\ &\qquad - 4q^{-b/2}\sum_{\nu=1}^{\infty}\frac{q^{\nu}\sin^2[v(c+\nu)/2]}{(c+\nu)(1-q^{2\nu-b})}\Big] \end{aligned} \tag{6.22}$$

となる．

以上の 3 つの節での議論により，回転体のアナロジーを注意深く適用する必要がある．というのも，回転体の場合には，どの主軸まわりのモーメントが最大値なのか，2 番目な

[*3] 訳注：楕円テータ関数は、以下のように定義された関数である．ただし、$\mathrm{Im}\,\tau > 0$, $\mathrm{Im}\,\tau > 0$, $q := e^{\pi i \tau}$ である．

$$\vartheta_0(z,\tau) := \vartheta_{01}(z,\tau) = \sum_{n=-\infty}^{\infty} e^{\pi i \tau n^2 + 2\pi i n(z+\frac{1}{2})} = 1 + 2\sum_{n=1}^{\infty}(-1)^n q^{n^2}\cos 2n\pi z,$$

$$\vartheta_1(z,\tau) := -\vartheta_{11}(z,\tau) = -\sum_{n=-\infty}^{\infty} e^{\pi i \tau (n+\frac{1}{2})^2 + 2\pi i (n+\frac{1}{2})(z+\frac{1}{2})} = 2\sum_{n=0}^{\infty}(-1)^n q^{(n+\frac{1}{2})^2}\sin(2n+1)\pi z,$$

$$\vartheta_2(z,\tau) := \vartheta_{10}(z,\tau) = \sum_{n=-\infty}^{\infty} e^{\pi i \tau (n+\frac{1}{2})^2 + 2\pi i (n+\frac{1}{2})z} = 2\sum_{n=0}^{\infty} q^{(n+\frac{1}{2})^2}\cos(2n+1)\pi z,$$

$$\vartheta_3(z,\tau) := \vartheta_{00}(z,\tau) = \sum_{n=-\infty}^{\infty} e^{i\pi\tau n^2 + 2nz} = 1 + 2\sum_{n=1}^{\infty} q^{n^2}\cos 2n\pi z$$

テータ関数は以下の周期性を持つ．

$$\begin{aligned} \vartheta_1(v+1;\tau) &= -\sum_{n=-\infty}^{\infty} e^{\pi i\tau(n+\frac{1}{2})^2 + 2\pi i(n+\frac{1}{2})(v+\frac{1}{2}) + 2\pi i(n+\frac{1}{2})} \\ &= -\sum_{n=-\infty}^{\infty} e^{\pi i\tau(n+\frac{1}{2})^2 + 2\pi i(n+\frac{1}{2})(v+\frac{1}{2}) + \pi i} \\ &= \sum_{n=-\infty}^{\infty} e^{\pi i\tau(n+\frac{1}{2})^2 + 2\pi i(n+\frac{1}{2})(v+\frac{1}{2})} \\ &= -\vartheta_1(v;\tau) \end{aligned}$$

$$\vartheta_2(v+1;\tau) = -\vartheta_2(v;\tau), \quad \vartheta_3(v+1;\tau) = \vartheta_3(v;\tau), \quad \vartheta_4(v+1;\tau) = \vartheta_4(v;\tau)$$

のかあるいは最小値なのかはあまり重要ではない一方で，棒の場合には，曲げ剛性やねじり剛性の相対的な大きさが重要な役割を果たしているからである．

棒が自由端で力と曲げモーメントを受けている場合を考える．このとき，2 つの主軸の剛性が等しく，また作用させた曲げモーメントの軸が 3 番目の主軸に一致しているなら，この問題はジャイロスコープの問題に類似している [6]．

6.5 コイルばね

2 つの曲げ剛性が等しい，真直な角柱状の棒が円筒上にらせん状に巻かれる場合を考える．この場合は対称な頂点をもち，その回転軸が固定軸 Z に対して $\theta = \pi/2 - \alpha$ の傾角を持つ棒の定常運動と類似している．ここで，α は，らせんの任意の点の接線が円筒の軸に対して垂直な面となす角度である．力 P およびトルク M_t が図 6.2 のように剛体棒の端点に作用するとすれば，らせん状の棒の形状はつり合いを保つことができる．θ は一定なので $d\theta/ds = 0$ となる．また，式（6.4）から，$\phi = \pi/2$, $d\phi/ds = 0$ および $d\psi/ds = \cos\alpha/R$ より

$$p = 0, \quad q = \cos^2\alpha/R, \quad r = \sin\alpha\cos\alpha/R$$

となる．ここで，R は円筒の半径である．このばねをらせん状に保つのに必要な力およびトルクは

$$\begin{aligned} P &= -(B - C)\sin\alpha\cos^2\alpha/R^2, \\ M_t &= (B\cos^2\alpha + C\sin^2\alpha)\cos\alpha/R \end{aligned} \tag{6.23}$$

である [7]．

棒が無負荷状態にあるときには，らせんの半径を R，傾角を α および $A = B$ と仮定する．そうすると

$$p_0 = 0, \quad q_0 = \cos^2\alpha/R, \quad r_0 = \sin\alpha\cos\alpha/R$$

となる．力とトルクを剛体棒の端点に作用させた場合に（図 6.2 参照），ばねの半径と傾きはそれぞれ R_1 および α_1 に変化するものとする．この変化に必要な力とトルクは

$$\left.\begin{aligned} P &= C\frac{\cos\alpha_1}{R_1}(V_1 - V) - B\frac{\sin\alpha_1}{R_1}(W_1 - W), \\ M_t &= C\sin\alpha_1(V_1 - V) + B\cos\alpha_1(W_1 - W) \end{aligned}\right\} \tag{6.24}$$

となる．ここで，

$$\begin{aligned} &V = \sin\alpha\cos\alpha/R, \quad V_1 = \sin\alpha_1\cos\alpha_1/R_1, \\ &W = \cos^2\alpha/R, \quad W_1 = \cos^2\alpha_1/R_1 \end{aligned}$$

である．

図 6.2

6.6 コイルばねの大変形

はじめに，コイルばねは長さ方向にわたって同一の曲げ剛性を有するものとして考える．その後，点 A においてこのばねを固定し，変形後の中心線は図 6.3 に示すようになっているものとする．すべての断面における軸力は θ に依存しているから，変形後の形状 ABC のばねのピッチは点ごとによって変化する．このことにより，ばねは曲げ剛性の変化する棒と等価となる．しかしながら，せん断力も存在し，たわみやすい棒の場合には，それが曲率へ及ぼす影響を無視することはできない．加えて，ピッチが変わるために ABC に沿ったせん断剛性も変化する．最後に，たわみやすい棒の解析が基本とする**不伸長性**（inextensibilty）はここでは仮定しない．というのも，負荷前後で，ばねの長さは大きく異なるからである [8]．

s, L および b を，荷重 P が作用したときの弧の長さ AB，長さ ABC およびピッチとする．そして，s_0, L_0 および b_0 を負荷前のそれらの寸法とする．無負荷状態でのばねの軸，曲げおよびせん断剛性は，それぞれ

$$\mathbf{A_0} = \frac{GIb_0}{\pi R^3}, \quad \mathbf{B_0} = \frac{2EGIb_0}{\pi R(E+2G)}, \quad \mathbf{C_0} = \frac{EIb_0}{\pi R^3}$$

と表される．ここで，R はコイルの半径，I は素線の直径に関する断面 2 次モーメントである [9]．この式は，円形断面の素線から作られたコイルばねに適用できる．もしも，円

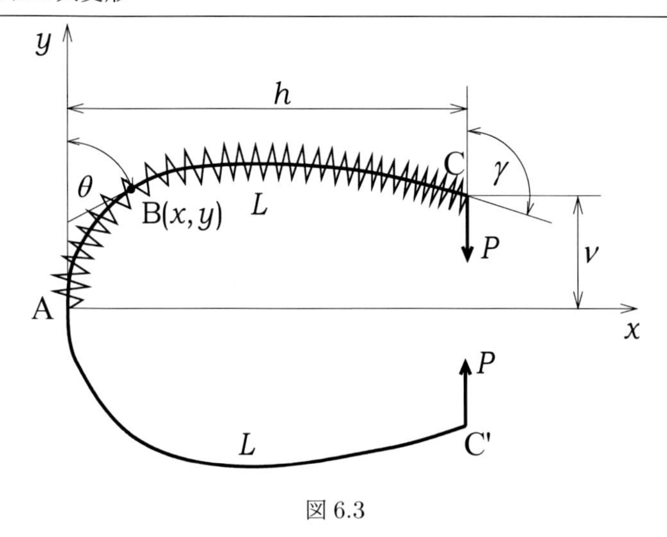

図 6.3

形以外の断面の場合には剛性の式に**形状係数**（shape factor）を含める式になる [10].

T , S および M をそれぞれ点 B における軸力，せん断力および曲げモーメントとすると

$$T=-P\cos\theta,\quad S=P\sin\theta,\quad M=P\int_s^L \sin\theta\; ds \tag{6.25}$$

と表される．

$\mathbf{A}$, $\mathbf{B}$ および $\mathbf{C}$ を，ばねが荷重 P を受けているときの点 B の剛性とする．$T/\mathbf{A_0}=(b-b_0)/b_0$ より

$$\begin{aligned}&\mathbf{A}=\mathbf{A_0}\frac{b}{b_0}=\mathbf{A_0}\Big[1-\frac{P}{\mathbf{A_0}}\cos\theta\Big],\quad \mathbf{B}=\mathbf{B_0}\frac{b}{b_0}=\mathbf{B_0}\Big[1-\frac{P}{\mathbf{A_0}}\cos\theta\Big],\\&\mathbf{C}=\mathbf{C_0}\frac{b}{b_0}=\mathbf{C_0}\Big[1-\frac{P}{\mathbf{A_0}}\cos\theta\Big]\end{aligned} \tag{6.26}$$

を得る．この式から剛性は θ の関数となる．変形したばねの軸の微分方程式は

$$\frac{d\theta}{ds}=\frac{M}{\mathbf{B}}+\frac{1}{\mathbf{C}}\frac{dS}{ds} \tag{6.27}$$

である．この式（6.27）に式（6.25）と式（6.26）を代入すると

$$(1-\tau\cos\theta)\frac{d\theta}{d\sigma}=\beta\int_\sigma^1 \sin\theta\; d\sigma \tag{6.28}$$

を得る．ここで，

$$\sigma=\frac{s}{L},\quad \lambda=\frac{P}{\mathbf{A_0}},\quad \beta=\frac{L^2P}{\mathbf{B_0}},\quad \nu=\frac{P}{\mathbf{C_0}}$$

であり，μ をポアソン比として

$$\lambda+\nu=\tau=\frac{\pi PR^3}{EIb_0}(3+2\mu)$$

である．式（6.27）を σ に関して微分し，その後に積分すると

$$(1-\tau\cos\theta)^2\left(\frac{d\theta}{d\sigma}\right)^2=\beta(2\cos\theta-\tau\cos^2\theta+H) \tag{6.29}$$

を得る．ここで，H は積分定数である．境界条件から

$$\frac{d\theta}{d\sigma}=L\left(\frac{d\theta}{ds}\right)_{\theta=\gamma}=0$$

となる．したがって

$$H=\left[(1-\tau\cos\gamma)^2-1\right]/\tau$$

が導かれる．これより，式（6.29）は

$$(1-\cos\theta)^2\left(\frac{d\theta}{d\sigma}\right)^2=\frac{\beta}{\tau}\left[(1-\tau\cos\gamma)^2-(1-\tau\cos\theta)^2\right] \tag{6.30}$$

となる．一方，先の表記法から

$$\left(\frac{\tau}{\beta}\right)^{\frac{1}{2}}=\frac{R}{L}\left(\frac{3+2\mu}{2+\mu}\right)^{\frac{1}{2}}$$

であるので，

$$d\sigma=\sqrt{f}\frac{R}{L}\frac{(1-\tau\cos\theta)d\theta}{\left[(1-\tau\cos\gamma)^2-(1-\tau\cos\theta)^2\right]^{\frac{1}{2}}} \tag{6.31}$$

となる．ここで，

$$f=\frac{3+2\mu}{2+\mu}$$

とする．

さて，

$$U(\theta)=(1-\tau\cos\gamma)^2-(1-\tau\cos\theta)^2$$

とおくと，式（6.31）は

$$ds=\sqrt{f}R\frac{(1-\tau\cos\theta)d\theta}{[U(\theta)]^{\frac{1}{2}}} \tag{6.32}$$

と表され，これを積分して

$$L=\sqrt{f}R\int_0^{\gamma}\frac{(1-\tau\cos\theta)\ d\theta}{[U(\theta)]^{\frac{1}{2}}} \tag{6.33}$$

を得る．さらに，$\dfrac{b-b_0}{b_0}=\dfrac{ds-ds_0}{ds_0}=\dfrac{T}{\mathbf{A_0}}$ より，$\dfrac{ds}{ds_0}=1-\lambda\cos\theta$ を得る．これより

$$L_0=\sqrt{f}R\int_0^{\gamma}\frac{(1-\tau\cos\theta)\ d\theta}{(1-\lambda\cos\theta)[U(\theta)]^{\frac{1}{2}}} \tag{6.34}$$

となり，この式から γ を得ることができる．

式（6.34）を標準的な楕円積分で表すために $z = \cos\theta$ の関係を導入する．そうすると

$$d\theta = -\frac{dz}{(1-z^2)^{\frac{1}{2}}}$$

であるから，式（6.34）は

$$L_0 = \sqrt{f}\frac{R}{\lambda\tau}\int_1^{\cos\gamma}\frac{(1-\tau z)dz}{(z-1/\lambda)\left[(z-1)(z+1)(z-\cos\gamma)(z+\cos\gamma-2/\tau)\right]^{\frac{1}{2}}} \tag{6.35}$$

と変形される．この積分は，**第 3 種の楕円積分**（elliptic integral of the third kind）の形に変形できる (11)．

γ を得るためのもう 1 つの方法は，式（6.33）の被積分項を級数に展開し項別積分をすることである．その結果は

$$\left.\begin{aligned} &2\sqrt{\beta} = \pi(1-\tau)^{-\frac{1}{2}}S_1, \\ &S_1 = (1-\tau) + \frac{1}{4}\sin^2(\gamma/2) + \frac{1}{64}\frac{9-8\tau}{1-\tau}\sin^4(\gamma/2) + \cdots \end{aligned}\right\} \tag{6.36}$$

となる．同様に式（6.34）を級数展開すると

$$\left.\begin{aligned} &L_0/L = (1-\lambda)^{-1}(1-S_2/S_1), \\ &S_2 = \lambda\frac{1-\tau}{1-\lambda}\sin^2(\gamma/2) + \frac{\lambda}{8}\frac{(3-15\lambda+2\tau+10\lambda\tau)}{(1-\lambda)^2}\sin^4(\gamma/2) + \cdots \end{aligned}\right\} \tag{6.37}$$

を得る．式（6.36）と 式（6.37）の積を作ると

$$\left.\begin{aligned} &2\sqrt{\beta}(L_0/L) = \pi(1-\lambda)^{-1}(1-\tau)^{-\frac{1}{2}}(S_1-S_2) \\ \text{すなわち，}\quad &\frac{2}{\pi\sqrt{f}}\frac{L_0}{R}\left[\tau(1-\tau)\right]^{\frac{1}{2}}(1-\lambda) = S_1 - S_2 \\ &= (1-\tau) + a_1\sin^2(\gamma/2) + a_2\sin^4(\gamma/2) + \cdots \end{aligned}\right\} \tag{6.38}$$

となる．式（6.38）から γ は λ および τ のみに依存していることがわかる．これは

$$\left(\frac{\tau}{\beta}\right)^{\frac{1}{2}} = \frac{R}{L}\sqrt{f}$$

という関係にあるからである．$S_1 - S_2$ の項において $\sin^4(\gamma/2)$ までの展開とすれば

$$\sin^2(\gamma/2) \approx \frac{-a_1 + (a_1^2 + 4a_0a_1)^{\frac{1}{2}}}{2a_2} \tag{6.39}$$

を得る．もし μ が与えられれば，$\lambda = c\tau$ の関係があるので a_0, a_1 および a_2 は τ だけに依存する．もしも $\mu = 0.3$ なら，$\lambda = 0.722\tau$, $\sqrt{f} = 1.25$ となる．これらの値を用いれば

$$a_0 = \frac{2}{\pi}\cdot\frac{1}{1.25}\frac{L_0}{R}\left[\tau(1-\tau)\right]^{\frac{1}{2}}(1-0.722\tau) - (1-\tau),$$

$$a_1 = \frac{1}{4} - 0.722\tau\frac{1-\tau}{1-0.722\tau},$$

$$a_2 = \frac{1}{64}\frac{9-8\tau}{1-\tau} - \frac{0.722}{8}\tau\frac{3-8.33\tau+7.22\tau^2}{(1-0.722\tau)^2}$$

を得る．

$\sin^2(\gamma/2)$ の計算を容易にするために，図6.4にその図表を示す．この図より $\sin^2(\gamma/2)$ は $2L_0/R$ およびパラメーター $t = P/P_{cr}$ に依存していることがわかる．ここで P_{cr} は，座屈時の**臨界荷重**（critical load）である．この臨界荷重は式（6.40）から計算される．

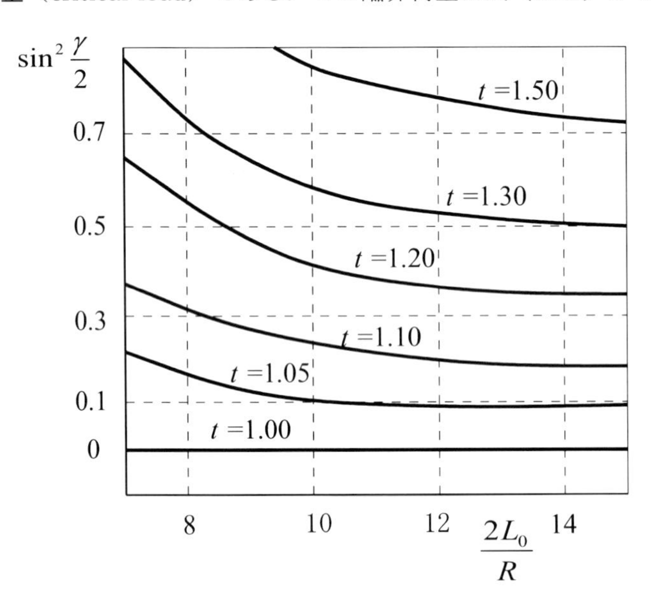

図6.4　Mizuno[(8)] による

$\gamma = 0$ のときは，コイルばねが載荷可能な荷重は座屈荷重 P_{cr} となる．したがって，$S_1 = 1 - \tau_{cr}$ および $2\sqrt{\beta_{cr}} = \pi(1 - \tau_{cr})^{\frac{1}{2}}$ となる．少しの計算をすれば

$$\frac{1}{4\beta_{cr}/\pi^2 + \nu_{cr}} = \frac{1}{\lambda_{cr}}\left(\frac{1}{1 - \lambda_{cr}} - 1\right)$$

を得る．また

$$\lambda_{cr} = \frac{P_{cr}}{\mathbf{A_0}},\quad \beta_{cr} = \frac{P_{cr}}{\mathbf{B_0}}L_{cr}^2,\quad \nu_{cr} = \frac{P_{cr}}{\mathbf{C_0}},$$

さらに $L_{cr} = (1 - \lambda_{cr})L_0$ の関係から，この臨界荷重は

$$P_{cr} = \frac{\pi^2\mathbf{B_0}}{L_{cr}L_0}\frac{1}{4 + \pi^2\mathbf{B_0}/(L_{cr}^2\mathbf{C_0})} \tag{6.40}$$

となる．ここで，差し当たっては L_{cr} は未知数である．さらに，

$$P_{cr}/\mathbf{A_0} = \lambda_{cr} = (L_0 - L_{cr})/L_0$$

なので，ここで $1 - \lambda_{cr} = L_{cr}/L_0 = j$ とおけば，式（6.40）は

$$4j^3 - 4j^2 + \frac{\pi^2\mathbf{B_0}}{L_0^2}j\left(\frac{1}{\mathbf{C_0}} + \frac{1}{\mathbf{A_0}}\right) - \frac{\pi^2\mathbf{B_0}}{L_0^2\mathbf{C_0}} = 0 \tag{6.41}$$

と変形できる．この式から j を求めることができ，それゆえ，式（6.40）から P_{cr} を得ることができる．

$\gamma = 0$ のとき，すなわち座屈が開始するよりも以前のときは，$S_2 = 0$ であり，したがって $L_0/L = 1/(1-\lambda)$ である．これより，座屈開始前のばねの短縮に関する以下のような式が得られる．

$$\delta_y = 2(L_0 - L) = 2\lambda L_0 = 2L_0 \frac{P}{\mathbf{A_0}} = 2P\frac{\pi R^3 L_0}{GIb_0}$$

ここで，もしも，$n = 2L_0/b_0 =$ コイルの巻き数，$d =$ 素線の直径，とすると

$$\delta_y = P\frac{64nR^3}{d^4 G}$$

を得て，これは通常のコイルばねの解析結果に一致する．

ばねの中心線の変位については，$P > P_{cr}$ ならば，水平変位は

$$\begin{aligned} h &= \int_0^L \sin\theta\ ds = R\sqrt{f}\int_0^{\gamma}\frac{(1-\tau\cos\theta)\sin\theta\ d\theta}{[U(\theta)]^{\frac{1}{2}}} \\ &= \sqrt{f}\frac{R}{\tau}[(1-\tau\cos\gamma)^2 - (1-\tau)^2]^{\frac{1}{2}} \end{aligned} \tag{6.42}$$

となる．垂直変位 v は，式（6.42）の被積分項の $\sin\theta$ を $\cos\theta$ に置き換えて得られ，

$$v = R\sqrt{f}\int_0^{\gamma}\frac{(1-\tau\cos\theta)\cos\theta\ d\theta}{\big[U(\theta)\big]^{\frac{1}{2}}} \tag{6.43}$$

となる．$z = \cos\theta$ を代入すると，式（6.43）は以下の種類の積分形に変形される．

$$\int_1^z \frac{z}{[V(z)]^{\frac{1}{2}}}dz \quad \text{また，} \quad \int_1^z \frac{z^2}{[V(z)]^{\frac{1}{2}}}$$

ここで，$V(z)$ は z の 4 次式である．

あるいは，

$$v = L_0(1-\lambda)\left(\frac{S_1 - S_3}{S_1 - S_2}\right) \tag{6.44}$$

とも表される．ここで，

$$S_3 = (1-\tau)\sin^2(\gamma/2) + \frac{1}{8}(3+2\tau)\sin^4(\gamma/2) + \cdots$$

である．

座屈後のばねの長さは式（6.33）から得られる．

以上の議論は，コイル同士が変形中に接触しないコイルばねに対して適用可能である．また，本解析ではコイルの半径は変化しないこと，すなわち負荷前後でのコイル半径は大きく変化しないことを仮定している．もしも，コイルが $P < P_{cr}$ である軸圧縮力のみで

変形するとすれば，式 (6.24) で $M_i=0$ とすればよい．R をつるまき線の半径，α をその傾き角とすれば，変形後の半径 R_1 と変形後の傾き角 α_1 は，以下の連立方程式

$$\left.\begin{aligned} P\cos\alpha_1 &= \frac{C}{R_1}(V_1-V), \\ P\sin\alpha_1 &= \frac{B}{R_1}(W_1-W) \end{aligned}\right\} \tag{6.45}$$

の解として得られる．

6章の参考文献

(1) Clebsch, A., *Theorie der Elasticität fester Körper*, Leipzig(1862).

(2) Love, A. E. H., *Mathematical Theory of Elasticity*, 4th Ed., p.385, Dover Publications, New York(1944).

(3) Hess, W., Über die Biegung und Drillung eines dünnen Stabes, *Math. Ann.*, 23(1884), p.181.

(4) Jacobi, C. G. J., Sur la Rotation d'un Corps. Jacobi's gesammelte Werke, Vol. 2, pp.289-352 (G. Reiner, Berlin. 1882).

(5) Byrd, P. F., and Friedman, M. D., *Handbook of Elliptic Integrals*, p.303, Springer Verlag, Berlin(1954).

(6) Hess, W., Über die Biegung und Drillung eines unendlich dünnen Stabes mit zwei gleichen Widerständen, *Math. Ann.*, 25 (1885), p.1.

(7) Love, A. E. H., *Mathematical Theory of Elasticity*, 4th Ed., p.415.

(8) Mizuno, M., Problem of large deflection of coiled spring, *Bull. Japan Soc. Mech. Eng.*, 3, 9(1960), p.95.

(9) Timoshenko, S., *Theory of Elastic Stability*, 1st Ed., p.165, McGraw-Hill Book Company, New York(1936).

(10) Biezeno, C. B., and Grammel, R., *Engineering Dynamics*, Vol.2, p.432, Blackie & Son Limited, London(1956).

(11) Byrd, P. F., and Friedman, M. D., *Handbook of Elliptic Integrals*, Splinger Verlag, Berlin(1954).

6章の追加参考文献

(12) Tsuru, H., Equilibrium shapes and vibrations of thin elastic rod, *J. Phys. Soc. Jpn.*, Vol.56, pp.2309-2324 (1987).

(13) Lu, C. L., and Perkins, N. C., Nonlinear spatial equilibria and stability of cables under uni-axial torque and thrust, *ASME J. Appl. Mech.*, 61(1994), pp.879-886.

(14) 紙田 徹, 近藤 恭平, 梁の 3 次元大変形の有限要素法解析 (第 1 報), 日本航空宇宙学会誌, 43 巻, 497 号 (1995), pp.335-343.

(15) 紙田 徹, 近藤 恭平, 梁の 3 次元大変形の有限要素法解析 (第 2 報), 日本航空宇宙学会誌, 43 巻, 497 号 (1995), pp.344-349.

(16) Miyazaki, Y., and Kondo, K., Analytical solution of spatial elastica and its application to kinking problem, *Int. J. Solids and Struct.*, Vol.34(1997), pp.3619-3636.

(17) Atanackovic, T. M., and Glavardanov, V. B., Buckling of a twisted and compressed rod, *Int. J. Solids and Struct.*, Vol.39(2002), pp.2987-2999.

(18) Scarpello, G. M., and Ritelli, D., Elliptic integral solutions of spatial elastica of a thin straight rod bent under concentrated terminal forces, *Meccanica*, Vol.41, No.5(2006), pp.519-527.

(19) Fang, J., and Chen, J. S., Deformation and vibration of a spatial elastica with fixed end slopes, *Int. J. of Solids and Struct.*, Vol.50, 5(2013), pp.824-831.

訳者あとがき

本書は，はりの大たわみ（大変形）を扱った論文では必ずと言っていいほどに引用される名著**「Flexible Bars」**（**R. Frisch-Fay 著，Butterworths (1962)**）の翻訳である．和書ではこの種の内容を専門的に扱った著書がほとんど見当たらなく，この分野の基礎理論や研究手法を学ぶのにふさわしい内容を備えているために，非才を顧みずに訳書の出版を思い立った．Fay 氏の訳書が，日本におけるこの分野の発展に対して少しでも貢献するのであれば，訳者にとってこれに勝る喜びはない．

はじめに，あとがきとしては相応しいことではないと思われるが，原著書との個人的なつながりをいささかの感慨を交えて述べたいと思う．

訳者は，大学院修士課程を修了後に，ある高専の助手として研究者の第一歩を歩み始めた．いろいろな制約があって，大学院での研究を継続して進めることは不可能だったために，全く未開拓の平原に一人立ちすくんだ気持ちを抱きながらの素人同然の研究者としてのスタートであった．誰からも研究の指示を受けない点では全くの自由な立場であったが，何の実績も持たない人間が研究テーマを一人で探すということになり，自らの選択であったとはいえ，その自由への代償は大きかった．それは，4 年ほどの試行錯誤を伴う研究テーマの手探りという，きびしい現実であった．（たいした能力のないものが「自由」を振りかざすと，大きな代償を伴うことを学んだ 4 年間であった．一方，この 4 年間の経験により，研究者として自立するために必要な要素を自ら学ぶことができたのは大きな収穫であった．）

この彷徨のさなか，倉西正嗣先生の著書「弾性学」（復刻版，国際理工研究所，1970）のなかで述べられていたはりの大たわみの問題に対し，当時，新しい手法として注目を浴びていた境界要素法と反復解法とを組み合わせると，汎用的な手法にも拘わらず厳密解と同程度の精度を持つことを見いだし，初めての論文（3 章の追加参考文献 (10)）を 1985 年に著すことができた．

その単著論文は，卒業論文や修士論文の研究テーマとはまったくかけ離れた，独力で開拓したものであったので，私の心に深く刻まれている．その論文で扱ったはりの大たわみ問題は，倉西先生の著書に詳述されていたが，その後，しばらく経って，その記述は本訳書の 3.2 節にさかのぼることができることを知るに至った．これが，原著書，R. Frisch-Fay 著，「Flexible Bars」との出会いである．

原著書は，柱やはりの大たわみ（大変形）について基礎から詳しく論じており，出版年(1962 年）から相当経過しているにも拘わらず，その内容は今でも色褪せていない．むしろ，大変形を生じやすい軽量構造設計が進んでいる現代において，棒やはりの大たわみを広い立場から論じている本書は，その基本概念の理解に役立てることができる．また，柔軟構造を積極的に機構に応用しようとするコンプライアントメカニズムにも有用である．さらに，現在は有限要素法（FEM）のソフトウェアを用いれば簡単に大変形解を得られるようになっているが，その解析結果に対し，大変形理論を学んでいれば深い力学的考察が可能となる．このため，本書は，FEM を日常的に用いているエンジニアにも役立つものと思われる．

著者の Fay 氏が前書きで述べているとおりに，本書は材料力学を修得した後の大学高学年や大学院修士課程のテキストとしての利用も可能である．なお，原著書の各章での大たわみ問題の計算例を筆算でトレースするのは，非常に手間を要する．そこで，本書では，Mathematica 11 を用いたプログラムによりいくつかの計算例をチェックし，その計算結果を利用して本書のグラフの作成を行っている．また，それらのプログラムを本訳書の関連サイトからダウンロード可能とする予定なので，プログラムを動作させせながらあるいはプログラムリストを読みながら本訳書を読み進めれば，より効果的に学習を進められることと思う．そのなかでも，5 章の級数解法に対して，Mathematica は強力なツールとして利用可能である．

原著書の出版後から現在に至る間にも，はりの大変形に関する夥しい数の研究が行われており，参考文献については，新たに文献の追加を行った．ただし，全ての文献を網羅している訳ではなく，訳者の関心に沿ったサーベイ範囲となっていることをご了解いただきたい．この補足文献により大変形についての最近の研究動向の一端でも捉えられればと思う．

なお，翻訳に当たっては，原著の明らかな誤植と思われる点については，修正を加えている．同時に，原著の図 3.8 の写真については，少々不鮮明であったために，原著と同様な実験装置を作製し，この装置でピアノ線の 3 点曲げ大たわみ曲げ実験を行っている様子を撮影したもので代替した．また，訳注を加えて読みやすさに配慮した．細心の注意を払ったつもりであるが，浅学非才のために原著者の意図を汲み取れない訳文があることを懼れている．この点については，読者の皆さんの忌憚のないご意見をいただければ大変有り難い．それらのご意見を次の版において反映させたいと考えている．

土田栄一郎先生（埼玉大学名誉教授)，岡村弘之先生（東京大学名誉教授，元東京理科大学学長）からは，弾性学および破壊力学について数え切れない薫陶を受けた．本訳書が両先生からの学恩に少しでも報いたものであることを願う．

最後に，訳者の研究活動の支えとなっている家族（和子，正人，宏美)，今は亡き両親（武，初枝）および研究室学生に深い感謝の意を表して結びとしたい．（2019.01.10，訳者しるす）

索引

訳者略歴

堀辺　忠志（ほりべ　ただし）

(tadashi.horibe.mech@vc.ibaraki.ac.jp , tadashihoribe@gmail.com)

1980年　東京大学大学院工学系研究科舶用機械工学専攻修士課程修了
1980年　茨城工業高等専門学校機械工学科助手
1991年　茨城工業高等専門学校機械工学科助教授
2000年　茨城大学工学部機械工学科助教授
2009年　茨城大学工学部機械工学科教授
現　在　茨城大学大学院理工学研究科教授（博士（工学））

著書，Visual Basic でわかるやさしい有限要素法の基礎，森北出版(2008)，単著

たわみやすいはりの大変形理論　—FLEXIBLE BARS—

2019年2月15日　初版発行
2019年6月10日　第2版発行

著　者　**R. Frisch-Fay**
訳　者　**堀辺　忠志**

定価（本体価格2,200円+税）

発行所　株式会社　三恵社
〒462-0056　愛知県名古屋市北区中丸町2-24-1
TEL 052(915)5211
FAX 052(915)5019
URL http://www.sankeisha.com

乱丁・落丁の場合はお取替えいたします。
ISBN978-4-86487-993-4 C3053 ¥2200E

FLEXIBLE BARS by R. Frisch-Fay BUTTERWORTHS 1962